Kafka 基础架构与设计

Kafka INFRASTRUCTURE AND DESIGN

智酷道捷内容与产品中心　编著

中国铁道出版社有限公司
CHINA RAILWAY PUBLISHING HOUSE CO., LTD.

内 容 简 介

本书主要内容包括Kafka入门与基础、Kafka的生产者、Kafka的消费者、深入Kafka消费者、Kafka的再均衡与分区分配、Kafka的日志与事务、Spark基础以及Kafka与Spark的集成及应用等。

本书由多名一线研发工程师联合编写，结构清晰、案例丰富、通俗易懂、实用性强，适合作为高等院校计算机相关专业的程序设计教材，也可作为社会培训学校的培训教材。

图书在版编目（CIP）数据

Kafka基础架构与设计 / 智酷道捷内容与产品中心编著 .—北京：中国铁道出版社有限公司，2022.3（2024.5重印）
ISBN 978-7-113-28829-7

Ⅰ.①K… Ⅱ.①智… Ⅲ.①分布式操作系统 Ⅳ.①TP316.4

中国版本图书馆CIP数据核字（2022）第020319号

书　　名：Kafka基础架构与设计
作　　者：智酷道捷内容与产品中心

策　　划：汪　敏　　　　编辑部电话：（010）51873135
责任编辑：汪　敏　包　宁
封面设计：尚明龙
责任校对：孙　玫
责任印制：樊启鹏

出版发行：中国铁道出版社有限公司（100054，北京市西城区右安门西街8号）
网　　址：https://www.tdpress.com/51eds/
印　　刷：三河市宏盛印务有限公司
版　　次：2022年3月第1版　2024年5月第2次印刷
开　　本：850 mm×1 168 mm 1/16　印张：15　字数：401千
书　　号：ISBN 978-7-113-28829-7
定　　价：42.00元

前　言

Kafka 是由 Apache 软件基金会开发的一个开源流处理平台，它是一种高吞吐量的分布式发布订阅消息系统，可以处理消费者在网站中的所有动作流数据。这些动作（浏览网页、搜索和其他行为）是现今用户上网的常用操作，是了解人们社会行为的关键因素，而动作流数据通常是由于吞吐量的要求而通过处理日志和日志聚合来解决的。对于像 Hadoop 一样要求实时处理数据的日志数据和离线分析系统，Kafka 是一个可行的解决方案。

本书以“理论 + 实战”的方式编写，共包含 40 多个实例。首先从 Kafka 的基本概念入手，主要从生产端、消费端、服务端三个方面进行全面阐述，内容包括 Kafka 入门与基础、Kafka 的生产者、Kafka 的消费者、深入 Kafka 消费者、Kafka 的再均衡与分区分配、Kafka 的日志与事务、Spark 基础以及 Kafka 与 Spark 的集成及应用等。虽然 Kafka 的内核是使用 Scala 语言编写的，但是本书基本以 Java 语言作为主要的示例语言，以方便绝大多数读者的理解。

本书的每一个知识点都配有同步教学视频，视频和图书完全同步，能帮助读者快速而全面地了解每一个知识点的内容。本书还免费提供所有案例的源代码、教学 PPT、教学设计及其他资源，还有和每章内容配合使用的 8 套作业及难易程度不同的 3 套试卷，这些资源不仅能方便读者学习，更能为读者以后的工作提供便利。扫描书中的二维码即可获得上述资源。

通过阅读本书，你将：

- 可以安装、配置和运行 Kafka；
- 可以使用 Kafka 生产者和消费者来生产消息和消费消息；
- 可以构建序列化器和反序列化器；
- 可以掌握 Kafka 的分区策略；
- 可以掌握 Kafka 的日志存储方式、幂等性和事务；
- 可以掌握 SparkStreaming 的编程；
- 可以掌握 SparkStreaming、StructStreaming 与 Kafka 的集成方法。

本书由北京智酷道捷教育科技有限公司组织多名一线研发工程师和重庆文理学院数学与大数据学院的罗章涛老师联合编写。全书共 8 章，其中，罗章涛编写了第 1~3 章（共计 12 万字），北京智酷道捷教育科技有限公司的研发工程师编写了第 4~8 章（共计 28 万字）。本书结构清晰、案例丰富、通俗易懂、实用性强，适合作为高等院校计算机相关专业的程序设计教材，也可作为社会培训学校的培训教材。

本书配套有教学课件等文档，读者可从中国铁道出版社有限公司网站（http:// www.tdpress.com/51eds）下载。

由于时间有限，书中难免有疏漏及不足之后，敬请广大读者批评指正！

编　者

2021 年 11 月

目录

第1章 Kafka入门与基础

学习目标

- 了解 Kafka 的主要架构。
- 了解 Kafka 的设计原理。
- 了解 Kafka 的应用场景。
- 掌握 Kafka 的基本术语。
- 掌握 Kafka 集群的搭建方法。
- 掌握规划 Kafka 集群的方法。

本章首先学习 Kafka 的架构，然后了解 Kafka 的基本开发，接着学习 Kafka 的设计理念和原理，最后学习 Kafka 集群在生产上的监控和运维。

1.1 Kafka初识

本节主要围绕三个问题展开：第一个是Kafka的角色，在一个大的系统或者架构中，了解引入Kafka的原因以及Kafka在系统中是什么角色，起到什么作用；第二个是Kafka的设计理念，学习Kafka适合大数据场景的原因；第三个是学习Kafka的应用场景。

1.1.1 Kafka的官方解释

Kafka是由Apache软件基金会开发的一个开源流处理平台，使用Scala和Java编写。Kafka的目的是通过Hadoop的并行加载机制来统一线上和离线的消息处理，也是为了通过集群提供实时的消息。

1. Kafka的官方定义

关于Kafka，官方给出的定义是Apache Kafka® is a distributed streaming platform，意思就是Kafka是一个分布式的流平台。这里包括了两层含义，第一说明Kafka是一个分布式的系统，第二从长远角度来看Kafka是一个流处理平台，主要处理流式数据。

2. 分布式流平台的三大角色

分布式流平台中的三大角色是指Kafka可以用来做什么。下面分别介绍这三个主要的角色以及它们代表的含义。

（1）Publish and subscribe to streams of records，similar to a message queue or enterprise messaging system，意思是Kafka有发布订阅式的一些流记录，类似消息队列或者企业级的消息系统。这表明Kafka可以当作一个消息系统使用，也就是常说的消息队列或者消息中间件。

（2）Store streams of records in a fault-tolerant durable way，意思是Kafka可以用容错的方式存储

流式数据。这表明 Kafka 可以当作一个存储系统使用，这个存储系统有两个特点：第一，相对于内存系统而言具有持久化的功能，数据可以被持久化，降低了数据丢失的风险；第二，通过多副本的机制保证系统的容错性，比如其中一个副本丢失，还有其他副本可以使用。

（3）Process streams of records as they occur，意思是 Kafka 可以处理流式数据。这表明 Kafka 可以当作一个流处理平台使用。Kafka 可以结合自身的流处理组件 Streaming 进行流处理。

1.1.2 Kafka 的整体架构

下面围绕 Kafka 的整体架构进一步了解 Kafka 的三个角色，如图 1-1 所示。第一，从图中可以看到 Kafka 可以作为流处理平台（Kafka Streams App），Kafka Cluster 是一个 Kafka 的集群，通过 Kafka Streams App 可以处理流式数据。第二，Kafka 作为消息系统，它有一个生产者（Kafka Producer），系统中的消息可以通过生产者传递到 Kafka。Kafka 还有一个消费者（Kafka Consumer），可以把消息从 Kafka 中读取（或者消费）出来发送到下一个系统。从 Kafka 的生产到消费的整个过程中，Kafka 起到了消息系统的作用。第三，Kafka 作为存储系统，无论是生产还是消费产生的数据，Kafka 会把这些数据持久化到日志文件中。

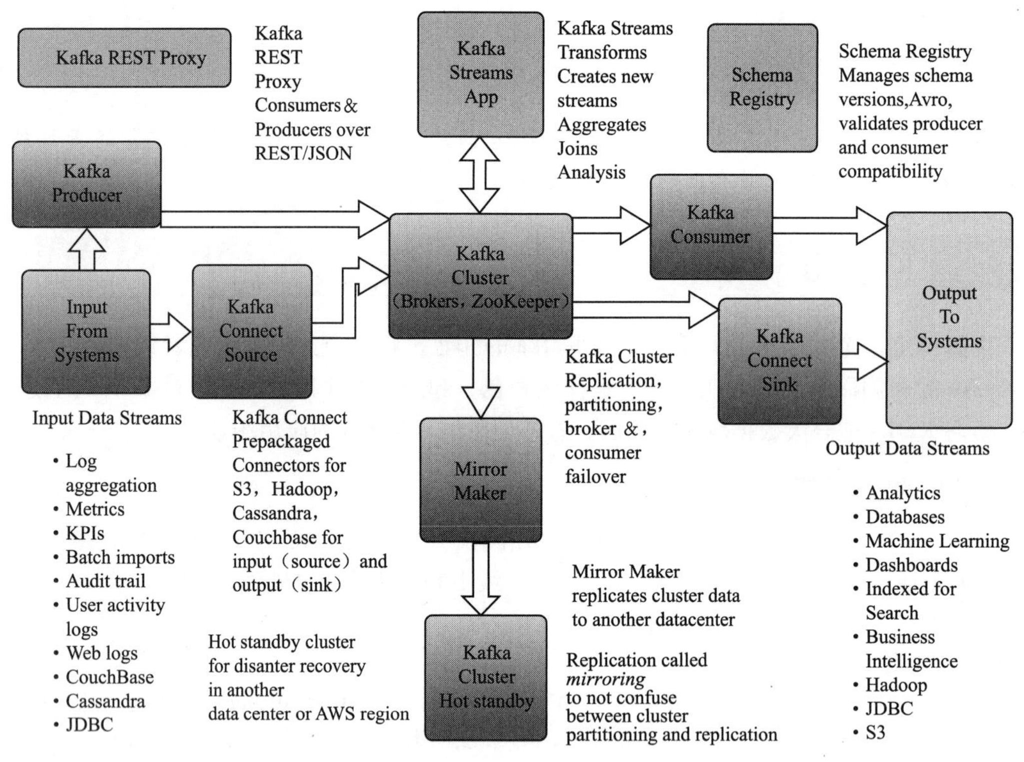

图 1-1 Kafka 的整体架构

Mirror Maker 可以理解为两个 Kafka 集群之间的数据同步，使用 Mirror Maker 可以把 Kafka 集群 1 中的数据同步到 Kafka 集群 2 中。这个组件实际上就是对生产者和消费者 API 的封装。Kafka 的连接器（Kafka Connect Source）可以连接不同的数据源，关于 Kafka Connect Source 和 Kafka Producer 的区别将在后续部分进行讲解。这就是 Kafka 的整体架构和功能。

1.1.3 消息系统

从前面的 Kafka 整体架构中了解到 Kafka 可以作为消息系统使用，本节主要讲解消息系统的含义以及 Kafka 作为消息系统所具备的作用。

1. 消息系统简介

消息系统（又称消息引擎）可以在不同的应用之间传递消息，比如要想把应用 A 中的数据传递到应用 B 上，就可以通过消息系统。应用 A 先把消息传递到消息系统中，然后通过消息系统接收消息再传递到应用 B 中。

2. 消息系统的核心作用

为什么应用 A 不能直接将消息传递给应用 B，必须通过消息系统呢？接下来解答这个疑惑。消息系统起到的作用如下：

（1）解耦。假设从系统 A 到系统 B 需要传递消息，在 A 中需要写一个对接到 B 的接口，把消息 M 传递到 B 中。随着业务的增长又增加了一个系统 C，此时在 A 中再开发一个对接到 C 的接口即可。但随着业务的不断增长，为了避免接口的不断增加，浪费用户的时间，可以引入消息系统，让 A 直接对接消息系统。A 可以直接把消息传递到消息系统中，其他需要消息的系统可以直接从消息系统中读取。这就实现了系统之间的解耦。

（2）异步。比如有一个快递员 A 需要把不同的快递（m1、m2、m3）送到不同的客户（C1、C2、C3）手中。如果客户不在指定的地点，快递就无法配送成功，这时可以引入一个中间平台（快递柜），快递员 A 可以将快递投递到这个中间平台，客户有时间的时候再从这个中间平台将快递取出来。这种机制就是异步，通过这种方式可以明显地提升消息传递的效率。

（3）错峰与流控。假设有两台机器，客户端 A 和服务器端 B。A 每天都要向 B 发送消息，B 可以承受的并发量是 1 万，在高峰期的时候消息数量会远远高于 B 所能承受的并发量，而平时的流量却比较低。这种情况下就可以引入一个消息中间件，高峰期的时候 A 可以把消息传递给中间件，B 可以从中间件中分批消费。即当生产者生产数据的速度大于消费者消费的速度时，可以使用消息中间件解决问题。

（4）最终一致性。在 A 传递消息到 B 的过程中可以保证数据的一致性。

在实际的业务应用场景中，如果遇到以上这几种情况，可以考虑引入消息系统来解决这些问题。

1.1.4 常见的消息系统

常见的消息系统（消息中间件）有两种：一种是队列模型；另外一种是发布与订阅模型。在了解了消息系统的作用之后，接下来介绍这两种模型的具体含义和区别。

1. 队列模型

队列模型包括生产者和消费者。生产者负责生产各种不同的消息，并传送到队列中。消费者负责消费队列中的各种消息。队列模型如图 1-2 所示。

消费者消费了某一消息，就表示把队列中的该消息删除了。在队列模型中每一个消息只能被一个消费者消费，比如消息 M1 被应用 3 消费之后，就不能被应用 4 消费了，同样的，消息 M6 被应用 4 消费之后，就不能被应用 3 消费。

2. 发布与订阅模型

发布与订阅模型包括发布者和订阅者。发布者负责把各种消息传输到消息中间件，消息可以被不同的订阅者重复多次消费。发布与订阅模型如图 1-3 所示。

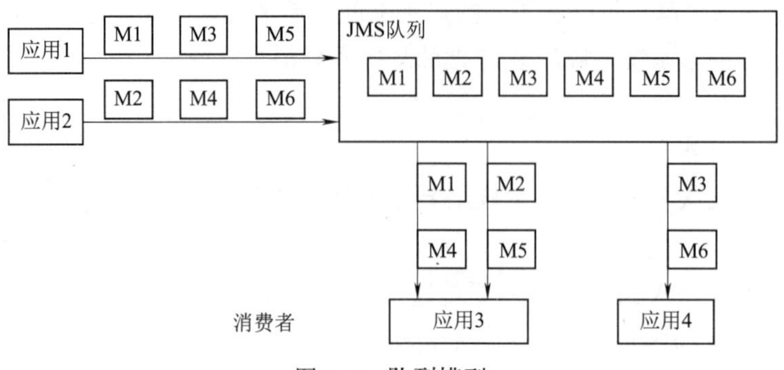

图 1-2 队列模型

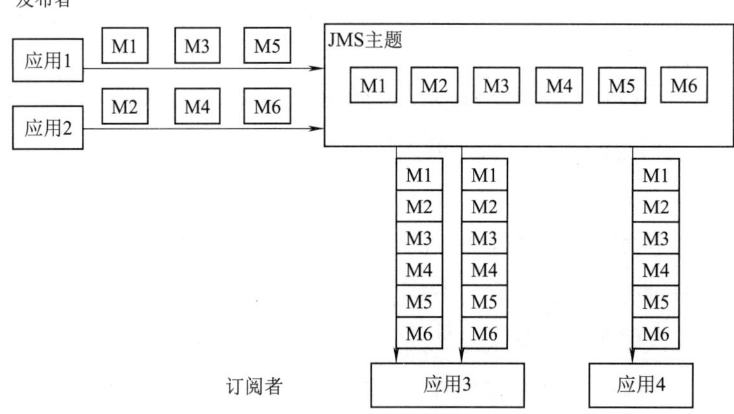

图 1-3 发布与订阅模型

应用 3 和应用 4 可以从中间件中重复地消费各种消息，而且同一个消息可以被应用多次消费。这一点与队列模型有很大区别，Kafka 使用的就是这种发布与订阅模型。

视 频

Kafka 的角色

1.1.5 Kafka 的设计理念

在学习一门框架时，重点要学习该框架可以解决什么问题以及通过什么方式或者设计理念来解决问题，而不是如何熟练地使用 API 和框架的各种参数。学习 Kafka 时也一样，其设计理念和原理很重要。

1. Kafka 的设计初衷

Kafka 的设计初衷就是为了解决大型互联网公司超大数据量的实时传输问题。这个设计初衷体现在两点：一是为了解决大数据量的传输；二是为了解决数据的实时传输。正因如此，基本上所有的大数据架构中都用到了 Kafka。

2. Kafka 的设计符合互联网的场景特点

大型互联网的场景特点如下：

（1）具有高吞吐量来支持诸如实时的日志集这样的大规模事件流。强调了高吞吐量和大规模。

（2）能够很好地处理大量积压的数据，以便能够周期性地加载离线数据进行处理。强调了可以处理积压数据。

（3）能够低延迟地处理消息。强调了低延迟的特点。

（4）能够支持分区、分布式方式，实时地处理消息，同时具有容错保障机制。

1.1.6 Kafka 的设计要点

即使是普通的服务器，Kafka 也可以轻松支持每秒百万级的写入，超过了大部分的中间件。下面针对互联网的几个应用场景，总结了如下四个 Kafka 设计要点：

（1）吞吐量与延迟。对于 Kafka 来说，吞吐量就是每秒处理的消息数，延迟就是消息从 A 到 B 的响应时间。延迟越低，吞吐量不一定越高。Kafka 是通过顺序写磁盘和零拷贝技术实现高吞吐量和低延迟的。

（2）消息持久化。在互联网中，消息不能丢失，Kafka 可以通过日志的方式将消息持久化到磁盘。

（3）负载均衡。Kafka 通过分区的方式实现负载均衡，也就是说可以把消息发送到不同的机器上，并通过多副本的机制保证了容错。

（4）伸缩性。Kafka 可以通过线性扩展资源（如 CPU、磁盘）来提高系统的整体性能。

1.1.7 Kafka 的应用场景

Kafka 是一种高吞吐量的分布式发布订阅消息系统，它可以处理消费者规模网站中的所有动作流数据。Kafka 具有以下几个应用场景：

（1）消息系统。Kafka 可以作为一个消息系统，关于这一点已经在上面介绍过了，这里不再过多解释。

（2）流处理。目前 Kafka 可以集成 Spark 和 Flink 做一些流处理的操作，还可以通过自身的流处理组件 Streaming 处理流数据。

（3）用户行为监控。可以把用户不同的行为数据放在不同的 Kafka 主题中，系统或者机器可以对不同主题的消息进行处理或者分析用户的行为，从而实现商业价值。

（4）日志收集。可以把日志通过 Flume 的方式收集到 Kafka 中，然后放到 hdfs 中通过压缩的方式保存。

1.2 Kafka 的基本术语

术语就是某个领域的专业词汇，了解 Kafka 的一些基本术语有助于更深入理解 Kafka。前面了解了 Kafka 的整体架构、消息系统和应用场景等内容，对 Kafka 的一些核心概念并没有详细介绍，下面从学习 Kafka 的一些重要术语开始逐步介绍。

视 频

Kafka 术语 1

1.2.1 Kafka 的主要术语

下面总结了一些 Kafka 中比较重要的术语，学习这些术语有两个关注点，第一，这些术语在 Kafka 的架构中处于什么样的位置；第二，这些术语在架构中起到了什么样的作用，有什么样的功能。至于这些术语的原理和功能开发，后续再进行详细讲解。

这些术语大致可以分为以下两大类。

第一类是关于 Kafka 的架构和消息流程的术语，如下：

（1）Producer。

（2）Consumer。

（3）Broker。

（4）Message。

第二类是关于 Kafka 的大致功能的术语，如下：

（1）Topic。

（2）Partition。

（3）Replica。

（4）Leader/Follower。

（5）ISR。

1.2.2 Kafka 的第一类基本术语

下面介绍 Kafka 的第一类基本术语，主要有下面四个，这些基本术语可以帮助理解 Kafka 的架构和消息流程。

（1）Producer：生产者，负责发送消息到 Broker 中。

（2）Consumer：消费者，负责从 Broker 中读取消息。

（3）Broker：服务，负责存储消息。

（4）Message：消息，生产消费的基本单位。

1. Kafka 的架构

Kafka 的架构大致分为四部分，如图 1-4 所示。第一部分是 Producer，第二部分是 Consumer，第三部分是 Kafka broker，第四部分是 ZooKeeper Cluster。

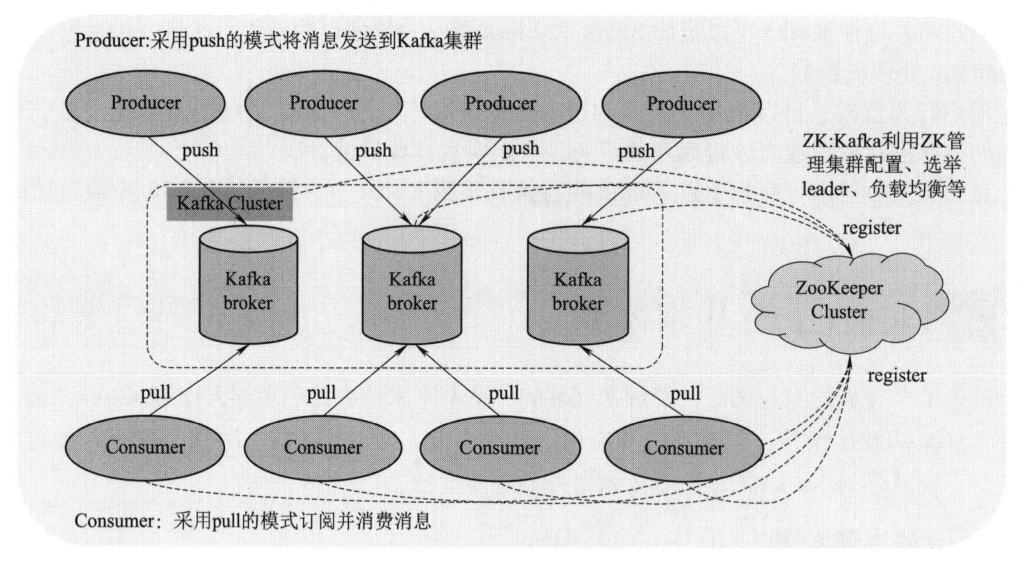

图 1-4 Kafka 的架构

Producer 的作用就是把消息发送到 Kafka 集群（Kafka broker），Consumer 的作用是从 Kafka 集群中获取消息。Kafka broker 主要负责消息的存储，可以理解为是一个服务，可以同时接收 Producer 和 Consumer 的请求。另外，每一个 Broker 都有唯一标识 broker ID，用户可以自己指定该 ID。一台机器上可以有多个 Broker，但标识要唯一。ZooKeeper Cluster 在 Kafka 的架构中起到了协调的作用，可以帮助 Kafka 集群实现很多功能，比如负载均衡。

2. Kafka 的 Message 包含的字段

发送到 Kafka 集群中的消息可以是字符串、字节等。Message 包含的字段如图 1-5 所示，其中包含的字段将在下面详细解释。

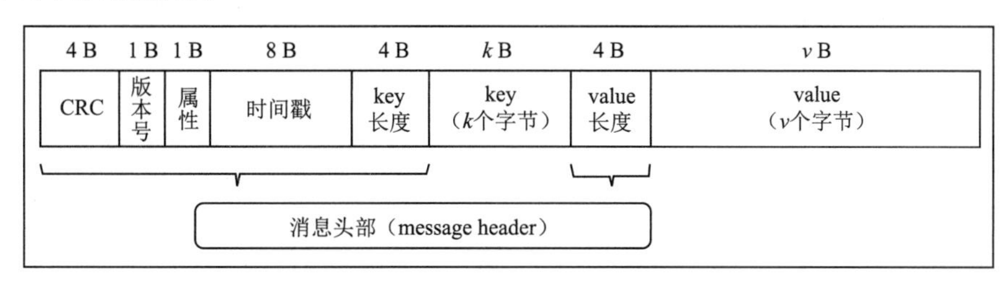

图 1-5　Message 包含的字段

（1）CRC：是一个校验码，消息在传输中不一定是安全的，这个 CRC 起到了校验的作用，防止消息在传输过程中被篡改。

（2）版本号：占 1 个字节，Kafka 的 Message 最初设计的是 V0 版本，接着是 V1 和 V2 版本。这里的数字代表版本号，比如 1 表示版本 1。

（3）属性：占 1 个字节，也就是 8 位。其中每一位都有具体的含义，这一部分将在后面详细介绍。

（4）时间戳：表示生产者发送消息的时间点。

（5）key：分为两部分，key 的长度和内容。key 决定了消息发送到集群中的哪一个节点上。

（6）value：分为两部分，消息的长度和消息的内容。value 就是要发送的具体内容。

3．Kafka 的 Message 存储

视　频

Kafka 术语 2

前面学习了 Kafka 的基本组成部分，这里假设 Kafka 有一条消息，由 a、b、c 三个属性组成，应该选择哪一种数据结构存储 Kafka 的消息呢？一般情况下，如果 a、b、c 类型相同，大家可能会选择数组和集合来存储消息；如果 a、b、c 类型不同，大家可能会选择封装成一个类存储这条消息，而在 Scala 中可能还会选择元组存储消息。由于 Kafka 的属性不同，所以大部分同学可能会选择第二种封装类的方式，但其实 Kafka 并没有选用这种方式存储消息。

Kafka 在消息的存储上做了如下设计：

（1）选用 Bytebuffer 数据结构：Kafka 选择 Bytebuffer 数据结构存储消息，最主要的原因是它的字节紧凑，可以节省存储空间。

（2）依赖页缓存，非 Java 堆内存。Kafka 把消息存储在页缓存上面了，并没有存储在 Java 的堆内存上。

4．Kafka 的 Bytebuffer 数据结构

要想了解对象的存储和浪费空间的问题，首先需要了解在 Java 中一个对象到底占用了多少内存。对象占用内存多少的决定因素有三个方面，包括对象头、对象实际数据和对齐填充（Padding）。对象占用内存的大小 = 对象头的大小 + 对象实际数据 +Padding。

对象头由两部分组成，markOop 和 klassOop。对象头大小实际上是由操作系统（32 位还是 64 位）和对象头是否对指针进行压缩来决定的。在 64 位的操作系统中，_mark 指针占 8 个字节，如果启用压缩，_klass 会占 4 个字节。所以，对象头所占的大小会是 12 个字节或者 16 个字节。对象的实际数据由用户存储的实际数据决定，比如存储一个整型数据就会占用 4 个字节。Padding 的大小比较灵活，一旦对象头和对象实际数据大小确定后，Padding 会把对象大小补位成 8 的倍数。比如对象头占 12 个字节，实际数据占 7 个字节，这时 Padding 就会占用 5 个字节，让对象的大小为 24 个字节。如果对象头和实际数据的和正好是 8 的倍数，Padding 就会变成 0。

下面以 64 位操作系统为例讲解 Java 对象的存储，如图 1-6 所示。

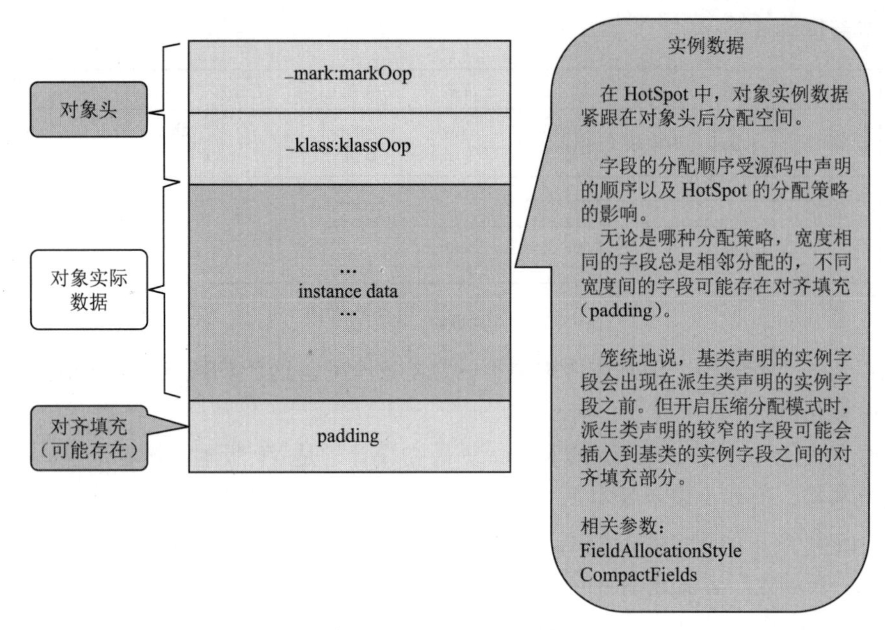

图 1-6　Java 对象实例

假设一个 Java 对象的存储示例，在 Java 中，把消息封装到了一个类 Message 中，类中包含了各种定义的参数，这是数据结构的一种存储类型。

```
class Message{
    int i;
    Integer it;
}
```

如果使用 new 创建一个 Message 对象 m，这个 m 的大小会是多少呢？先来看对象头，在压缩的情况下对象头的大小为 12 个字节。接着是实际数据的大小，int 类型占用 4 个字节，Integer 是一个引用（不考虑引用的实际大小）也占用 4 个字节，这时实际数据的大小为 8 字节。对象头 + 实际数据的大小 = 12+8=20 B，那么这时 Padding 会补 4 个字节，让对象 m 的大小变成 24 个字节。Padding 占用的这 4 个字节并没有存储任何数据，实际上是被浪费掉了。

5. Kafka 的 Bytebuffer 存储

在了解了 Java 对象的存储之后，再来学习一下 Kafka 的存储。Kafka 的 Bytebuffer 存储示例如下：

```
public class Message implements Serial zable{
    private short magic;
    private short codecKlassOrdinal;
    private boolean codecEnabled;
    private CRC32 crc;
    private String key;
    private String body;
}
```

首先计算一下这个对象的大小，假设对象头大小为 12 字节。再来算算实际数据的大小，short 类型占 2 个字节，boolean 类型占 1 个字节，CRC32 和 String 是引用类型，占 4 个字节，实际数据的大小为 17 个字节。对象头 + 实际数据的大小 =12+17=29 B，这时 Padding 会补 3 个字节凑成 8 的倍数

32 B。这个对象的大小就是 32 个字节，其中有 3 个字节是没有意义的。注意，这里的引用类型没有考虑实际引用数据的大小。

视 频

Kafka 术语 3

6. Kafka 的页缓存

接下来了解一下 Kafka 为什么不使用 Java 堆，而是使用操作系统的页缓存管理内存。

在 Java 中，栈存储的是引用、局部变量等数据，而堆划分为两部分，包括新生代（Young）和老年代（Old），其中新生代又划分了三个区域：Eden、From Survivor（S0）和 To Survivor（S1）。当新创建一个对象后，首先会存入 Eden 区，当 Eden 区的存储空间满了之后，会把还在存活的对象存储到 S0 区。S0 和 S1 会永远保证有一个区是空的。如果 Eden 区和 S0 区的存储空间都满了，会把存活的对象存储到老年代。当 Eden 区和 Survivor 区没有存储空间时，JVM 会对这两个区域同时发起一次 Minor GC。当 Old 区也被填满时，JVM 会发起一次 Major GC，对 Old 区进行垃圾回收。

当应用程序发生 Minor GC 或者 full GC 时会暂停服务，任何发往该应用程序的请求都会被拒绝。假设操作系统 A 向工作线程发送一个消息 m，并且 Kafka 的消息由 JVM 管理。之后工作线程会把这条消息放入 Java 堆内存中，这条消息 m 最终会持久化放入磁盘中。消息 m 会在 Java 堆内存和操作系统的缓存中存储一段时间，最终由操作系统的机制存入磁盘，如图 1-7 所示。

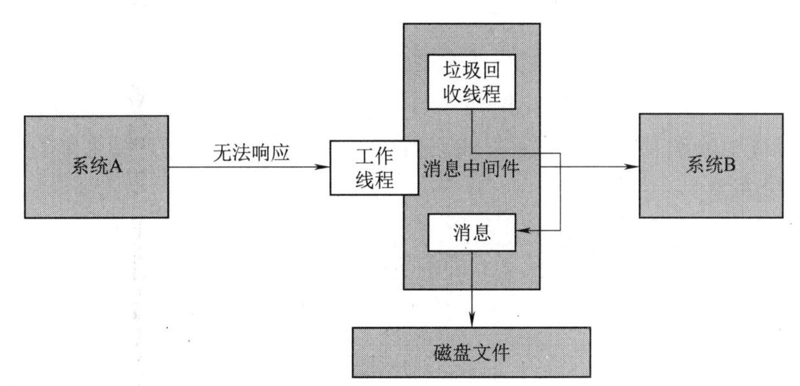

图 1-7　Java 的堆内存管理

如果 Kafka 依赖这种方式会存在两个问题：第一，会发生消息重复的问题，一条消息会在内存中存储两份，造成存储空间的浪费；第二，一旦发生 full GC，工作线程会无法响应系统发出的消息，导致 Kafka 的吞吐量变得非常低。

为了避免这两个问题，Kafka 大量利用操作系统的缓存，把大部分的消息存入操作系统的缓存中，避免了 GC 带来的各种问题。在存储上采用比较紧凑的 Bytebuffer 数据结构存储，占用了非常小的内存空间。

视 频

Kafka 术语 4

1.2.3　Kafka 的第二类基本术语

前面已经学习了第一类 Kafka 基本术语，接下来介绍第二类基本术语，其中 Topic 和 Partition 是和消息相关的术语，而 Replica、Leader/Follower 和 ISR 都是和副本相关的术语。

（1）Topic：主题，发布到 Kafka 集群的消息类别，主要对消息进行分类。

（2）Partition：分区，一个 Topic 的消息实际上是由多个队列存储的，一个队列在 Kafka 上称为一个分区。

（3）Replica：副本，Kafka 为了实现高可用，会为 Partition 保存多个副本，保证了 Kafka 的分区容错性。

（4）Leader/Follower：对外提供服务的副本称为 Leader，其他副本称为 Follower。只有在 Leader 不能使用的情况下，才会启用 Follower。

（5）ISR：同步副本（In Sync Replica），当副本不同步的程度达到某一个条件时，会把不同步的副本剔除，只保存同步的副本。

1．Kafka 的 Topic、Partition 和 offset

分区是对主题的细化，可以实现负载均衡。如果主题不分区，所有的消息都发送到一台机器上，就会增加这台机器的压力。如果将消息分发到三台机器中，那样这些消息将由三台机器分担，这样就减轻了很多压力。Topic 和 Partition 的关系如图 1-8 所示。

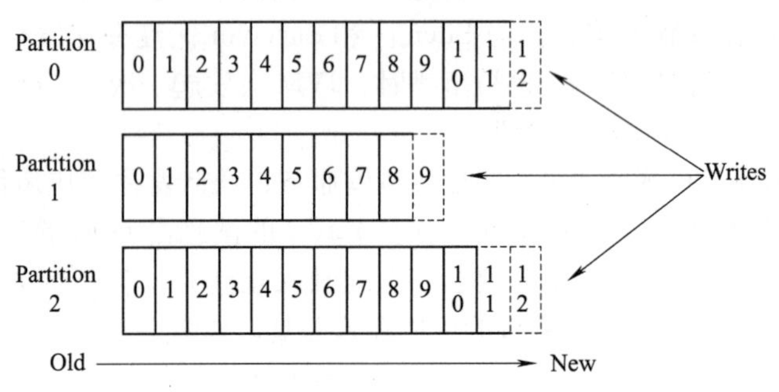

图 1-8 Topic 和 Partition 的关系

图 1-8 中一个 Topic 分成了三个 Partition，分区号从 0 开始。每一个分区中的数字表示偏移量（offset），每一个分区中的消息编号是不重复的。当然，多个分区之间是可以重复的。

2．Kafka 的 Replica

接下来介绍 Kafka 的副本机制，如图 1-9 所示。下图中一个 Topic 有 4 个分区，假设分区 0 有三个不同的副本，Kafka 会保证这三个副本在不同的机器上。之后 Kafka 会从这三个副本中选一个 Leader，图 1-9 中副本 5 作为 Leader。

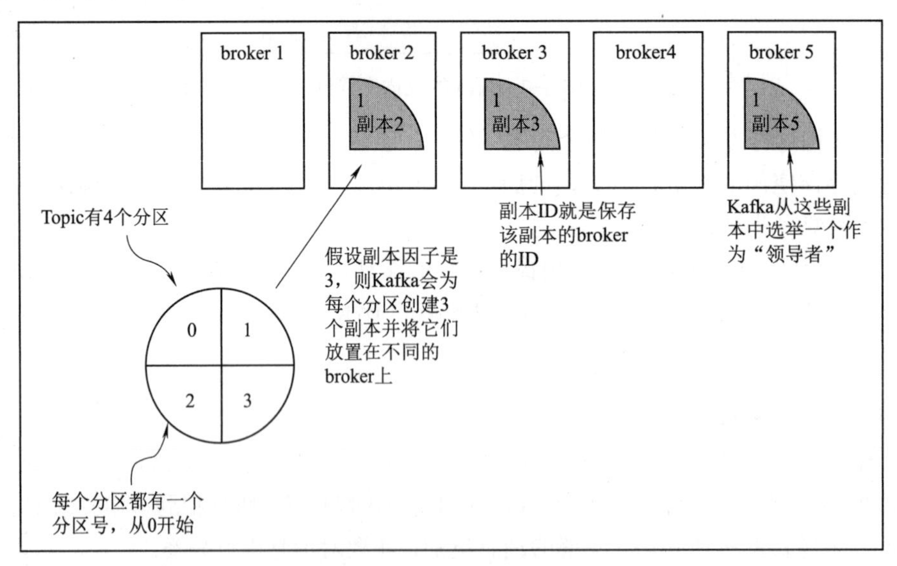

图 1-9 Kafka 的副本机制

3．Kafka 的 ISR

起初消息发送到分区 A 中，也就是 Leader 中，最开始消息 m1 是一致的，所以 ISR 中有三个副本

A、B、C，如图 1-10 所示。

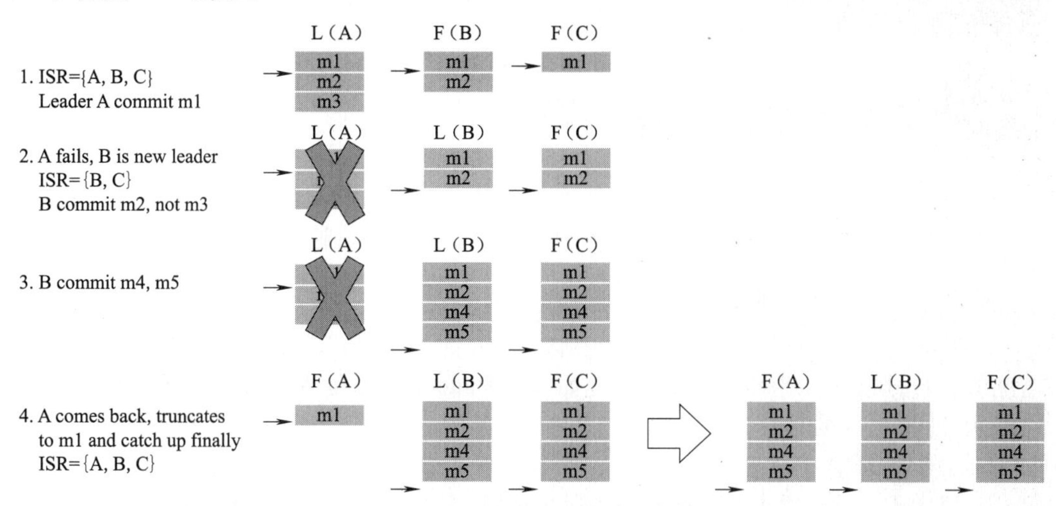

图 1-10　Kafka 的同步副本机制

假设某一时刻 A 宕机了，这时 A 就没有办法和 B、C 进行同步，因此 ISR 清单中只有 B 和 C，A 会被踢出清单，B 就会成为 Leader。然后生产者会把消息 m4 和 m5 写入 B 中，C 作为 Follower 会同步 B 中的数据。A 重启之后，一开始 A 中的消息不会同步，这时 ISR 清单中还是只有 B 和 C。当 A 中的消息和 B、C 同步之后，A 会重新加入 ISR 清单中。Kafka 会根据副本之间的消息同步程度不断地变化 ISR 清单，Leader 就是依据 ISR 清单选举的。

经过前面的介绍，大家对 Kafka 的基本术语有了一些认识，接下来对 Kafka 的这些基本术语做一个总结，如图 1-11 所示。生产者 Producer A 发送消息到 Kafka 集群，Kafka 集群中有三个节点，消费者 A、B、C 从集群中消费消息。生产者会把消息推送到 Topic A 中的 Partition 0 中，而且是推送到 Leader 分区中。Kafka 会保证不同的分区和副本在不同的机器中。消费者会从 Leader 分区开始消费，Leader 和 Follower 之间会同步数据。

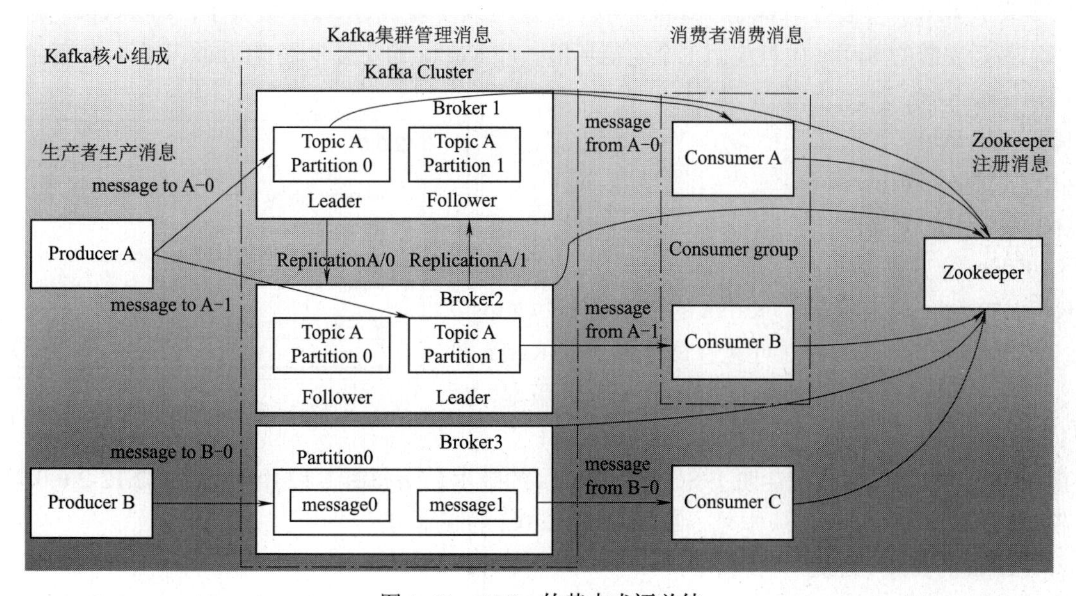

图 1-11　Kafka 的基本术语总结

生产者 Producer B 发送了一条消息，由于所在的节点中只有一个分区 Partition 0，所示消费者 C 会直接从副本中读取消息。

1.3 Kafka 的安装与部署

视 频

Kafka 安装 1

本节主要学习 Kafka 的安装和配置，先从 Kafka 集群的搭建开始学习，接着学习利用 Kafka 提供的脚本向 Kafka 生产数据和消费数据，然后学习管理 Kafka 的 Topic（主题）。

1.3.1 Kafka 的环境准备

Kafka 是一个分布式、支持分区和多副本的消息系统，它的最大特性就是可以实时地处理大量数据以满足各种需求场景，比如基于 Hadoop 的批处理系统、低延迟的实时系统。它使用 Scala 语言编写。

1. Kafka 的运行环境

学习一门语言或者软件之前都要明确它的运行环境，Kafka 可以运行在 Windows、Linux、UNIX、Mac OS 等操作系统之上，下面学习在 Linux 操作系统上如何搭建 Kafka 的集群。

2. 本课程环境准备

搭建 Kafka 的集群需要准备以下几个环境，这里重点介绍 Kafka 的安装过程。

（1）Scala2.12.x：Kafka 是用 Scala 语言编写的，所以需要准备 Scala 环境。

（2）JDK1.8+：由于 Scala 依赖于 JDK，所以需要安装 JDK。

（3）zookeeper 3.4.5+：Kafka 集群在系统中要起到协调的作用，所以需要 zookeeper。在测试环境中使用单机即可，但在生产中一定要使用集群模式来保证 zookeeper 的高可用性。

（4）Kafka 2.0+：准备一个 Kafka 的安装包。

1.3.2 Kafka 在 Linux 上的安装

Kafka 在 Linux 上安装时，一定要按照下面列出的安装顺序进行安装。由于 Scala 依赖 JDK，所以首先需要安装 JDK。安装好 JDK 和 Scala 环境后，就可以安装 zookeeper 集群了，zookeeper 集群也依赖 JDK。最后安装的 Kafka 依赖前面三个运行环境。即 Kafka 的安装步骤（Linux 平台）如下：

（1）安装 JDK。

（2）安装 Scala。

（3）安装 zookeeper 集群。

（4）安装 Kafka 集群。

1. Kafka 的下载

Kafka 官方网站上提供了 Kafka 的下载地址（https://kafka.apache.org/downloads），可通过该地址下载 Kafka 并安装。在选择版本时，注意要选择与 Scala 对应的版本，如图 1-12 所示。

2.0.0

- Released July 30, 2018
- Release Notes
- Source download: kafka-2.0.0-src.tgz (asc, sha512)
- Binary downloads:
  - Scala 2.11 - kafka_2.11-2.0.0.tgz (asc, sha512)
  - Scala 2.12 - kafka_2.12-2.0.0.tgz (asc, sha512)

图 1-12　Kafka 的版本选择

官方网站上提供的安装包注明了 Scala 和 Kafka 的版本，比如图 1-12 中的 kafka_2.12-2.0.0 包含了两个版本号，2.12 是 Scala 的版本号，2.0.0 才是 Kafka 的版本号。

2. Kafka 的安装与配置

JDK、Scala 和 zookeeper 这三个运行环境在之前的学习中已经搭建好了，接下来介绍 Kafka 的安装过程和相关的配置操作。

1）Kafka 的安装

在成功下载 Kafka 的安装包之后需要解压安装包，解压之后需要切换到解压的目录下进行相关的配置。

（1）> tar -xzf kafka_2.12-2.0.0.tgz：解压安装包。

（2）> cd kafka_2.12-2.0.0Kafka：切换到解压目录。

2）Kafka 的配置

在 Kafka 的集群文件 config/server-1.properties 中需要重点配置的参数有三个，只有配置了下面这三个参数，Kafka 集群才可以启动。

（1）broker.id：无论是生产者发送消息还是消费者消费消息，都需要经过 Broker。每一台机器上都要有 Broker 且其具有唯一标识。

（2）log.dirs：生产者发送消息会以日志文件的形式存储在磁盘中，log.dirs 指定了消息存储的目录，可以指定多个目录，不同的目录之间使用逗号分隔。

（3）zookeeper.connect：指定了 zookeeper 的连接地址（主机名和端口号），整个 Kafka 集群是通过 zookeeper 来协调的。

3）Kafka 的启动

当把上述相关步骤和参数配置好之后，就可以启动 Kafka 了。启动时可以使用 Kafka 提供的 kafka-server-start.sh 脚本，然后指定一个需要配置的参数，比如 > bin/kafka-server-start.sh config/server-1.properties。

上述介绍的内容是在一台机器上启动 Kafka 的步骤或者说是启动一个 Broker 的步骤。但 Kafka 集群一般是由多个机器组成的，此时只需要把配置好的文件发送到每一台机器上即可。一般情况下 log.dirs 都会指定相同的目录，但也可以不同；而 zookeeper.connect 需要相同的配置，broker.id 一定是不相同的。

视 频

Kafka 安装与入门案例

1.3.3 Kafka 集群安装的操作步骤

前面已经介绍了搭建 Kafka 集群的方法，下面介绍安装 Kafka 集群的操作步骤。

（1）启动 Linux，然后进入安装目录，目录中包含了所有需要的软件包。执行 java -version 命令可以验证是否正确安装了 JDK 环境，如果已经正确安装，执行结果中会显示已安装的 JDK 版本。执行 scala -version 命令可以验证 Scala 是否正确安装，如果正确安装，执行结果中会显示已安装的 Scala 版本，如图 1-13 所示。

图 1-13　验证 JDK 和 Scala 的安装

（2）安装 zookeeper，首先使用 cd zookeeper 命令进入 zookeeper 的安装目录，进入 conf 目录下找到文件 zoo.cfg，然后使用 vim 编辑器配置该文件，如图 1-14 所示。文件 zoo.cfg 是通过 zoo_sample.cfgwe 文件复制而来的。

图 1-14　配置 zoo.cfg 文件

dataDir（数据目录）是用来存储一些快照、临时文件的，可以重新指定其他目录，此时之前的目录会被覆盖。最重要的是 clientPort，它用来指定客户端的端口，客户端想要与服务器连接，一定要指定端口号。server.0 中的 0 表示服务的 ID，用户可以自己指定。server.0 后面指定的内容用“：”分隔成了三部分。第一部分可以是 IP 地址，如果是单集群可以指定主机名；第二部分 2888 是 Leader 和 Follower 用来通信的端口；第三部分 3888 是 Leader 选举的端口。

（3）配置 zookeeper 还需要一个 ID，配置 ID 需要进入 dataDir 指定的目录中，如图 1-15 所示。

```
[root@hadoop123 data]# ls
myid
[root@hadoop123 data]# vim myid

0
```

图 1-15　配置 ID

这是一台机器的情况，如果是多台机器，就需要指定不重复的 ID，比如 0,1,2，然后把之前配置的 zoo.cfg 文件和配置 ID 的文件 myid 分别复制到不同机器的目录下就可以了，这样就搭建了一个 Kafka 集群。

（4）启动 zookeeper 需要进入 bin 目录下，该目录下有两个脚本需要了解：zkCli.sh 和 zkServer.sh。输入 bin/zkServer.sh start 启用 zookeeper 服务器。执行 jps 命令可以看到 zookeeper 的进程 QuorumPeerMain。还可以使用 bin/zkServer.sh status 命令查看 zookeeper 服务器的状态，Mode：standalone 表示独立模式，如图 1-16 所示。

```
[root@hadoop123 data]# cd
[root@hadoop123 zookeeper]# cd bin
[root@hadoop123 bin]# ls
README.txt  zkCleanup.sh  zkCli.cmd  zkCli.sh  zkEnv.cmd  zkEnv.sh  zkServer.cmd  zkServer.sh
[root@hadoop123 bin]# cd ..
[root@hadoop123 zookeeper]# bin/zkServer.sh start
ZooKeeper JMX enabled by default
Using config: /home/shf/soft/zookeeper/bin/../conf/zoo.cfg
Starting zookeeper ... STARTED
[root@hadoop123 zookeeper]# jps
26928 Jps
26371 QuorumPeerMain
52488 DataNode
52700 SecondaryNameNode
52382 NameNode
[root@hadoop123 zookeeper]# bin/zkServer.sh status
ZooKeeper JMX enabled by default
Using config: /home/shf/soft/zookeeper/bin/../conf/zoo.cfg
Mode: standalone
```

图 1-16　启动 zookeeper 服务器

（5）进入 Kafka 的官方网站可以看到最新的下载版本，如图 1-17 所示。下载好需要的 Kafka 版本后，将安装包传输到 Kafka 集群中即可。

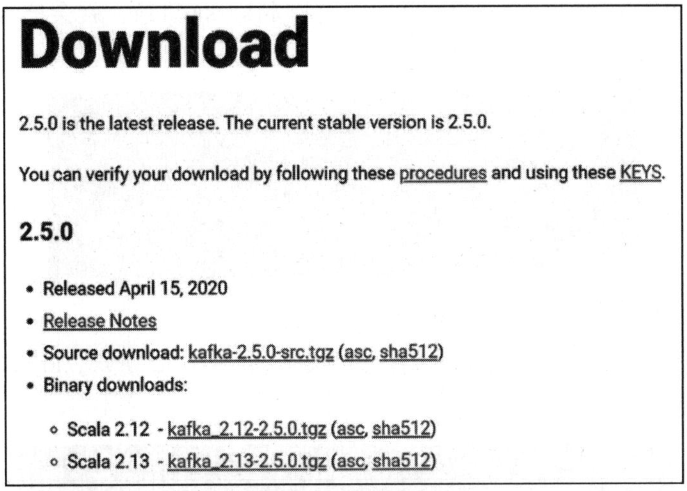

Download

2.5.0 is the latest release. The current stable version is 2.5.0.

You can verify your download by following these procedures and using these KEYS.

2.5.0

- Released April 15, 2020
- Release Notes
- Source download: kafka-2.5.0-src.tgz (asc, sha512)
- Binary downloads:
  - Scala 2.12 - kafka_2.12-2.5.0.tgz (asc, sha512)
  - Scala 2.13 - kafka_2.13-2.5.0.tgz (asc, sha512)

图 1-17　Kafka 的下载界面

另外一种方式就是直接复制 Kafka 的下载地址到 Linux 中，如图 1-18 所示。这种方式需要提前进入缓存目录 tmp 中，然后使用 wget 命令指定下载地址即可直接下载。

```
[root@hadoop123 tmp]# wget https://archive.apache.org/dist/kafka/2.1.1/kafka_2.12-2.1.1.tgz
--2020-05-10 23:13:35--  https://archive.apache.org/dist/kafka/2.1.1/kafka_2.12-2.1.1.tgz
Resolving archive.apache.org (archive.apache.org)... 138.201.131.134, 2a01:4f8:172:2ec5::2
Connecting to archive.apache.org (archive.apache.org)|138.201.131.134|:443... connected.
HTTP request sent, awaiting response... 200 OK
Length: 55351618 (53M) [application/x-gzip]
Saving to: 'kafka_2.12-2.1.1.tgz'

 1% [=>
```

图 1-18　通过 wget 命令下载 Kafka

（6）下载好之后需要使用 tar 命令解压安装包，然后进入 Kafka 的 config 目录中。第一个需要配置的就是 Broker 的 ID，如图 1-19 所示。注意指定的 ID 必须是唯一的，ID 可以是任意的整型。

图 1-19　配置 Broker 的 ID

（7）需要配置 listeners（监听服务），指定需要监听的端口和主机名，如图 1-20 所示。PLAINTEXT 是一个协议，后面是主机的 IP 地址和监听的端口号。

图 1-20　配置 listeners

（8）由于 Kafka 集群需要 zookeeper 维护，所以还需要配置 zookeeper，如图 1-21 所示。zookeeper.connect 指定了需要维护的 Kafka 集群。对于 Kafka 来说，zookeeper 是服务器端，Kafka 是 zookeeper 的一个客户端。注意，如果 zookeeper.connect 中没有指定 kafka 目录，就会把当前 Kafka 集群相关的信息放在根目录下。

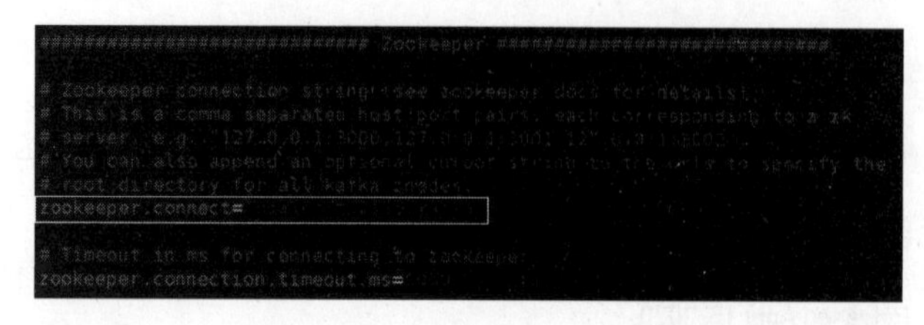

图 1-21　配置 zookeeper

（9）还有一个需要配置的就是 log.dirs（日志目录），如图 1-22 所示。log.dirs 指定了消息存放的日志目录，可以指定多个目录。

图 1-22　配置 log.dirs

这是搭建单机的情况，如果需要搭建多个 Kafka 集群，把这些相关的配置文件复制到不同集群的相同目录下即可。在不同的集群中只需要重新修改 Broker 的 ID 和监听的地址即可。

（10）使用 bin 目录下面的服务器启动脚本 kafka-server-start.sh 指定之前编辑的配置文件启动 Kafka 集群，如图 1-23 所示。

（11）验证 Kafka 集群是否启动成功可以使用 jps 命令，如图 1-24 所示。执行结果中的 81468 Kafka 是 Kafka 的启动进程，表示 Kafka 集群已经成功启动。

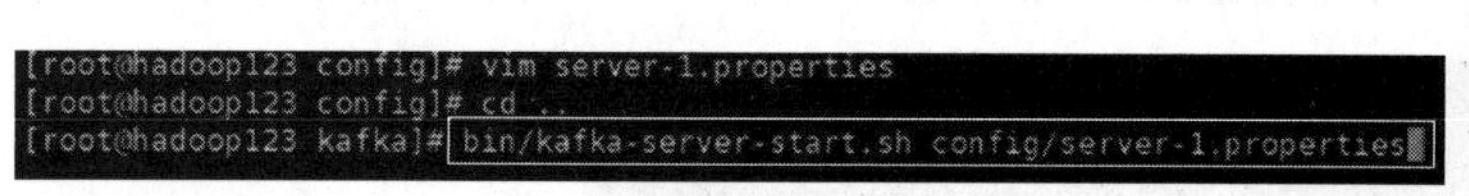

图 1-23　启动 Kafka 集群

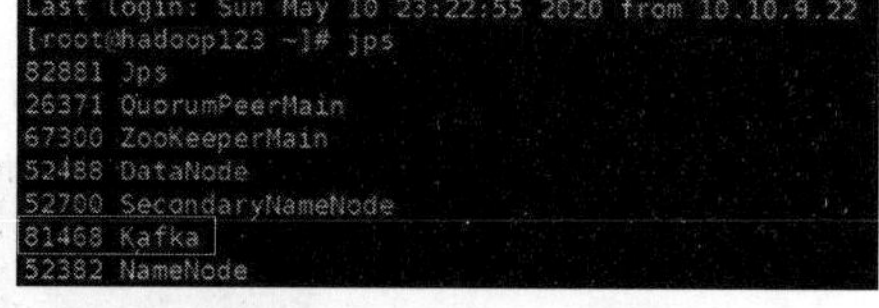

图 1-24　验证 Kafka 集群

（12）通过一个生产和消费的小案例验证该 Kafka 集群的使用情况。Kafka 集群需要生产者和消费者，因此需要启动生产者和消费者。不过在启动之前需要创建一个 Topic（主题），来确定生产者需要向哪一个主题发消息以及消费者需要从哪一个主题消费消息。创建一个 Topic（主题），如图 1-25 所示。使用 --create 参数创建主题、分区和副本，使用 --list 参数查看创建的主题。

图 1-25　创建主题

（13）启动生产者，如图 1-26 所示。使用 --topic 指定之前创建的 test02 主题，启动生产者并发送消息到 Topic。在生产者这里实时发送消息，可以到消费者那里验证是否可以收到消息。

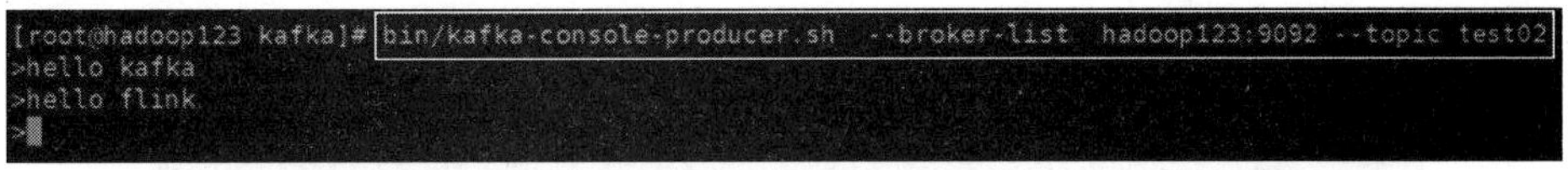

```
[root@hadoop123 kafka]# bin/kafka-console-producer.sh  --broker-list  hadoop123:9092 --topic test02
>hello kafka
>hello flink
>
```

图 1-26　启动生产者

（14）发送消息之后重新启动一个消费者验证发送的消息是否可以收到，如图 1-27 所示。指定 --from-beginning 可以看到一开始发送的消息。

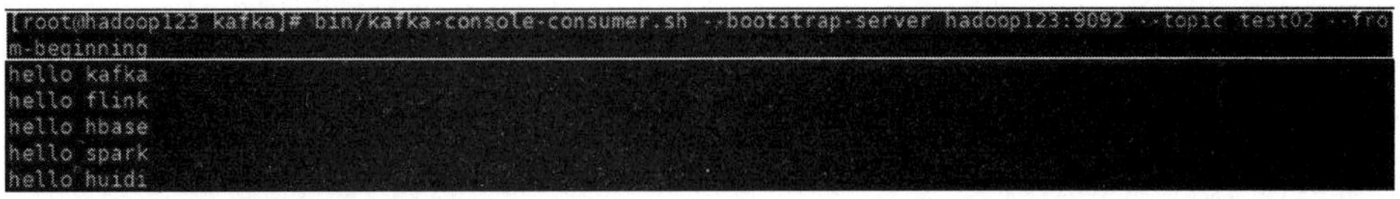

```
[root@hadoop123 kafka]# bin/kafka-console-consumer.sh --bootstrap-server hadoop123:9092 --topic test02 --from-beginning
hello kafka
hello flink
hello hbase
hello spark
hello huidi
```

图 1-27　消费者消费消息

因此，Kafka 的集群验证步骤如下：

（1）> bin/kafka-topics.sh--create--bootstrap-server localhost:9092--replication-factor 1--partitions 1 --topic test：创建一个 Topic。

（2）> bin/kafka-console-producer.sh --broker-list localhost:9092 --topic test：启动生产者并发送消息。

（3）> bin/kafka-console-consumer.sh --bootstrap-server localhost:9092 --topic test --from-beginning：消费者消费消息。

视 频

深入 Kafka 集群启动与关闭

下面深入研究一下 Kafka 集群的启动及如何停止相关的脚本。之前启动 Kafka 集群的方式有如下一些缺点。

（1）如果客户端断开连接，整个 Kafka 集群对应的 Broker 也会断开。

（2）不能同时启动多个 Kafka 集群。

针对这两个缺点，逐一介绍解决的方法。首先介绍客户端断开连接的情况，可以通过后台启动 Kafka 集群的方式解决这一问题，如图 1-28 所示。

（1）后台启动时需要指定参数 -daemon，然后执行 jps 命令可以看到 Kafka 进程。一般启动 Kafka 集群时都会使用这种方式。

（2）现在即使关闭客户端，Kafka 的进程依然存在，如图 1-29 所示。关闭之前的客户端，在其他客户端上执行 jps 命令，依然可以看到 Kafka 的进程。

```
[root@hadoop123 kafka]# bin/kafka-server-start.sh -daemon config/server-1.properties
[root@hadoop123 kafka]# jps
26371 QuorumPeerMain
67300 ZooKeeperMain
52488 DataNode
107208 Kafka
52700 SecondaryNameNode
107916 Jps
52382 NameNode
[root@hadoop123 kafka]#
```

图 1-28　后台启动 Kafka 集群

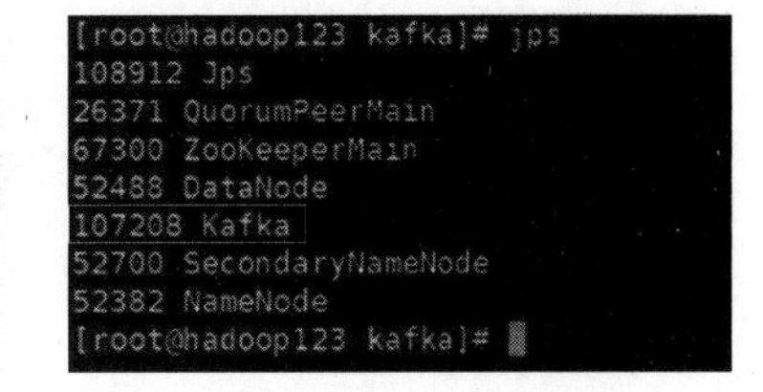

图 1-29　验证 Kafka 进程

接下来是解决不能同时启动和停止多个 Kafka 集群的问题，可以分别编写启动和停止脚本，同时启动或停止多个 Kafka 集群。

（1）下面是一个启动 Kafka 集群的脚本，brokers 中可以指定服务的配置，KAFKA_HOME 指定了 Kafka 的启动目录，然后通过循环语句调用了启动脚本，定义了每两秒启动一次 Kafka 集群。下面是一台机器启用多个 Broker 的方式，如图 1-30 所示。

图 1-30 启动脚本

如果在本机启动多个集群，创建启动脚本文件 kafka-cluster-start.sh，相关代码如下：

```
 1  brokers="server-1 server-2"
 2  KAFKA_HOME="/home/shf/soft/kafka"
 3  echo"I NFO:Begin to start kafka cluster..."
 4  for broker in $brokers
 5  do
 6  echo"INFO:Start kafka on ${broker}
 7  ${KAFKA_HOME}/bin/kafka-server-start.sh-daemon${KAFKA_HOME}/config/${broker}.properties
 8  if[$?-eq 0];then
 9  echo"INFO:[${broker}]Start successfully"
10  fi
11  sleep 2
12  done
13  echo"I NFO:Kafka cluster starts successfully!"
```

第 1 行代码中 brokers 指定了有关 Broker 的配置，这里指定了 server-1 和 server-2 两个服务。第 2 行代码 KAFKA_HOME 指定了 Kafka 的启动目录。第 7 行代码使用循环语句调用了启动脚本文件，多个集群可以使用同一个配置。第 8 行代码如果启动成功会返回 0，然后输出启动成功的提示语句。第 11 行代码 sleep 2 表示每两秒启动一次。

存在不同的机器时，每一台机器启动一个，创建启动脚本文件 kafka-cluster-start.sh，相关代码如下：

```
 1  brokers="server-1 server-2 server-3"
 2  KAFKA HOME="/home/shf/soft/kafka"
 3  echo "I NFO: Begin to start kafka cluster..."
 4  for broker in $brokers
 5  do
 6  echo"INFO:Start kafka on ${broker}
 7  ssh broker-C"source/etc/profile;sh${KAFKA_HOME}/bin/kafka-server-start.sh-
daemon ${KAFKA_HOME}/config/server.properties"
 8  if[$?-eq 0];then
 9  echo"INFO:[${broker}]Start successfully"
10  fi
11  done
12  echo"I NFO:Kafka cluster starts successfully!"
```

第 7 行代码中通过 ssh 登录到指定主机，启动集群。这种情况适用于多台机器启动集群的情况。

（2）验证脚本时需要提前停止已经启动的 Kafka 集群。首先，执行启动脚本，成功启动两个 Kafka 集群，使用 jps 命令可以看到有两个 Kafka 进程，如图 1-31 所示。

（3）编写停止 Kafka 集群的脚本时，直接在启动脚本的基础上修改并重命名即可，如图 1-32 所示。需要停止所有 Kafka 集群时直接执行停止脚本即可；如果只需要停止某一个具体的 Kafka 集群，可以在配置文件中指定。

```
[root@hadoop123 kafka]# bin/kafka-cluster-start.sh
" I NFO : Begin to start kafka cluster ... "
" INFO:Start kafka on server-1
" INFO:[server-1] Start successfully "
" INFO:Start kafka on server-2
" INFO:[server-2] Start successfully "
" I NFO:Kafka cluster starts successfully !"
[root@hadoop123 kafka]# jps
26371 QuorumPeerMain
67300 ZooKeeperMain
6358 Kafka
52488 DataNode
6744 Kafka
52700 SecondaryNameNode
7132 Jps
52382 NameNode
```

图 1-31　验证启动脚本

图 1-32　编写停止脚本

创建停止集群的脚本文件 kafka-cluster-stop.sh，相关代码如下：

```
 1  brokers="server-1 server-2"
 2  KAFKA HOME="/home/shf/soft/kafka"
 3  echo"I NFO:Begin to start kafka cluster..."
 4  for broker in $brokers
 5  do
 6  echo"INFO:Start kafka on ${broker}
 7  ssh broker-C"source/etc/profile;sh ${KAFKA_HOME}/bin/kafka-server-stop.sh"
 8  if[$?-eq 0];then
 9  echo"INFO:[${broker}]Start successfully"
10 fi
11 done
12 echo"I NFO:Kafka cluster starts successfully!"
```

（4）启动停止脚本文件后，使用 jps 命令可以看到已经没有关于 Kafka 的进程了，如图 1-33 所示。

```
[root@hadoop123 bin]# ./kafka-server-stop.sh
[root@hadoop123 bin]# jps
26371 QuorumPeerMain
67300 ZooKeeperMain
6358 Kafka
24262 Jps
52488 DataNode
6744 Kafka
52700 SecondaryNameNode
52382 NameNode
[root@hadoop123 bin]# jps
26371 QuorumPeerMain
67300 ZooKeeperMain
52488 DataNode
28571 Jps
52700 SecondaryNameNode
52382 NameNode
```

图 1-33　验证停止脚本

1.4 Kafka的集群规划

视 频

Kafka
集群规划

本节主要介绍Kafka的集群规划，从生产的角度考虑如何搭建Kafka的集群以及在搭建之前需要考虑的各种因素。

1.4.1 Kafka 的集群考虑

在Kafka的集群规划中必定涉及多台Kafka节点机器，单台机器构成的Kafka集群通常用于日常测试，无法满足线上的实际需求，因此还需要考虑以下几点：

（1）操作系统的选型：一般情况下选用主流的Linux操作系统，以保证系统稳定性。

（2）磁盘：机械硬盘（HDD）的寻址时间比较大，固态硬盘（SSD）的寻址时间比较小，但是价格相对比较高。如果单从Kafka集群的角度考虑，可以使用机械硬盘，因为Kafka是顺序写磁盘的，所以随机I/O带来的影响不大；如果不考虑成本，也可以使用固态硬盘。磁盘的容量需要结合实际情况选择，比如每天的业务数量、数据大小、消息的保存时间、副本数、是否压缩等。

（3）CPU：Kafka的后台会启用多个线程，需要多核CPU，一般在生产中需要选择32核的CPU。

（4）带宽：对内部集群来说，带宽一般都是千兆甚至是万兆的。

1.4.2 Kafka 服务端的主要参数

在Kafka正式启动时还需要考虑一些参数的设置，客户端是根据不同的客户进行配置的，这里主要介绍一下服务端的主要参数。

（1）Broker：关于Broker的配置有很多，在这里就不展开介绍了，这部分将在之后的课程中详细介绍。

（2）Topic：Topic级别的参数主要是为了覆盖Broker级别的参数。比如有些业务场景的数据需要保存3天，而有些则需要保存7天。针对这种情况就可以根据不同的业务分配不同的主题，不同的主题就可以配置不同的保存时间。

（3）JVM：主要考虑与GC相关的参数，JDK1.7默认的垃圾回收机制是CMS。CMS有两个缺点：一是会产生浮动垃圾；二是容易产生内存碎片，容易发生full GC。一般情况下推荐JDK1.8以上的版本，推荐使用G1垃圾回收机制，以缓解内存碎片的产生，并且有一个可靠的停顿时间。由于Kafka使用的大部分是操作系统的缓存，因此Kafka的JVM内存不需要太大，一般分配6~8 GB即可。因为JVM分配的内存越大，新生代回收的时间越长，因此要尽量把内存分配给操作系统。

（4）OS：关于操作系统，首先需要将文件的最大描述符个数设置得很大，比如10万；然后尽量把swap（磁盘交换）设置到最低，因为磁盘交换会影响系统性能；另外，可以提高将日志信息写入磁盘的时间间隔，以减少I/O操作，提高系统性能。

视 频

Kafka
课程总结

小 结

本章学习了Kafka的设计理念和原理，了解了Kafka的作用及其应用场景，并通过Kafka基本术语的学习，掌握了Kafka每个组件的作用。最后，掌握了Kafka集群的搭建，了解了规划Kafka集群时应该考虑的硬件、软件及各种参数等内容。

习　　题

一、填空题

1. Kafka 的三大角色是________、________和________。

2. 消息引擎的两种模型是________和________。

3. Kafka 的容错性依赖________机制。

4. Java 的一个对象头在 64 位操作系统占用________字节。

二、简答题

1. 消息系统的作用有哪些?

2. 画图描述生产者、消费者、broke、主题和分区的关系。

3. Kafka 集群上线前，在规划集群时，应该考虑哪些因素?

第2章 Kafka的生产者

视 频

课程目标

学习目标

- 了解 Kafka 生产者架构。
- 掌握 Kafka 的生产者开发流程。
- 了解不同场景下生产者的使用情况。
- 掌握 Kafka 生产者的多线程开发方式。

本章首先学习 Kafka 主题的基本操作，了解 Kafka 生产者发送消息的原理和流程；然后学习 Kafka 生产者的开发流程；接着通过开发流程的学习，了解生产者发送消息的三种方式、两种异常情况以及一些重要的参数；最后学习生产者的多线程开发。

视 频

Kafka
生产者初识

2.1 Kafka 生产者初识

生产者可以生产消息和数据，然后将消息发送到 Kafka 的 Topic（主题）中。本节主要介绍 Kafka 主题的管理、生产者发送消息的基本原理以及通过命令行的方式向 Kafka 集群发送数据这三个知识点。

2.1.1 主题的基本操作

在学习生产者的相关内容之前为什么先介绍主题的管理呢？对于 Kafka 来说，如果想生产一条消息到 Kafka 集群中，会涉及消息应该发送到哪个主题的问题。一般情况下，主题按照业务来划分，也可以根据自己的实际情况进行划分。因此，在发送消息时需要明确主题。主题的管理非常重要，尤其是在后期的运维中。关于主题的基本操作有以下几点：

（1）查看主题：为了避免主题重复，在创建一个新主题之前需要查看已经存在的主题。

（2）创建主题：如果有新的业务需求时，需要新增一个主题。

（3）修改主题：随着业务的增长，主题中的分区达不到性能要求，可能会出现多个分区，这种情况就需要修改主题的一些相关参数。

（4）删除主题：如果有不需要的业务，可以把业务对应的主题删除。

以上是从运维的角度介绍有关主题管理的基本操作，接下来逐一介绍如何查看、创建、修改和删除主题的具体操作步骤。

（1）进入 Kafka 所在的目录，使用 bin 目录下的脚本文件 kafka-server-start.sh 加参数 -daemon 启动 Kafka 集群，然后使用 jps 命令可以看到 Kafka 的进程已经存在，如图 2-1 所示。

（2）查看主题，如图 2-2 所示。在创建主题之前可以使用主题的脚本文件 kafka-topics.sh 指定

--zookeeper 连接一个 zookeeper 地址，由于这里是本机，所以直接指定主机名。使用 --list 参数可以查看所有的主题。

```
[root@hadoop123 soft]# jps
68163 Jps
68069 QuorumPeerMain
[root@hadoop123 soft]# cd kafka/
[root@hadoop123 kafka]# bin/kafka-server-start.sh -daemon config/server-1.properties
[root@hadoop123 kafka]# jps
68465 Kafka
68069 QuorumPeerMain
68484 Jps
```

图 2-1　启动 Kafka 集群

```
[root@hadoop123 kafka]# bin/kafka-topics.sh --zookeeper hadoop123:2181/kafka --list
__consumer_offsets
config-topic
test02
test1
[root@hadoop123 kafka]#
```

图 2-2　查看主题

（3）创建主题，如图 2-3 所示。所有和主题相关的操作都要用到 kafka-topics.sh 脚本文件。使用 --create 参数可以创建主题，这里也需要指定 --zookeeper 连接 zookeeper 地址。使用 --replication-factor 参数可以创建副本，参数 1 表示创建一个副本。使用 --partitions 参数可以创建分区，参数 1 表示创建一个分区。使用 --topic 参数可以创建主题，主题名为 test_p1。主题成功创建后，使用 bin/kafka-topics.sh --zookeeper hadoop123:2181/kafka --list 命令可以看到 test_p1 主题。

```
[root@hadoop123 kafka]# bin/kafka-topics.sh --create --zookeeper hadoop123:2181/kafka --replication-factor 1 --partitions 1 --topic test_p1
WARNING: Due to limitations in metric names, topics with a period ('.') or underscore ('_') could collide. To avoid issues it is best to use either, but not both.
Created topic "test_p1".
[root@hadoop123 kafka]# bin/kafka-topics.sh --zookeeper hadoop123:2181/kafka --list
__consumer_offsets
config-topic
test02
test1
test_p1
[root@hadoop123 kafka]#
```

图 2-3　创建主题

如果主题名中包含特殊字符，会出现警告信息，不过这并不影响主题的创建。在创建主题时要避免主题名重复，如果主题名相同，创建主题时会出现错误。创建的副本数需要小于或等于 Broker 数，否则创建的副本没有意义。

（4）查看主题的详细信息，比如主题的分区、副本等，了解这些信息有助于提升系统性能。查看主题信息一般有三种方式，如果只是简单地查看分区或者副本，可以利用 zookeeper 或者日志目录。Kafka 的消息会存入本地的日志文件中，通过日志文件可以简单查看主题包含的分区，如图 2-4 所示。

```
[root@hadoop123 kafka]# ls -al ./data1/ |grep test_p3
drwxr-xr-x  2 root root 4096 May 31 08:50 test_p3-0
drwxr-xr-x  2 root root 4096 May 31 08:50 test_p3-1
[root@hadoop123 kafka]# ls -al ./data1/ |grep test_p2
drwxr-xr-x  2 root root 4096 May 31 08:47 test_p2-0
[root@hadoop123 kafka]#
```

图 2-4　简单查看主题信息

从图 2-4 中可以了解到主题 test_p3 有两个分区 0 和 1，主题 test_p2 只有一个分区 0，这是查看主题信息最简单的方式，这种方式的缺点是只能查看分区数。

还可以进入 zookeeper 的客户端查看主题信息，如图 2-5 所示。首先需要进入 zookeeper 所在的目录，然后执行 bin/zkCli.sh 进入 zookeeper 的客户端。

使用 get 命令指定具体的分区路径可以查看分区的详细信息，如图 2-6 所示。比如“version”：1 表示分区的版本号为 1，partitions 中包含了分区 0 和 1 以及副本信息。

```
Last login: Sun May 31 08:29:25 2020 from 10.10.9.22
[root@hadoop123 ~]# cd /home/shf/
[root@hadoop123 shf]# ls
lost+found  overflow  soft  trafodion
[root@hadoop123 shf]# cd soft/zookeeper
[root@hadoop123 zookeeper]# ks
bash: ks: command not found...
[root@hadoop123 zookeeper]# ls
bin              ivy.xml      README_packaging.txt       zookeeper-client   zookeeper-recipes
build.xml        lib          src                        zookeeper-contrib  zookeeper-server
conf             LICENSE.txt  zookeeper-3.4.14.jar       zookeeper-docs
data             NOTICE.txt   zookeeper-3.4.14.jar.asc   zookeeper-it
dist-maven       pom.xml      zookeeper-3.4.14.jar.md5   zookeeper-jute
ivysettings.xml  README.md    zookeeper-3.4.14.jar.sha1  zookeeper.out
[root@hadoop123 zookeeper]# bin/zkCli.sh
Connecting to localhost:2181
```

图 2-5　进入 zookeeper 的客户端

```
[zk: localhost:2181(CONNECTED) 2] get /kafka/brokers/topics/test_p3
{"version":1,"partitions":{"1":[1,2],"0":[2,1]}}
cZxid = 0x440
ctime = Sun May 31 08:50:40 CST 2020
mZxid = 0x440
mtime = Sun May 31 08:50:40 CST 2020
pZxid = 0x442
cversion = 1
dataVersion = 0
aclVersion = 0
ephemeralOwner = 0x0
dataLength = 48
numChildren = 1
[zk: localhost:2181(CONNECTED) 3]
```

图 2-6　查看主题中的分区信息

视 频

查看主题的详细信息

利用 Kafka 的脚本可以查看主题的详细信息，首先创建一个具有两个副本和 9 个分区的主题 p1，然后使用 --describe 参数查看主题 p1 的详细信息，如图 2-7 所示。执行结果中包含了主题名称、分区数、副本数以及每一个分区的 Leader。

```
[root@hadoop123 kafka]# bin/kafka-topics.sh --create --zookeeper hadoop123:2181/kafka --replication-factor 2
--partitions 9 --topic p1
Created topic "p1".
[root@hadoop123 kafka]# bin/kafka-topics.sh --zookeeper hadoop123:2181/kafka --describe --topic p1
Topic:p1        PartitionCount:9        ReplicationFactor:2     Configs:
        Topic: p1       Partition: 0    Leader: 1       Replicas: 1,2   Isr: 1,2
        Topic: p1       Partition: 1    Leader: 2       Replicas: 2,1   Isr: 2,1
        Topic: p1       Partition: 2    Leader: 1       Replicas: 1,2   Isr: 1,2
        Topic: p1       Partition: 3    Leader: 2       Replicas: 2,1   Isr: 2,1
        Topic: p1       Partition: 4    Leader: 1       Replicas: 1,2   Isr: 1,2
        Topic: p1       Partition: 5    Leader: 2       Replicas: 2,1   Isr: 2,1
        Topic: p1       Partition: 6    Leader: 1       Replicas: 1,2   Isr: 1,2
        Topic: p1       Partition: 7    Leader: 2       Replicas: 2,1   Isr: 2,1
        Topic: p1       Partition: 8    Leader: 1       Replicas: 1,2   Isr: 1,2
[root@hadoop123 kafka]#
```

图 2-7　查看主题的详细信息

当主题出现故障时，可以通过几个常用的参数查看具体情况。第一个参数 --under-replicated-partitions 可以查看分区或副本异常的情况。集群正常的情况下使用这个参数是查不到任何情况的，如果 Broker 1 被 kill 之后，在这个 Broker 1 上的分区会作为返回结果显示出来。从返回结果可以看到 Leader 由之前的副本 1 变成了副本 2，ISR 清单中只有副本 2，副本 1 已经被剔除了，如图 2-8 所示。

```
[root@hadoop123 kafka]# bin/kafka-topics.sh --zookeeper hadoop123:2181/kafka --describe
--topic p1 --under-replicated-partitions
        Topic: p1       Partition: 0    Leader: 2       Replicas: 1,2   Isr: 2
        Topic: p1       Partition: 2    Leader: 2       Replicas: 1,2   Isr: 2
        Topic: p1       Partition: 4    Leader: 2       Replicas: 1,2   Isr: 2
        Topic: p1       Partition: 6    Leader: 2       Replicas: 1,2   Isr: 2
        Topic: p1       Partition: 8    Leader: 2       Replicas: 1,2   Isr: 2
[root@hadoop123 kafka]#
```

图 2-8　查看主题故障信息

如果某一个分区的 Leader 不可用，那么 Leader 指定的信息会显示 -1，可以使用第二个参数 --unavailable-partitions 排查这种情况。如果对主题的默认参数进行了修改，可以使用 --topics-withoverrides 参数查看被修改或覆盖的参数。这三个参数在运维中会经常用到，使用它们可以排查一些机械故障或者修改的配置。

（5）修改主题，如图 2-9 所示。使用 --alter 参数可以修改主题的一些参数信息，将主题 p1 中的分区由 9 个增加到 10 个。

```
[root@hadoop123 kafka]# bin/kafka-topics.sh  --zookeeper hadoop123:2181/kafka --alter --topic
p1 --partitions 10
WARNING: If partitions are increased for a topic that has a key, the partition logic or orderi
ng of the messages will be affected
Adding partitions succeeded!
```

图 2-9　修改主题中的分区

修改成功后，在执行结果中可以看到主题 p1 的分区由之前的 9 个变成了现在的 10 个，如图 2-10 所示。注意在修改分区的时候，只能在原来的基础上增加分区的数量，不可以减少。

```
[root@hadoop123 kafka]# bin/kafka-topics.sh --zookeeper hadoop123:2181/kafka --describe --topic p1
Topic:p1        PartitionCount:9        ReplicationFactor:2     Configs:
        Topic: p1       Partition: 0    Leader: 2       Replicas: 1,2   Isr: 2,1
        Topic: p1       Partition: 1    Leader: 2       Replicas: 2,1   Isr: 2,1
        Topic: p1       Partition: 2    Leader: 2       Replicas: 1,2   Isr: 2,1
        Topic: p1       Partition: 3    Leader: 2       Replicas: 2,1   Isr: 2,1
        Topic: p1       Partition: 4    Leader: 2       Replicas: 1,2   Isr: 2,1
        Topic: p1       Partition: 5    Leader: 2       Replicas: 2,1   Isr: 2,1
        Topic: p1       Partition: 6    Leader: 2       Replicas: 1,2   Isr: 2,1
        Topic: p1       Partition: 7    Leader: 2       Replicas: 2,1   Isr: 2,1
        Topic: p1       Partition: 8    Leader: 2       Replicas: 1,2   Isr: 2,1
[root@hadoop123 kafka]# bin/kafka-topics.sh --zookeeper hadoop123:2181/kafka --describe --topic p1
Topic:p1        PartitionCount:10       ReplicationFactor:2     Configs:
        Topic: p1       Partition: 0    Leader: 2       Replicas: 1,2   Isr: 2,1
        Topic: p1       Partition: 1    Leader: 2       Replicas: 2,1   Isr: 2,1
        Topic: p1       Partition: 2    Leader: 2       Replicas: 1,2   Isr: 2,1
        Topic: p1       Partition: 3    Leader: 2       Replicas: 2,1   Isr: 2,1
        Topic: p1       Partition: 4    Leader: 2       Replicas: 1,2   Isr: 2,1
        Topic: p1       Partition: 5    Leader: 2       Replicas: 2,1   Isr: 2,1
        Topic: p1       Partition: 6    Leader: 2       Replicas: 1,2   Isr: 2,1
        Topic: p1       Partition: 7    Leader: 2       Replicas: 2,1   Isr: 2,1
        Topic: p1       Partition: 8    Leader: 2       Replicas: 1,2   Isr: 2,1
        Topic: p1       Partition: 9    Leader: 2       Replicas: 2,1   Isr: 2,1
```

图 2-10　查看分区修改结果

需要修改主题中的配置信息时，可以使用 --config 参数，比如修改配置信息 max.message.bytes=32000，如图 2-11 所示。从执行结果的提示信息中可以看到主题 p1 的配置信息已经更新成功。

```
[root@hadoop123 kafka]# bin/kafka-topics.sh  --zookeeper hadoop123:2181/kafka --alter --topic
p1 --config max.message.bytes=32000
WARNING: Altering topic configuration from this script has been deprecated and may be removed
in future releases.
         Going forward, please use kafka-configs.sh for this functionality
Updated config for topic "p1".
[root@hadoop123 kafka]#
```

图 2-11　修改配置信息

可以在 zookeeper 的客户端查看修改的配置信息，如图 2-12 所示。

```
[root@hadoop123 kafka]# bin/kafka-topics.sh --zookeeper hadoop123:2181/kafka --describe --topic p1
Topic:p1        PartitionCount:10       ReplicationFactor:2     Configs:max.message.bytes=32000
        Topic: p1       Partition: 0    Leader: 2       Replicas: 1,2   Isr: 2,1
        Topic: p1       Partition: 1    Leader: 2       Replicas: 2,1   Isr: 2,1
        Topic: p1       Partition: 2    Leader: 2       Replicas: 1,2   Isr: 2,1
        Topic: p1       Partition: 3    Leader: 2       Replicas: 2,1   Isr: 2,1
        Topic: p1       Partition: 4    Leader: 2       Replicas: 1,2   Isr: 2,1
        Topic: p1       Partition: 5    Leader: 2       Replicas: 2,1   Isr: 2,1
        Topic: p1       Partition: 6    Leader: 2       Replicas: 1,2   Isr: 2,1
        Topic: p1       Partition: 7    Leader: 2       Replicas: 2,1   Isr: 2,1
        Topic: p1       Partition: 8    Leader: 2       Replicas: 1,2   Isr: 2,1
        Topic: p1       Partition: 9    Leader: 2       Replicas: 2,1   Isr: 2,1
```

图 2-12　查看配置信息

查看配置的信息还有另外一种方式，在 zookeeper 中，进入指定主题的目录中使用 get 命令即可看到具体的配置信息，如图 2-13 所示。

```
[zk: localhost:2181(CONNECTED) 7] get /kafka/config/topics/p1
{"version":1,"config":{"max.message.bytes":"32000"}}
cZxid = 0xc70
ctime = Sun May 31 12:05:47 CST 2020
mZxid = 0xd17
mtime = Sun May 31 12:23:35 CST 2020
pZxid = 0xc70
cversion = 0
dataVersion = 1
aclVersion = 0
ephemeralOwner = 0x0
dataLength = 52
numChildren = 0
[zk: localhost:2181(CONNECTED) 8]
```

图 2-13　通过 zookeeper 查看配置信息

（6）删除主题，如图 2-14 所示。使用 --delete 参数可以删除主题，在执行结果的提示信息中可以看到主题 p1 作为标记删除，标记删除并不是真正删除，只是在数据上做了标记，真正删除是由控制器决定的。

```
[root@hadoop123 kafka]# bin/kafka-topics.sh --zookeeper hadoop123:2181/kafka --delete --topic p1
Topic p1 is marked for deletion.
Note: This will have no impact if delete.topic.enable is not set to true.
```

图 2-14　删除主题

想查看数据是否被删除，可以在 zookeeper 中验证，进入主题所在的目录下，可以看到已经没有和主题 p1 相关的信息了，如图 2-15 所示。

```
[zk: localhost:2181(CONNECTED) 10] ls /kafka/brokers/topics
[p2, test02, test_p3, test_p2, config-topic, test_p1, test1, __consumer_offsets]
[zk: localhost:2181(CONNECTED) 11] ls /kafka/config/topics
[p2, test02, test_p3, test_p2, config-topic, test_p1, test1, __consumer_offsets]
[zk: localhost:2181(CONNECTED) 12]
```

图 2-15　验证主题已被删除

视 频

Kafka 发送消息的流程

2.1.2　Kafka 发送消息的流程

在了解了 Kafka 主题的基本操作之后，下面介绍 Kafka 发送消息的流程，学习 Kafka 生产者如何把一条消息 m 发送到 Kafka 集群中，如图 2-16 所示。Kafka 发送消息的流程主要分如下三个步骤：

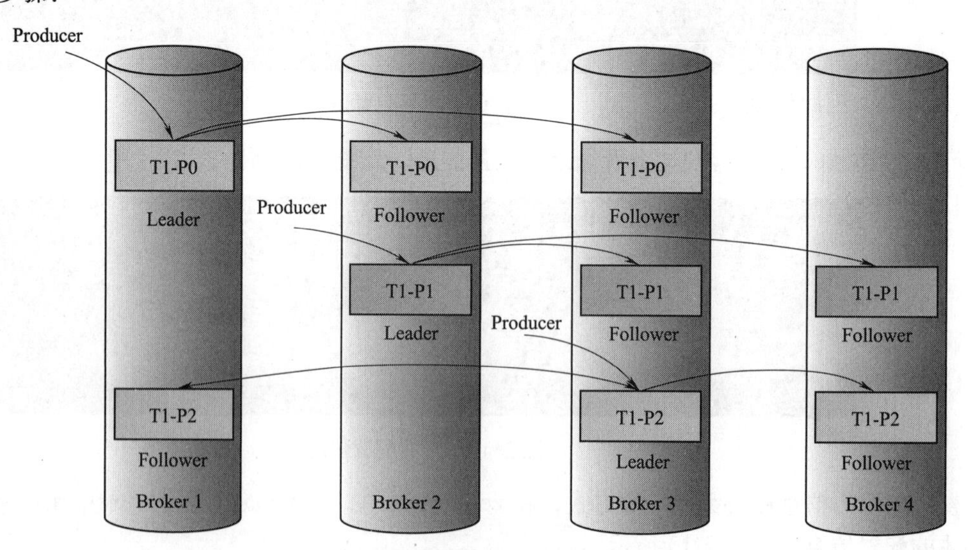

图 2-16　Kafka 发送消息的流程

（1）生产者会先确定消息发送到哪一个主题上。

（2）确定发送到主题的哪一个分区上。

（3）确定分区之后，会寻找分区中的 Leader 进行通信。Follower 会主动和 Leader 进行数据的同步，这样就保证了一条消息会分布在同一个分区的不同副本上。

2.1.3 Kafka 的内部流程

一条消息要发送到 Kafka 集群中需要确定主题、分区和 Leader。下面学习 Kafka 的内部流程，如图 2-17 所示。

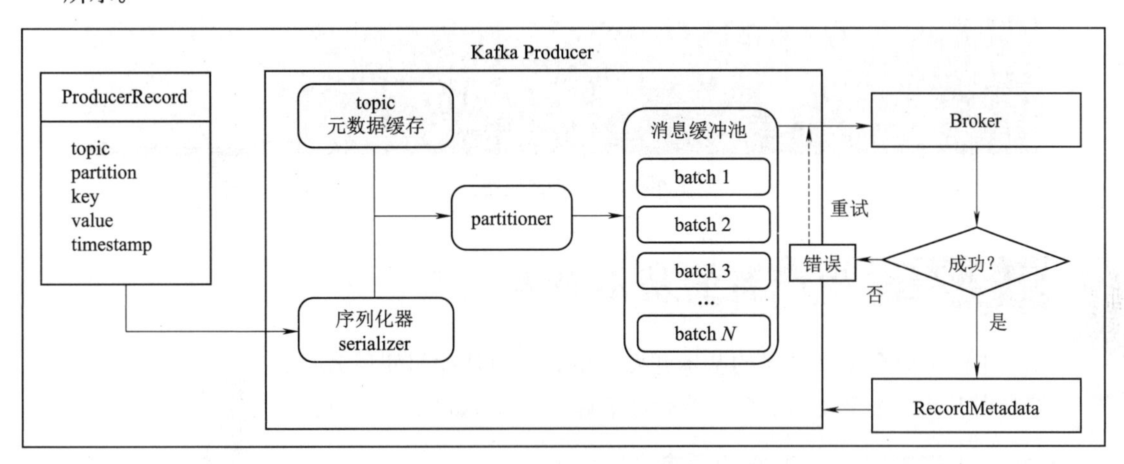

图 2-17 Kafka 的内部流程

（1）启动线程，创建一个 Message。Kafka 会启动一个生产者线程，把生产者的消息进行封装。一条消息主要包括主题、分区、需要发送的值、消息发送的时间戳。key 决定了消息应该发往哪一个分区。

（2）发送消息会经过一个序列化器对消息 m 进行序列化。

（3）序列化之后会把消息发往 partitioner（分区器），这个分区器决定了消息应该发往主题中的哪一个分区。

（4）分区器并不是直接发往后台的 Broker 上，为了提高吞吐量会先在内部进行一个缓存。

（5）Broker 中有一个 Send 线程会不断地从缓存区里取数据发送到 Broker 中。数据发送成功后，Broker 会把原数据信息返回到客户端。如果发送失败，Broker 会把错误信息返回去，然后 Send 线程会重新发送。

2.1.4 生产者的基本操作

下面利用之前介绍的主题内容，学习如何使用脚本向 Kafka 集群发送消息，这里主要使用命令脚本的方式，之后会学习 API 的方式。生产者的基本操作如下：

（1）创建主题。

（2）启动生产者。

（3）消费者查看消息。

下面用命令脚本演示 Kafka 的生产者发送消息，具体操作步骤如下：

（1）启动生产者脚本 kafka-console-producer.sh，使用 --broker-list 指定 IP 地址和端口号，使用 --topic 指定主题 p1，发送消息如图 2-18 所示。

```
[root@hadoop123 kafka]# bin/kafka-console-producer.sh --broker-list 10.12.30.188:9092 --topic p1
>hello kafka
>hello flink
>hello hbase
>
```

图 2-18　生产者发送消息

（2）在 zookeeper 客户端启动消费者脚本 kafka-console-consumer.sh，使用 --bootstrap-server 指定要连接的服务，使用 --topic 指定连接的主题 p1，使用 --from-beginning 参数可以从头开始接收生产者发送的消息，如图 2-19 所示。

```
[root@hadoop123 kafka]# bin/kafka-console-consumer.sh --bootstrap-server 10.12.30.188:909
2 --topic p1 --from-beginning
hello kafka
hello hbase
hello flink
```

图 2-19　消费者消费消息

视 频

基本介绍

2.2 生产者的基本开发

下面主要介绍生产者的基本开发，主要内容是如何使用 Kafka 提供的 API 来开发一个生产者向 Kafka 集群发送消息，然后再了解一下 Kafka 的分区策略。

2.2.1　Kafka 生产者客户端支持的语言

Kafka 生产者客户端支持的语言如下：

（1）Java。

（2）Scala。

（3）C/C++。

（4）Python。

（5）Go (AKA golang)。

（6）Erlang。

（7）.NET。

（8）Clojure。

（9）Ruby。

（10）Node.js。

这些语言中除了 Java 和 Scala，大部分都不是 Kafka 官方社区维护的语言，因此它们的 bug 相对比较多，更新速度也比较慢，跟不上 Kafka 版本的升级。而 Java 语言是 Kafka 社区自己维护的，bug 相对较少，针对不同的版本有不同的客户端，因此选择 Java 作为 Kafka 生产者客户端的开发语言。

2.2.2　Kafka 生产者的开发流程

下面学习开发 Kafka 生产者的基本流程，Kafka 生产者从客户端发送消息到 Kafka 集群需要通过以下几个步骤：

（1）配置生产者的必要参数：客户端连接到 Kafka 集群时需要在客户端配置参数，比如客户端具体要连接到哪一个 Kafka 集群。

（2）创建生产者：创建一个生产者的实例，可以从面向对象的角度理解该过程。

（3）构建消息：创建生产者之后，这个生产者需要向 Kafka 集群发送消息。

（4）发送消息：当构建好生产者和消息这两个实例之后，就可以通过调用 Kafka 生产者的方式将消息发送出去。

（5）关闭生产者实例：当消息发送成功之后，可以关闭该生产者实例。

1. 引入 Kafka 客户端

引入 Kafka 客户端可以使用 Maven，当选择使用 Maven 开发 Kafka 生产者时，需要配置 Kafka 客户端相关的依赖，相关代码如下：

```
1  <dependency>
2      <groupId>org.apache.kafka</groupId>
3      <artifactId>kafka-clients</artifactId>
4      <version>2.1.1</version>
5  </dependency>
```

第 4 行代码注明了 Kafka 客户端的版本信息，这是因为使用的 Kafka 版本是 2.1.1，所以在这里需要注明。

2. 配置生产者的必要参数

Kafka 生产者有很多参数，要成功地把消息发送到 Kafka 集群中必须要有下面三个参数。如果没有配置这三个参数，Kafka 生产者无法将消息发送到 Kafka 集群中。其他参数只是调优使用的，并不是必要参数。

（1）bootstrap.servers：指定需要连接的 Kafka 集群。如果集群中有多个 Broker，可以指定不同机架上的 Broker，保证客户端的高可用性。

（2）key.serializer：指定 key 的序列化方式。

（3）value.serializer：指定 value 的序列化方式。

关于这三个参数的相关代码如下：

```
1  Properties props=new Properties();
2  props.put("bootstrap.servers","localhost:9092");
3  props.put("key.serializer","org.apache.kafka.common.serialization.StringSerializer");
4  props.put("value.serializer","org.apache.kafka.common.serialization.StringSerializer");
```

第 2 行代码中的 bootstrap.servers 是固定格式，后面指定要连接的服务器地址。第 3 行代码中指定了 key 的序列化方式为 StringSerializer（字符串的序列化方式），value 的序列化方式也是 StringSerializer。在指定序列化方式时一定要指定包的完整名称。

3. 创建 Kafka 生产者实例

完成三个重要的参数配置之后，需要创建一个 Kafka 生产者实例。使用 new 关键字可以创建一个 Kafka 生产者对象，这个对象中包含了配置的一些重要参数，生产者发送消息时会依赖这些配置参数。

```
new KafkaProducer<>(props);
```

4. 构建消息

创建好实例之后直接构建生产者对象。

```
ProducerRecord 对象
```

5. 发送消息

通过 Kafka 实例发送消息，对象 producer 调用 send() 方法将需要发送的消息发送出去。

```
producer.send()
```

6. 关闭 producer

消息发送之后，可以调用 close() 方法将该生产者实例关闭。如果不关闭，将会占用线程资源、内存资源、网络资源和 I/O 资源。

```
producer.close()
```

2.2.3 Kafka 生产者分区策略

分区策略决定生产者将消息发送到哪个分区，Kafka 提供了默认的分区策略，常见的分区策略有下面这三种：

（1）指定：通过指定分区的方式发送消息。创建 Kafka 生产者时会指定一个主题（Topic），假设在服务端主题有两个分区 P0 和 P1，客户端可以通过指定分区的方式决定将消息 m 发送到哪一个分区。

（2）根据 key 计算：当构建一条消息时，可以指定主题、key 和要发送的消息。Kafka 会根据 key 进行哈希计算，通过哈希值和分区个数取余将得出的数字与分区的 ID 对应，如果得出的数字是 0 表示将消息发送到分区 P0 中。其实就是通过负载均衡的算法实现这种消息发送机制。

视 频

API 开发

（3）轮询：如果发送消息时没有指定任何分区和 key，Kafka 将会通过轮询的方式发送消息，尽量保证负载均衡。

下面开发一个生产者客户端，发送消息 Hello Kafka 到 Kafka 集群。

具体操作步骤如下：

（1）配置相关参数。发送消息到 Kafka 集群之前需要配置三个重要的参数 bootstrap.servers、bootstrap.servers 和 value.serializer，相关代码如下：

```
1  Properties props=new Properties();
2  props.put("bootstrap.servers","10.12.30.188:9092");
3  props.put("key.serializer","org.apache.kafka.common.serialization.StringSerializer");
4  props.put("value.serializer","org.apache.kafka.common.serialization.StringSerializer");
```

第 2 行代码指定了要连接的 Kafka 集群，关于 Broker 的 IP 地址可以在对应的配置文件中查看。第 3 行和第 4 行代码指定了 key 和 value 的序列化方式，都是字符串序列化。

（2）配置好相关参数后，创建 Kafka 生产者实例负责发送消息，相关代码如下：

```
KafkaProducer<String,String>KafkaProducer=new KafkaProducer<>(props);
```

由于之前创建的 key 和 value 都是字符串序列化，所以在这里泛型也需要指定 String，然后传递参数 props。

（3）创建和发送消息。在指定主题之前，需要明确指定的主题是否存在，如果不存在需要手动创建主题，创建 p3 主题如图 2-20 所示。p3 主题有两个副本、三个分区。

创建和发送消息的相关代码如下：

```
KafkaProducer.send(new ProducerRecord<String,String>("p3","v1"));
```

```
[root@hadoop123 kafka]# bin/kafka-topics.sh --create --zookeeper hadoop123:2181/kafka --replication-factor 2 --partitions 3 --topic p3
Created topic "p3".
[root@hadoop123 kafka]#
```

图 2-20　创建 p3 主题

通过 Kafka 对象调用 send() 方法指定需要发送的相关信息，指定主题 p3 后，还需要指定一条消息，这里指定了 v1。

（4）关闭生产者时可以使用 close() 方法，相关代码如下：

```
1  KafkaProducer.close();
2  System.out.println("消息发送完成");
```

第 1 行代码使用生产者 KafkaProducer 调用 close() 方法关闭生产者实例。如果消息发送成功将显示“消息发送完成”提示信息。

（5）启动一个消费者验证是否可以成功接收消息。这里不指定分区，让消费者消费任何分区中的消息。执行代码后，在消费者这里可以看到已经消费了消息 v1，之后在代码中再次指定消息 v2，消费者同样可以消费到 v2，如图 2-21 所示。

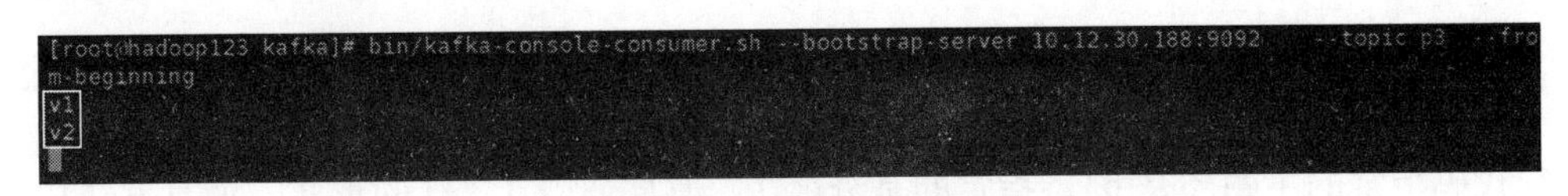

图 2-21　消费者消费消息

在代码的执行结果中可以看到“消息发送完成”提示信息，如图 2-22 所示。

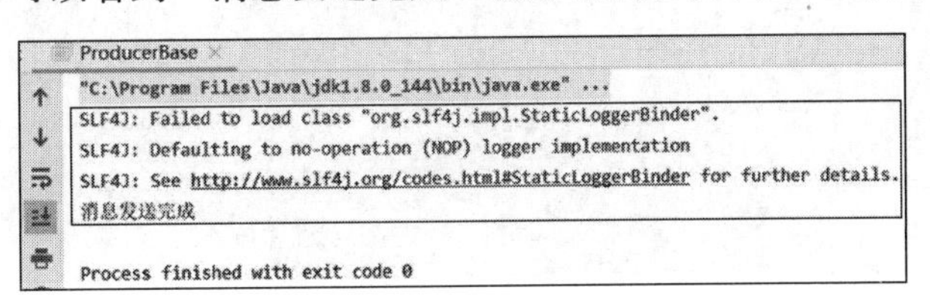

图 2-22　成功发送消息

（6）接下来解释消息 v1 和 v2 被消费到哪一个分区，需要同时启动多个消费者来验证一下。当不指定分区和 key 时，消息会按照轮询的方式发送，相关代码如下：

```
1  for(int i=0; i<6; i++){
2      KafkaProducer.send(new ProducerRecord<String,String>("p3","p_"+i));
3  }
```

第 1 行代码通过 for 循环语句将消息设置为 6 条，第 2 行代码将之前发送的消息改成 "p_"+i 的形式。运行代码后，会出现“消息发送完成”提示信息，如图 2-23 所示。

```
ProducerBase
"C:\Program Files\Java\jdk1.8.0_144\bin\java.exe" ...
SLF4J: Failed to load class "org.slf4j.impl.StaticLoggerBinder".
SLF4J: Defaulting to no-operation (NOP) logger implementation
SLF4J: See http://www.slf4j.org/codes.html#StaticLoggerBinder for further details.
消息发送完成
Process finished with exit code 0
```

图 2-23　消息发送成功

消息发送成功后，可以看到消息的消费情况。总体的消息发送情况如图 2-24 所示。

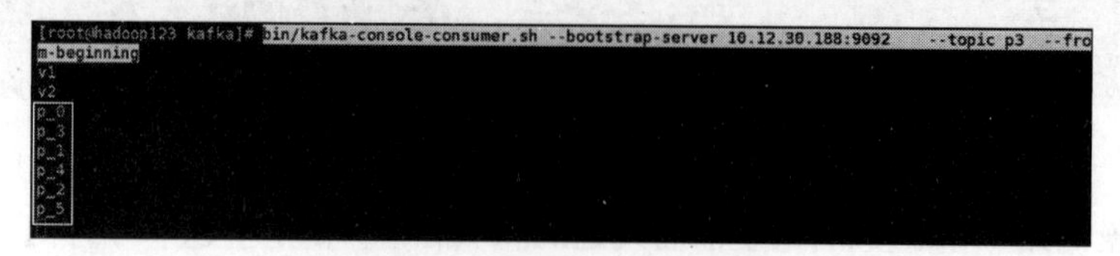

图 2-24 总体的消息发送情况

在其余三个分区中，每一个分区都发送了两条消息，保证了负载均衡，这里以其中一个分区的消息情况为例，如图 2-25 所示。

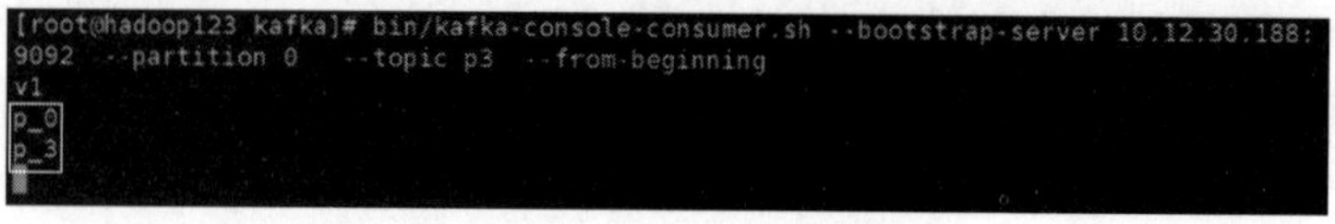

图 2-25 分区 0 的消息情况

（7）指定分区发送消息，相关代码如下：

```
1  for(int i=0;i<6;i++){
2      KafkaProducer.send(new ProducerRecord<String,String>("p3",1,"K1","K1_"+i));
3  }
```

第 2 行代码指定的主题还是 p3，指定的是分区 1，消息是 "K1_"+i 的形式。消息发送成功后，可以看到发送的所有消息都在分区 1 中，如图 2-26 所示。

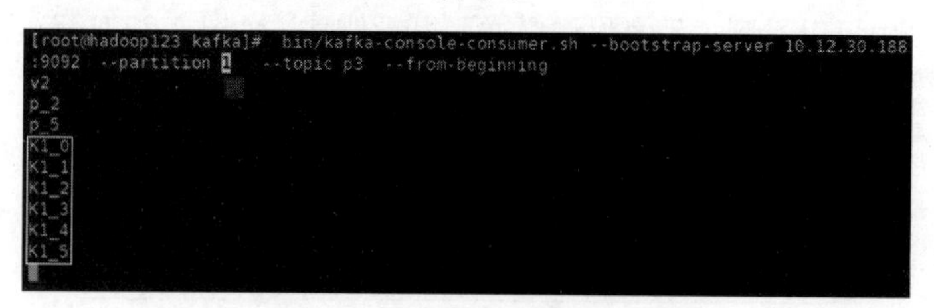

图 2-26 发送消息到分区 1

（8）在不指定分区的情况下指定 key 发送消息，相关代码如下：

```
1  props.put("key.serializer","org.apache.kafka.common.serialization.IntegerSerializer");
2  KafkaProducer<Integer,String>KafkaProducer=new KafkaProducer<>(props);
3  for(int i=0;i<6;i++){
4      KafkaProducer.send(new ProducerRecord<Integer,String>("p3",2,"K2_"+i));
5  }
```

第 2 行代码中将 key 的序列化变成了整型，第 4 行代码中指定 key 为 2，消息以 "K2_"+i 的形式发送。在分区 2 中可以看到已经发送的消息，如图 2-27 所示。

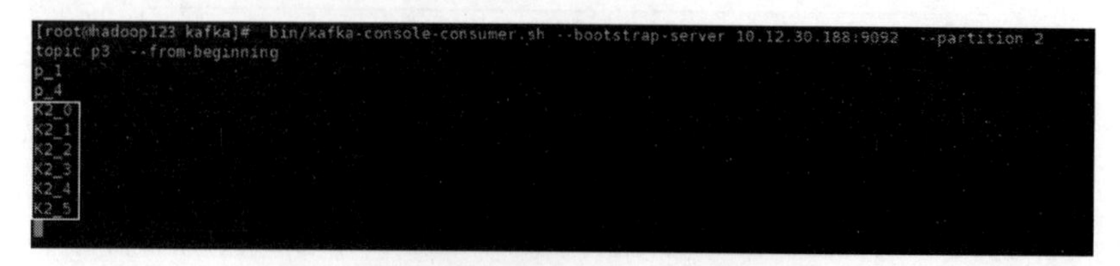

图 2-27 指定 key 发送消息

完整代码：

```
1  package com.kafka.producer;
2  import org.apache.kafka.clients.producer.KafkaProducer;
3  import org.apache.kafka.clients.producer.ProducerRecord;
4  import java.util.Properties;
5  public class ProducerBase{
6      public static void main(String[]args){
7          //1.配置参数
8          Properties props=new Properties();
9          props.put("bootstrap.servers","10.12.30.188:9092");
10         //props.put("key.serializer","org.apache.kafka.common.serialization.StringSerializer");
11         props.put("key.serializer","org.apache.kafka.common.serialization.IntegerSerializer");
12         props.put("value.serializer","org.apache.kafka.common.serialization.StringSerializer");
13         //2.创建Kafka实例
14         //KafkaProducer<String,String>KafkaProducer=new KafkaProducer<>(props);
15         KafkaProducer<Integer,String>KafkaProducer=new KafkaProducer<>(props);
16         //3.创建和发送消息
17         //3.1 不指定分区和 key
18 //      for(int i=0;i<6;i++){
19 //          KafkaProducer.send(new ProducerRecord<String,String>("p3","p_"+i));
20 //      }
21         //3.2 指定分区
22 //      for(int i=0;i<6;i++){
23 //      KafkaProducer.send(new ProducerRecord<String,String>("p3",1,"K1","K1_"+i));
24 //      }
25         //3.3 指定 key
26 //      for (int i=0; i<6; i++){
27 //      KafkaProducer.send(new ProducerRecord<String,String>("p3","K3","K3_"+i));
28 //      }
29         for(int i=0; i<6; i++){
30             KafkaProducer.send(new ProducerRecord<Integer,String>("p3",2,"K2_"+i));
31         }
32         //4.关闭生产者
33         KafkaProducer.close();
34         System.out.println("消息发送完成");
35     }
36 }
```

2.3 生产者发送消息的方式

前面重点介绍了如何构建一个消息。Kafka 是一种分布式的基于发布和订阅的消息系统，它的高吞吐量是其他消息系统所没有的，下面主要介绍生产者发送消息的三种方式。

2.3.1 Kafka 消息发送的方式

视 频

消息发送理论

在发送消息时，Kafka 会根据不同的情况选择不同的发送方式，下面具体介绍这三种方式和它们的优缺点。

（1）发送并忘记：客户端在向 Kafka 集群发送消息时，不需要等待 Kafka 集群的响应。即使 Kafka 集群发生故障，客户端也会一直发送消息。这种方式与 UDP 协议类似，它的缺点是消息容易丢失，优点是性能高。

（2）同步发送：客户端向 Kafka 集群发送一条消息后会等待集群返回一个发送成功的响应信息，客户端收到响应后才会继续发送下一条消息。这种方式的优点是可以保证数据的可靠性，缺点是发送消息的速度比较慢。

（3）异步发送：客户端发送消息 m1 后不需要等待响应信息，直接发送消息 m2，然后 Kafka 集群会返回有关 m1 的响应，发送 m3 时把响应信息返回到 m2 中。这种方式不需要等待，优点是速度快。

从可靠性的角度来看，同步发送 > 异步发送 > 发送并忘记。从性能的角度来看，同步发送 < 异步发送 < 发送并忘记。一般情况下，在生产中会根据不同的情况选择同步发送或者异步发送。

2.3.2 Kafka 的异常

对于 Kafka 来说，它的异常可能包含在服务端或者客户端。无论采用同步发送还是异步发送的方式，假设分区 0 所在的 Broker 宕机了，消息发送失败，服务端会发送一个超时异常到客户端，然后客户端会根据返回的异常进行相应的处理。Kafka 有如下两种异常：

（1）可重试异常：可以通过重试的方式解决的异常。当把消息 m2 发送到 Kafka 集群时服务端的网络发生了抖动，消息发送失败后，会重新发送。如果在重试的上限次数内消息还是没有发送成功，Kafka 集群会抛出一个异常；如果在上限次数内消息发送成功，Kafka 集群会返回一个发送成功的信息。

（2）不可重试异常：Kafka 客户端向服务端发送的消息会有大小的限制，如果发送的消息超过了限制，服务端会返回一个异常，这种通过重新发送并不能解决的异常就是不可重试异常。此时，客户端可以根据返回的异常信息进行相应的处理。

视 频

消息案例

下面举例说明 Kafka 发送消息的方式。

具体操作步骤如下：

（1）把需要配置的参数封装在一个 initConf() 方法中，然后通过对象调用该方法，相关代码如下：

```
1   SendMessage sendMessage=new SendMessage();
2   //1.配置参数
3   Properties properties=sendMessage.initConf();
4   public Properties initConf(){
5       Properties props=new Properties();
6       props.put(ProducerConfig.BOOTSTRAP_SERVERS_CONFIG,"10.12.30.188:9092");
7       props.put(ProducerConfig.KEY_SERIALIZER_CLASS_CONFIG,"org.apache.kafka.common.
 serialization.StringSerializer");
8       props.put(ProducerConfig.VALUE_SERIALIZER_CLASS_CONFIG,"org.apache.kafka.common.
 serialization.StringSerializer");
9       return props;
10  }
```

第 4 行代码创建了一个 initConf() 方法，然后把需要配置的参数都封装在了方法体中。第 1 行代码通过 new 关键字创建了一个对象 SendMessage，第 3 行代码通过创建的对象调用 initConf() 方法。

（2）发送并忘记的消息发送方式，相关代码如下：

```
1   for(int i=0;i<10;i++){
2       sendMessage.forgetandSend(i);
3   }
4   public void forgetandSend(int i){
5       String topic="p4";
```

```
6         String value="Forget_"+i;
7         KafkaProducer.send(new ProducerRecord<String, String>(topic, value));
8         System.out.println("消息发送成功："+value);
9         try{
10            TimeUnit.SECONDS.sleep(3);
11        }catch(InterruptedException e){
12            e.printStackTrace();
13        }
14    }
```

第 5 行代码中指定发送的主题为 p4，第 6 行代码中发送的 value 形式为 "Forget_"+i；第 10 行代码定义了每 3 秒发送一次消息。第 1 行代码中通过循环语句总共会向服务端发送 10 条消息。

当服务端接收一部分消息时，在客户端将 Kafka 进程 kill 掉，这时服务端接收消息会出现错误，如图 2-28 所示。可以看到服务端成功接收到的消息只有 5 条。

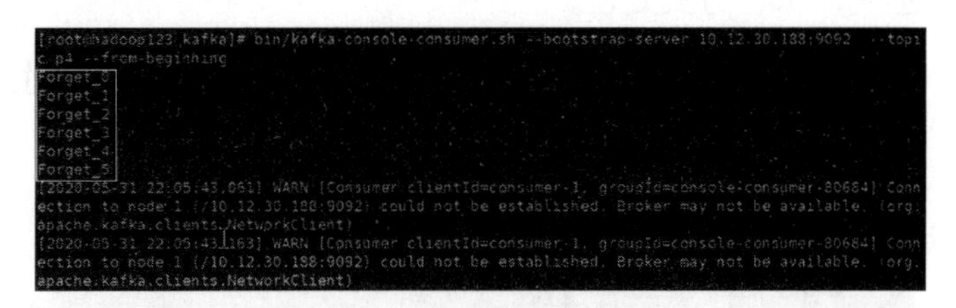

图 2-28　服务端接收消息

客户端这边成功发送了 10 条消息，如图 2-29 所示，但是服务端只接收到了 5 条消息，这就是发送并忘记的消息发送方式。

```
SendMessage
"C:\Program Files\Java\jdk1.8.0_144\bin\java.exe" ...
SLF4J: Failed to load class "org.slf4j.impl.StaticLoggerBinder".
SLF4J: Defaulting to no-operation (NOP) logger implementation
SLF4J: See http://www.slf4j.org/codes.html#StaticLoggerBinder for further details.
消息发送成功：Forget_0
消息发送成功：Forget_1
消息发送成功：Forget_2
消息发送成功：Forget_3
消息发送成功：Forget_4
消息发送成功：Forget_5
消息发送成功：Forget_6
消息发送成功：Forget_7
消息发送成功：Forget_8
消息发送成功：Forget_9
```

图 2-29　客户端发送消息

（3）同步发送的消息发送方式，相关代码如下：

```
1   Logger log=Logger.getLogger("SendMessage");
2   sendMessage.syncandSend(i);
3   public void syncandSend(int i){
4       String topic="p4";
5       String value="Sync_"+i;
6       Future<RecordMetadata> send=KafkaProducer.send(new ProducerRecord<String, String>
  (topic, value));
7       //阻塞
8       try {
9           RecordMetadata recordMetadata=send.get();
10      }catch(InterruptedException e){
11          e.printStackTrace();
12      }catch (ExecutionException e){
```

```
13          log.info("发生非中断异常处理......: "+value);
14          e.printStackTrace();
15          KafkaProducer.close();
16      }
17      log.info("消息发送成功: "+value);
18      try {
19          TimeUnit.SECONDS.sleep(3);
20      }catch(InterruptedException e){
21          e.printStackTrace();
22      }
23  }
```

第 1 行代码中通过日志的方式打印消息，第 6 行代码中 send() 方法的返回值是 Future 对象。第 10 行代码可以处理阻塞异常，把消息发送过去后可以通过阻塞的方法将异常捕获。第 13 行代码中，如果发生非中断异常将会通过 log.info() 方式处理。

客户端发送消息到服务端，当发送到第 5 条消息时，Kafka 进程被 kill 掉，服务端将接收不到之后的消息，如图 2-30 所示。

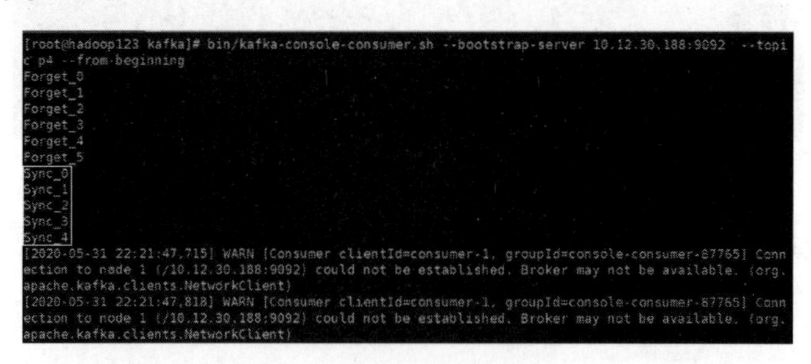

图 2-30　服务端接收消息

客户端这里与之前不同，只发送了 5 条消息便停止了，如图 2-31 所示。使用同步发送消息的方式，客户端发送的消息与服务端接收到的消息相互对应，之后服务端会将异常信息返回到客户端。

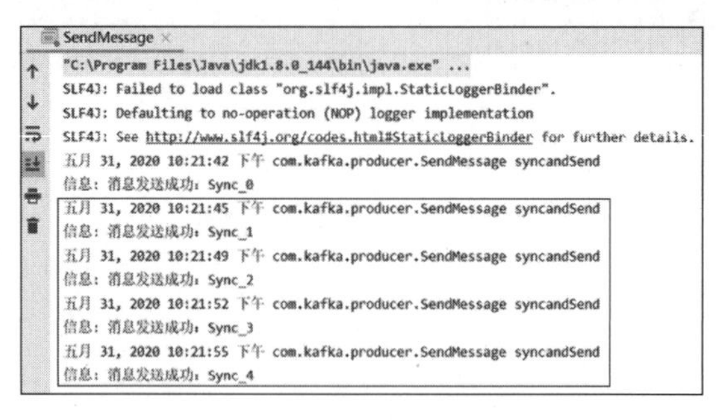

图 2-31　客户端发送消息

(4) 异步发送的消息发送方式，相关代码如下：

```
1  sendMessage.asyncandSend(i);
2  public void asyncandSend(int i){
3      String topic="p4";
4      String value="aSync_A_"+i;
5      Future<RecordMetadata> send=KafkaProducer.send(new ProducerRecord<String,String>
   (topic,value),new Callback(){
6          @Override
```

```
7            public void onCompletion(RecordMetadata recordMetadata,Exception e){
8                if(e!=null){
9                    log.info("发生非中断异常处理......: "+value);
10                   e.printStackTrace();
11                   if(e instanceof RetriableException){
12                       log.info("可重试异常处理: "+value);
13                   }else{
14                       log.info("不可重试异常处理: "+value);
15                   }
16               }else{
17                   log.info("消息发送成功: "+value+",元数据信息 topic: "+recordMetadata.
  topic()+", pation: "+recordMetadata.partition());
18               }
19           }
20       });
21       try{
22           TimeUnit.SECONDS.sleep(3);
23       } catch(InterruptedException e){
24           e.printStackTrace();
25       }
26   }
```

第 17 行代码指定了消息发送成功后需要打印的内容，包括了消息的内容和主题。第 11 行代码中使用 if 语句，输出两种异常的情况，客户端会接收到服务端返回的异常信息。

通过异步发送消息的方式向服务端发送消息，在服务端收到 6 条消息后将 Kafka 进程 kill 掉，之后服务端会接收不到后面的消息，如图 2-32 所示。

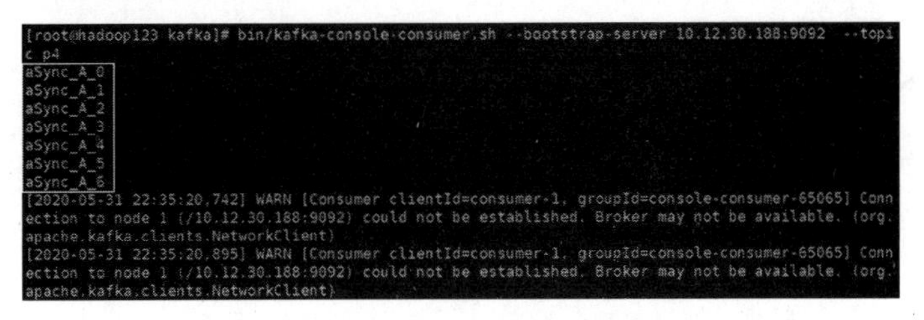

图 2-32　服务端接收异步发送的消息

客户端这里通过异步发送消息的方式成功发送了 6 条消息，如图 2-33 所示。想看到服务端返回的异常情况，需要等待一段时间。

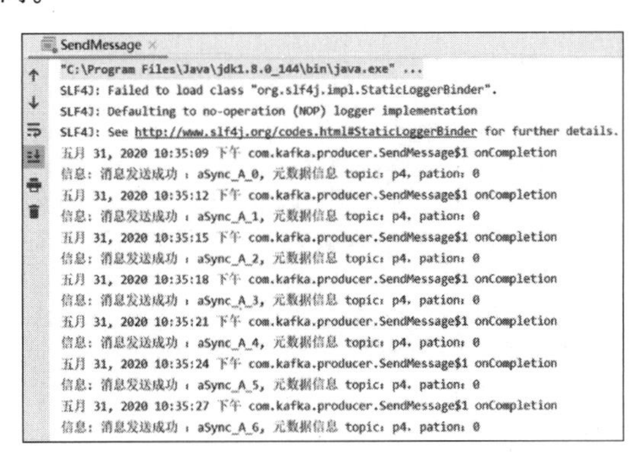

图 2-33　客户端发送消息

等待一段时间后，可以看到服务端返回的异常情况，如图 2-34 所示。

```
信息: 发生非终端异常 处理......: aSync_A_7
org.apache.kafka.common.errors.TimeoutException: Expiring 3 record(s) for p4-0:120001 ms has passed since batch creation
五月 31, 2020 10:37:30 下午 com.kafka.producer.SendMessage$1 onCompletion
信息: 发生非终端异常 处理......: aSync_A_8
org.apache.kafka.common.errors.TimeoutException: Expiring 3 record(s) for p4-0:120001 ms has passed since batch creation
五月 31, 2020 10:37:30 下午 com.kafka.producer.SendMessage$1 onCompletion
信息: 发生非终端异常 处理......: aSync_A_9
org.apache.kafka.common.errors.TimeoutException: Expiring 3 record(s) for p4-0:120001 ms has passed since batch creation

Process finished with exit code 0
```

图 2-34　异常情况

完整代码：

```
1  package com.kafka.producer;
2  import org.apache.kafka.clients.producer.*;
3  import org.apache.kafka.common.errors.RetriableException;
4  import java.util.Properties;
5  import java.util.concurrent.ExecutionException;
6  import java.util.concurrent.Future;
7  import java.util.concurrent.TimeUnit;
8  import java.util.logging.Logger;
9  public class SendMessage{
10     Logger log=Logger.getLogger("SendMessage");
11     private KafkaProducer<String,String>KafkaProducer;
12     public static void main(String[] args){
13         SendMessage sendMessage=new SendMessage();
14         //1.配置参数
15         Properties properties=sendMessage.initConf();
16         //2.创建Kafka实例
17         sendMessage.KafkaProducer=new KafkaProducer<>(properties);
18         //3.创建和发送消息
19         for(int i=0;i<10;i++){
20             //（1）发送忘记
21         //  sendMessage.forgetandSend(i);
22             //（2）同步
23         //  sendMessage.syncandSend(i);
24             //（3）异步
25             sendMessage.asyncandSend(i);
26         }
27         //4.关闭生产者
28         sendMessage.KafkaProducer.close();
29     }
30     public Properties initConf(){
31         Properties props=new Properties();
32         props.put(ProducerConfig.BOOTSTRAP_SERVERS_CONFIG,"10.12.30.188:9092");
33         props.put(ProducerConfig.KEY_SERIALIZER_CLASS_CONFIG,"org.apache.kafka.common.
  serialization.StringSerializer");
34         props.put(ProducerConfig.VALUE_SERIALIZER_CLASS_CONFIG,"org.apache.kafka.
  common.serialization.StringSerializer");
35         return props;
36     }
37     public void forgetandSend(int i){
38         String topic="p4";
39         String value="Forget_"+i;
```

```
40          KafkaProducer.send(new ProducerRecord<String,String>(topic,value));
41          System.out.println("消息发送成功："+value);
42          try {
43              TimeUnit.SECONDS.sleep(3);
44          }catch(InterruptedException e){
45              e.printStackTrace();
46          }
47      }
48      public void syncandSend(int i){
49          String topic="p4";
50          String value="Sync_"+i;
51          Future<RecordMetadata> send=KafkaProducer.send(new ProducerRecord<String,
  String>(topic,value));
52          //阻塞
53          try{
54              RecordMetadata recordMetadata=send.get();
55          }catch(InterruptedException e){
56              e.printStackTrace();
57          }catch(ExecutionException e){
58              log.info("发生非中断异常处理......："+value);
59              e.printStackTrace();
60              KafkaProducer.close();
61          }
62          log.info("消息发送成功："+value);
63          try{
64              TimeUnit.SECONDS.sleep(3);
65          }catch(InterruptedException e){
66              e.printStackTrace();
67          }
68      }
69      public void asyncandSend(int i){
70          String topic="p4";
71          String value="aSync_A_"+i;
72          Future<RecordMetadata>send=KafkaProducer.send(new ProducerRecord<String,
  String>(topic,value),new Callback(){
73              @Override
74              public void onCompletion(RecordMetadata recordMetadata,Exception e){
75                  if(e!=null){
76                      log.info("发生非中断异常处理......："+value);
77                      e.printStackTrace();
78                      if(e instanceof RetriableException){
79                          log.info("可重试异常处理："+value);
80                      }else{
81                          log.info("不可重试异常处理："+value);
82                      }
83                  }else{
84                      log.info("消息发送成功："+value+",元数据信息 topic："+recordMetadata.
  topic()+", pation："+recordMetadata.partition());
85                  }
86              }
87          });
88          try{
89              TimeUnit.SECONDS.sleep(3);
90          }catch(InterruptedException e){
91              e.printStackTrace();
```

```
92            }
93        }
94    }
```

2.3.3 Kafka 的生产者重要配置

在 Kafka 的开发流程中，首先需要配置 Kafka 的一些参数。关于 Kafka 的参数，可以通过官方网站的介绍来学习。通过官方网站学习参数可以了解最新的版本配置，这里列出了 Kafka 的几个重要参数。

● 视 频

参数优化

（1）acks：属于字符串类型，可以取值的范围是 1、0、-1 或者 all。可以根据具体的业务需求选择 acks 的取值，这几个取值的含义如下：

acks=1 表示消息写入 Leader 后马上返回，不需要等到副本完成同步。如果 Leader 不可用，可以通过重试的机制写入消息。如果将消息写入 Leader 后并返回，副本还没有同步 Leader 中的消息，Leader 便出现故障，此时写入 Leader 的消息就会丢失。因此，acks=1 时不能保证数据不丢失，但是可以保证吞吐量。

acks=0 表示消息会一直写入 Leader，不需要返回响应信息。如果出现异常，数据会丢失，而 acks=1 时，只有在消息同步阶段出现异常时，数据才会丢失。acks=0 时性能最优，但是可靠性最低。

acks=-1 或者 acks=all 表示客户端将消息写入 Leader 后，会等待副本完成同步，然后将响应信息返回到客户端。这种方式的可靠性最高，但是性能最低。

（2）buffer.memeory：生产者向 Kafka 集群发送消息时，客户端会把消息放在缓存中分批发送，这里的缓存指 buffer.memeory。如果写入消息的速度大于消费消息的速度，容易造成缓存空间被占满。一旦缓存空间被全部占用，生产者会停止自身的工作线程，等待消费者把缓存中的消息消费出去。不过，生产者并不会一直等待，在等待一段时间之后，如果消费者的速度仍然没有超过生产者的速度，这时生产者就会抛出一个异常。

（3）retries：当系统发生异常时，会在系统内部进行重试。但是重试只对可重试异常有用，对于不可重试异常无效。早期的 retries 存在两个问题，第一，对于客户端来说，消息已经发送到服务端，但由于网络抖动等原因，服务端没有收到消息，客户端就会进行重试。但在客户端第二次重新发送消息时，网络好了，服务端已经收到了第一次发送的消息，就会造成消息的重复发送。不过这个问题已经在 0.11 版本之后得到解决。第二，客户端向服务器发送消息 m1 时失败，然后发送消息 m2 时成功，这时客户端会重新发送消息 m1，此时服务端收到的消息顺序就是 m2、m1。这种情况会造成消息顺序的混乱，尤其在数据库的应用场景中更为明显。此时，可以设置一个参数限制每个链接最多缓存一个请求，这种方式可以保证消息的发送顺序。

（4）batch.size：经常和 linger.ms 一起使用，用于保持吞吐量和延迟之间的平衡。客户端在发送消息之前会将消息以分批的形式放在缓存中，假设只有消息达到规定的字节大小时才会发送到服务端，此时如果将 batch.size 设置得很小，就会造成吞吐量降低；如果将 batch.size 设置得很大，就会给客户端内存造成一定的压力。另外，如果在很长时间内消息没有达到规定的字节大小，就会造成很高的延迟。

（5）linger.ms：为了解决上面只有 batch.size 时出现的这种问题，可以引入 linger.ms。当设置 linger.ms 为 5 秒时，即使消息没有达到规定的字节大小，也会把消息发送到服务端。

（6）max.request.size：控制客户端可发送的消息大小。

（7）request.timeout.ms：当客户端向 Kafka 集群发送请求时，Kafka 集群会在一定时间内返回客户端一个响应信息。request.timeout.ms 就是用来设置 Kafka 集群返回响应信息的时间。假设 request.timeout.ms 设置为 30 秒，那么 Kafka 集群将在 30 秒内给客户端返回响应信息。如果 Kafka 集群没有在规定时间内返回响应信息，客户端会收到一个超时异常的信息，然后根据异常信息做出相应的处理。

练一练

针对不同应用场景开发生产者。

（1）允许消息重复和少量丢失，要求保证吞吐量。

（2）不允许消息丢失和重复，可以略微降低延迟和吞吐量。

2.4 生产者的多线程开发

视频

多线程

前面主要学习了 Kafka 的单线程开发，下面主要介绍 Kafka 生产者的多线程开发。为什么要学习多线程开发呢？因为在生产中对吞吐量有一定的要求，单线程开发无法满足这种要求，所以为了提高生产者的效率，可以使用多线程开发。

2.4.1 Kafka 的多线程使用场景

Kafka 的多线程开发有两种使用场景，如果生产中满足这两个条件，就可以使用多线程来开发 Kafka 的生产者。

（1）提高发送消息吞吐量：如果单线程不能满足吞吐量的要求，可以选择多线程。

（2）消息顺序没有严格要求：如果对线程之间消息发送的顺序没有严格的要求，也可以选择多线程开发。因为线程之间是按照时间片进行切换的，每个线程之间发送消息的顺序是无法保证的。

2.4.2 Kafka 的多线程开发方式

Kafka 的多线程开发有两种方式，这两种方式的开发步骤和之前介绍的步骤相同，都是要求先配置参数，然后创建生产者、创建消息、发送消息，最后关闭生产者实例。Kafka 多线程开发的两种方式如下：

（1）实例化一个生产者：创建一个 Kafka 生产者，多个线程可以共用该生产者，可以共用的前提条件是生产者实例是线程安全的变量。这种方式的优点是开发简单，性能比较好；缺点是资源共用，如果一个线程出现问题，容易对其他线程产生影响。

（2）实例化多个生产者：针对每一个线程实例化一个生产者。这种方式的优点是各个线程之间不会产生影响，每一个用户都有自己独立的资源；缺点是对内存的需求很大。

如果用户的线程比较多，根据不同业务的要求可以选择第二种方式。如果分区不多，业务的应用场景比较单一，可以选择第一种方式。可以根据自己的业务需求灵活选择这两种方式。

下面举例说明如何用多线程向 Kafka 发送消息。

具体操作步骤如下：

（1）创建线程实现 Runnable 接口，线程只负责发送消息，关于线程开发的相关代码如下：

```
1  class ProducerThread<k,v>implements Runnable{
2      Logger log=Logger.getLogger("ProducerThread");
3      private KafkaProducer<k,v>kp;
```

```
4       private ProducerRecord<k,v>record;
5       @Override
6       public void run(){
7           Future<RecordMetadata>send=kp.send(record,new Callback(){
8               @Override
9               public void onCompletion(RecordMetadata recordMetadata,Exception e){
10                  if(e!=null){
11                      log.info("发生非中断异常处理......: "+record.topic());
12                      e.printStackTrace();
13                      if(e instanceof RetriableException) {
14                          log.info("可重试异常处理: "+record.topic());
15                      }else{
16                          log.info("不可重试异常处理: "+record.topic());
17                      }
18                  }else{
19                      log.info("消息发送成功: "+",元数据信息 topic: "+recordMetadata.
topic()+", pation: "+recordMetadata.partition());
20                  }
21              }
22          });
23      }
24  }
```

第 3 行代码创建了 Kafka 的生产者 kp，后面使用该生产者调用 send() 方法。第 4 行代码创建了一个记录消息的属性 record。第 16 行代码中发生中断异常的消息记录通过日志的方式获取。

（2）在配置一些参数时，可以用 Utils 方式实现。单独创建一个 ProducerUtils 类，将配置参数写入类中，然后在 MultiProducer 类中可以直接引用该类中的参数，ProducerUtils 类的相关代码如下：

```
1  package com.kafka.producer;
2  import org.apache.kafka.clients.producer.ProducerConfig;
3  import java.util.Properties;
4  public class ProducerUtils{
5     public static Properties initConf(){
6         Properties props=new Properties();
7         props.put(ProducerConfig.BOOTSTRAP_SERVERS_CONFIG,"10.12.30.188:9092");
8         props.put(ProducerConfig.KEY_SERIALIZER_CLASS_CONFIG,"org.apache.kafka.common.
serialization.StringSerializer");
9         props.put(ProducerConfig.VALUE_SERIALIZER_CLASS_CONFIG,"org.apache.kafka.
common.serialization.StringSerializer");
10        return props;
11    }
12 }
```

第 7 行到第 9 行代码分别配置了参数 bootstrap.servers、key 和 value 的序列化。将这三个重要的参数单独配置到一个类中，可以方便后期调用。而在 MultiProducer 类中可以通过 ProducerUtils 调用 initConf() 方法使用这三个参数的配置。MultiProducer 类中关于参数配置的相关代码如下：

```
Properties properties=ProducerUtils.initConf();
```

（3）多个线程共用一个生产者实例的相关代码如下：

```
1  public class MultiProducer{
2     private static KafkaProducer<String,String> KafkaProducer;
```

```
 3      public static void main(String[]args){
 4          //2.创建 Kafka 实例
 5          MultiProducer.KafkaProducer=new KafkaProducer<>(properties);
 6          ExecutorService executorService=Executors.newFixedThreadPool(5);
 7          try{
 8              for(int i=0;i<8;i++){
 9                  ProducerRecord<String,String> Record=new ProducerRecord<>("p5",
 "thread_" + i);
10                  Future<?>future=executorService.submit(new ProducerThread<String,
 String>(MultiProducer.KafkaProducer, Record));
11                  try{
12                      future.get();
13                      objectObjectKafkaProducer.close();
14                  }catch(InterruptedException e){
15                      e.printStackTrace();
16                  }catch(ExecutionException e){
17                      e.printStackTrace();
18                  }
19              }
20          }finally{
21              executorService.shutdown();
22          }
23      }
24  }
```

第 6 行代码创建了一个固定线程池，并指定了 5 个线程的大小。第 8 行代码通过 for 语句设置了 8 个线程，每一个线程创建一个 Broker 并通过线程池提交。第 10 行代码通过线程池 executorService 调用 submit() 方法提交线程。

运行代码之后，启动消费者消费 p5 中的消息，可以看到总共有 8 个线程，每个线程发送了一条消息，如图 2-35 所示。

图 2-35　多线程共用 Kafka 实例

（4）针对每一个线程实例化一个生产者的相关代码如下：

```
    org.apache.kafka.clients.producer.KafkaProducer<String,String>objectObjectKafkaProducer=
new KafkaProducer<>(properties);
    Future<?>future=executorService.submit(new ProducerThread<String,String>(objectO
bjectKafkaProducer, Record));
```

多实例的情况与单个生产者实例相比就是把实例化一个生产者变成实例化多个生产者。运行代码后，在执行结果中可以看到多个线程的消息发送成功，如图 2-36 所示。

在启动的消费者中多实例的线程成功被显示出来，如图 2-37 所示。

```
MultiProducer
"C:\Program Files\Java\jdk1.8.0_144\bin\java.exe" ...
SLF4J: Failed to load class "org.slf4j.impl.StaticLoggerBinder".
SLF4J: Defaulting to no-operation (NOP) logger implementation
SLF4J: See http://www.slf4j.org/codes.html#StaticLoggerBinder for further details.
六月 01, 2020 2:00:09 上午 com.kafka.producer.ProducerThread$1 onCompletion
信息: 消息发送成功 : , 元数据信息 topic: p5, pation: 0
六月 01, 2020 2:00:09 上午 com.kafka.producer.ProducerThread$1 onCompletion
信息: 消息发送成功 : , 元数据信息 topic: p5, pation: 0
六月 01, 2020 2:00:09 上午 com.kafka.producer.ProducerThread$1 onCompletion
信息: 消息发送成功 : , 元数据信息 topic: p5, pation: 0
六月 01, 2020 2:00:09 上午 com.kafka.producer.ProducerThread$1 onCompletion
信息: 消息发送成功 : , 元数据信息 topic: p5, pation: 0
六月 01, 2020 2:00:09 上午 com.kafka.producer.ProducerThread$1 onCompletion
信息: 消息发送成功 : , 元数据信息 topic: p5, pation: 0
```

图 2-36　消息发送成功

图 2-37　多实例的情况

完整代码：

```
1  package com.kafka.producer;
2  import org.apache.kafka.clients.producer.Callback;
3  import org.apache.kafka.clients.producer.KafkaProducer;
4  import org.apache.kafka.clients.producer.ProducerRecord;
5  import org.apache.kafka.clients.producer.RecordMetadata;
6  import org.apache.kafka.common.errors.RetriableException;
7  import java.util.Properties;
8  import java.util.concurrent.ExecutionException;
9  import java.util.concurrent.ExecutorService;
10 import java.util.concurrent.Executors;
11 import java.util.concurrent.Future;
12 import java.util.logging.Logger;
13 public class MultiProducer{
14     private static KafkaProducer<String,String>KafkaProducer;
15     public static void main(String[]args){
16         //1.配置参数
17         Properties properties=ProducerUtils.initConf();
18         //2.创建Kafka实例
19         //MultiProducer.KafkaProducer=new KafkaProducer<>(properties);
```

```
20          ExecutorService executorService=Executors.newFixedThreadPool(5);
21          try{
22              for(int i=0;i<8;i++){
23                  ProducerRecord<String,String> Record=new ProducerRecord<>("p5",
    "thread_"+i);
24                  org.apache.kafka.clients.producer.KafkaProducer<String, String>
    objectObjectKafkaProducer=new KafkaProducer<>(properties);
25                  Future<?>future=executorService.submit(new ProducerThread<String,
    String>(objectObjectKafkaProducer, Record));
26                  try{
27                      future.get();
28                      objectObjectKafkaProducer.close();
29                  }catch(InterruptedException e){
30                      e.printStackTrace();
31                  }catch(ExecutionException e){
32                      e.printStackTrace();
33                  }
34              }
35          } finally {
36              executorService.shutdown();
37          }
38      }
39  }
40  class ProducerThread<k,v>implements Runnable{
41      Logger log=Logger.getLogger("ProducerThread");
42      private KafkaProducer<k,v>kp;
43      private ProducerRecord<k,v> record;
44      public ProducerThread(KafkaProducer<k,v>kp,ProducerRecord<k,v> record){
45          this.kp=kp;
46          this.record=record;
47      }
48      @Override
49      public void run(){
50          Future<RecordMetadata>send=kp.send(record,new Callback(){
51              @Override
52              public void onCompletion(RecordMetadata recordMetadata,Exception e){
53                  if(e != null){
54                      log.info("发生非中断异常处理 ......: "+record.topic());
55                      e.printStackTrace();
56                      if(e instanceof RetriableException){
57                          log.info("可重试异常处理: "+record.topic());
58                      }else{
59                          log.info("不可重试异常处理: "+record.topic());
60                      }
61                  }else{
62                      log.info("消息发送成功: "+", 元数据信息 topic: "+recordMetadata.
  topic()+", pation: "+recordMetadata.partition());
63                  }
64              }
65          });
66      }
67  }
```

视 频

课程总结

小　结

本章通过对 Kafka 生产者原理的学习，了解了开发者发送消息的流程。然后通过 Kafka 的现场编程案例，掌握了生产者的基本开发流程和一些重要的参数配置，了解了生产者在不同场景下不同消息的发送方式。最后通过学习 Kafka 生产者多线程的开发方式，了解了实例化一个生产者和实例化多个生产者的区别。

习　题

一、填空题

1. Kafka 的生产者发送消息的方式有________________、________________和________________。

2. Kafka 在发送消息时，异常分为________________和________________。

二、简答题

1. 简述 Kafka 的 ack 机制。

2. 简述 Kafka 发送消息的流程。

3. 简述 Kafka 序列化器支持的常用序列化方式。

Kafka 的消费者

学习目标

课程目标

- 了解生产者的自定义组件。
- 了解 Kafka 的消费架构和术语。
- 掌握 Kafka 消费者的开发流程。
- 了解 Kafka 的自定义组件。

本章从生产者的自定义组件开始介绍其主要的三大组件原理及作用，然后介绍消费者与分区之间的关系，接着学习消费者的开发流程，最后学习如何开发消费者的拦截器。

3.1 生产者的自定义组件

视频

生产者三大组件

通过前面的学习，已经掌握了如何开发单线程生产者和多线程生产者。本节主要介绍生产者的自定义组件，学习生产者拦截器、分区器和序列化器的开发，除了学习这三者的开发流程，还需要明白每一个组件在整个开发流程中的作用。

3.1.1 消息的发送流程

消息从生产者发送到 Kafka 集群中间涉及了哪些组件？前面已经简单学习了消息的发送流程，接下来通过组件全面学习 Kafka 消息的发送流程，如图 3-1 所示。

（1）假设有一条消息 m，这条消息首先会经过拦截器。拦截器可以帮助用户发送一些定制化的消息，也可以对消息进行修改。

（2）消息 m 通过拦截器之后变成 r_m 到达序列化器。消息要想在网上传输必须转换成字节的方式，r_m 需要转换成字节的方式 byte(r_m) 才能继续往下传输。

（3）之后到达分区器，它的作用是确定消息发送到主题的哪一个分区中。

（4）经过消息累加器时，消息并不是一条一条地发送出去，而是在客户端进行缓存。消息累加器的大小由 buffer.memory 决定，默认值为 32 MB。如果 Sender 线程在规定时间内没有把消息累加器中的消息全部读取出来，会发生异常。消息累加器会将每一个分区封装成 ProducerBatch，而每一批分区的大小由 batch.size 控制。但如果 batch.size 设置得太小，分区中的 buffer 池将不能被重用，造成缓存空间的浪费。消息累加器的作用是提高发送消息的性能。

（5）消息由拦截器发送到消息累加器是通过主线程完成的，主线程负责发送消息，Sender 线程负责将消息传送到 Kafka 集群中。Sender 线程将消息从消息累加器中读取出来后会转换成节点

<Node,List(batch)> 的形式，然后缓存到 InFlightRequests 中，每一个节点都是 Request 对象。

图 3-1　消息的发送流程

视 频

Interceptor 原理

（6）之后消息经过 Selector（选择器）发送到 Kafka 集群中，Kafka 集群通过 Selector 返回响应信息，最后缓存中的消息被清理掉。

3.1.2　Kafka 的自定义组件开发

在消息的发送流程中，重点需要学习的组件是拦截器、序列化器和分区器，学习如何自定义开发这三大组件。通过消息的发送流程，已经了解了这三个组件在消息架构中的位置，明白了消息经过组件的顺序，清楚地了解了这三个组件在发送流程中的作用。下面学习这三个组件的自定义开发。

1. Kafka 拦截器的自定义开发

对于生产者而言，拦截器使得用户在消息发送前以及生产者回调逻辑前有机会对消息做一些定制化需求，比如修改消息等。同时，生产者允许用户指定多个拦截器。拦截器的实现接口是 ProducerInterceptor。

1）Kafka 拦截器的作用

Kafka 拦截器的作用是消息定制化。假设消息 m 经过拦截器 Interceptor 后变成了 n，消息 m 变成 n 完全由 Interceptor 实现，m 会按照 Interceptor 中的规则转换成 n。比如规则规定消息 m 前面必须加上 _（下画线），那么 m 就会变成 _m。在自定义拦截器时尽量不要改变消息的主题、分区和 key，改变了这三个数据将会影响消息的发送。除非你对主题、分区和 key 有很深入的了解，否则不要轻易改变这三个数据的配置。

2）Kafka 自定义拦截器

自定义拦截器时只要实现 org apache.kafka. clients. producer. ProducerInterceptor 接口即可，该接口是 Kafka 提供的。使用该接口时需要实现下面三个方法：

（1）send() 方法：负责接收和发送消息。消息 m 会先发送到 send() 方法中，方法体中实现了一些规则，然后通过 send() 方法返回转换后的消息 n。

（2）Ack() 方法：转换后的消息 n 发送到 Kafka 集群后，Kafka 集群会返回响应信息。在返回响应信息之前，Kafka 集群会调用拦截器的 Ack() 方法，然后再去调用 callback 回调函数，最后返回响应信息。Ack() 方法实际上是由生产者线程调用的，如果 Ack() 方法中的代码过于复杂，会影响发送消息的性能。在 Ack() 方法中尽量不要写入复杂的逻辑代码，以免影响生产者发送消息的速率。

（3）close() 方法：send() 方法过滤消息后，Ack() 方法接收到一些消息，最后 close() 方法会负责清理工作。

如果存在多个拦截器，Kafka 会根据配置的顺序进行调用。如果其中一个拦截器出现异常，下一个拦截器会根据上一个执行成功的拦截器继续执行操作。

视 频

Interceptor 演示

下面举例说明如何开发 Kafka 前缀拦截器、开发多个 Kafka 前缀拦截器及开发多线程 Kafka 的前缀拦截器，具体操作步骤如下：

（1）在 com.kafka.producer 包中创建文件 PrefixProducerInterceptor.java，然后在类 PrefixProducerInterceptor 中实现生产者拦截器的接口 ProducerInterceptor，相关代码如下：

```
1  package com.kafka.producer;
2  import org.apache.kafka.clients.producer.ProducerInterceptor;
3  import org.apache.kafka.clients.producer.ProducerRecord;
4  import org.apache.kafka.clients.producer.RecordMetadata;
5  import java.util.Map;
6  public class PrefixProducerInterceptor implements ProducerInterceptor<String,String>{
7      private static final String PREFIX="010_";
8      private int errorCounter=0;
9      private int sucessCounter=0;
10     @Override
11     public ProducerRecord onSend(ProducerRecord<String,String>producerRecord){
12         System.out.println("2.修改消息信息......");
13         String value=Thread.currentThread().getName()+"_"+PREFIX + producerRecord.value();
14         return new ProducerRecord(producerRecord.topic(), producerRecord.partition(),
 producerRecord.key(),value);
15     }
16     @Override
17     public void onAcknowledgement(RecordMetadata recordMetadata,Exception e){
18         System.out.println("3.接收消息信息......");
19         if(e!=null){
20             e.printStackTrace();
21             errorCounter++;
22         }else{
23             sucessCounter++;
24         }
25     }
26    @Override
```

```
27      public void close(){
28          System.out.println("4.清理资源......");
29          System.out.println("errorCounter="+errorCounter+",sucessCounter="+sucessCounter);
30      }
31      @Override
32      public void configure(Map<String,?> map){
33          System.out.println("1.修改配置信息......");
34      }
35  }
```

开发一个拦截器需要实现拦截器的接口，实现接口时还需要实现它的方法。首先需要实现的就是第 32 行代码中的 configure() 方法，可以在该方法中修改一些配置信息，对组态进行一些改变，这里并没有做出改变，只是用于输出打印结果。

接着需要实现第 11 行代码中的 onSend() 方法，在这个方法中可以修改消息。第 13 行和第 14 行代码中通过 producerRecord 获取消息的值，并且消息前面加上了前缀。如果不涉及开发多线程的前缀拦截器，value 的值可以直接指定为 PREFIX + producerRecord.value()。第 7 行代码定义了消息的前缀 PREFIX 为 010_，将发送的每一个消息前面都加上 010_。第 14 行代码中通过 return 返回消息的主题、分区、key 和 value。注意，在传值时不要传递之前的值，而是传递改变后的值 value。

第三个需要实现的方法就是第 17 行代码中的 onAcknowledgement()，该方法负责接收消息。第 8 行和第 9 行代码分别定义了两个用于计数的参数 errorCounter 和 sucessCounter。如果消息发送成功，sucessCounter 将会累加；如果消息发送出现异常，errorCounter 将会累加。

第四个需要实现的方法就是 close()，负责清理资源。第 29 行代码用于打印消息发送失败的次数 errorCounter 和消息发送成功的次数 sucessCounter。

（2）在 com.kafka.producer 包中创建文件 ProducerUtils.java，然后在该文件中配置拦截器，相关代码如下：

```
1  package com.kafka.producer;
2  import org.apache.kafka.clients.producer.ProducerConfig;
3  import java.util.Properties;
4  public class ProducerUtils{
5      public static Properties initConf(){
6          Properties props=new Properties();
7          props.put(ProducerConfig.BOOTSTRAP_SERVERS_CONFIG,"10.12.30.188:9092");
8          props.put(ProducerConfig.KEY_SERIALIZER_CLASS_CONFIG,"org.apache.kafka.
common.serialization.StringSerializer");10
9          props.put(ProducerConfig.VALUE_SERIALIZER_CLASS_CONFIG,"org.apache.kafka.
common.serialization.StringSerializer");
10         //props.put(ProducerConfig.INTERCEPTOR_CLASSES_CONFIG,PrefixProducerIntercep
tor.class.getName()+","+PrefixProducerInterceptor1.class.getName());
11         //props.put(ProducerConfig.INTERCEPTOR_CLASSES_CONFIG,PrefixProducerInterceptor.
class.getName());
12         return props;
13     }
14 }
```

第 11 行代码定义了一个前缀拦截器，通过 PrefixProducerInterceptor 获取 class 和 getName()。第 10 行代码通过 + 将 PrefixProducerInterceptor 和 PrefixProducerInterceptor1 这两个拦截器连接在一起。

（3）在 com.kafka.producer 包中创建文件 RunPreInterceptor.java，负责调用前缀拦截器，相关代码如下：

```
 1  package com.kafka.producer;
 2  import org.apache.kafka.clients.producer.Callback;
 3  import org.apache.kafka.clients.producer.KafkaProducer;
 4  import org.apache.kafka.clients.producer.ProducerRecord;
 5  import org.apache.kafka.clients.producer.RecordMetadata;
 6  import java.util.Properties;
 7  public class RunPreInterceptor{
 8      private static final String topic="p6";
 9      public static void main(String[]args){
10          //1.配置
11          Properties properties=ProducerUtils.initConf();
12          //2.创建生产者
13          KafkaProducer<String,String>KafkaProducer=new KafkaProducer<String,String>
(properties);
14          //3.构建消息并发送消息
15          for(int i=0;i<3;i++){
16              KafkaProducer.send(new ProducerRecord<String,String>(topic,"88888"
+i),new Callback(){
17                  @Override
18                  public void onCompletion(RecordMetadata recordMetadata,Exception e){
19                      System.out.println("call back");
20                  }
21              });
22          }
23          //4.关闭
24          KafkaProducer.close();
25      }
26  }
```

第 11 行代码中通过 ProducerUtils 调用 initConf() 方法获取配置信息。第 13 行代码用于创建一个生产者，然后通过 properties 传递配置信息。第 16 行代码构建了 3 条消息，通过生产者发送消息。

（4）运行 RunPreInterceptor.java 文件，执行结果中的 sucessCounter=3 表示已经成功发送了 3 条消息，如图 3-2 所示。

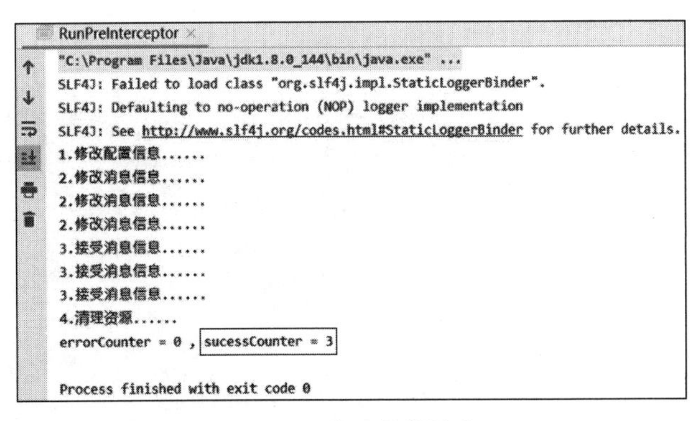

图 3-2　成功发送消息

启动消费者，可以看到消费者已经消费到带有前缀 010_ 的 3 条消息，如图 3-3 所示。

图 3-3　消费者消费消息

（5）复制 PrefixProducerInterceptor.java 文件创建第二个拦截器，然后重命名为 PrefixProducerInterceptor1.java，文件中的代码与 PrefixProducerInterceptor.java 文件中基本相同，唯一有改动的地方就是将前缀 010_ 改为 Type_a_，相关代码如下：

```
private static final String PREFIX="Type_a_";
```

然后在 ProducerUtils.java 文件中将两个拦截器 PrefixProducerInterceptor 和 PrefixProducerInterceptor1 连接在一起。运行 RunPreInterceptor.java 文件，从两次 sucessCounter=3 中可以看出，生产者已经成功发送了两个拦截器的消息，如图 3-4 所示。

```
4.清理资源......
errorCounter = 0 , sucessCounter = 3
4.清理资源......
errorCounter = 0 , sucessCounter = 3

Process finished with exit code 0
```

图 3-4 发送拦截器消息成功

在消费者这里也可以看到带有两个前缀 Type_a_ 和 010_ 的消息，如图 3-5 所示。前缀的顺序和 ProducerUtils.java 文件中的拦截器顺序有关，如果先配置的拦截器是 PrefixProducerInterceptor，会先执行 010_ 前缀再执行 Type_a_ 前缀。

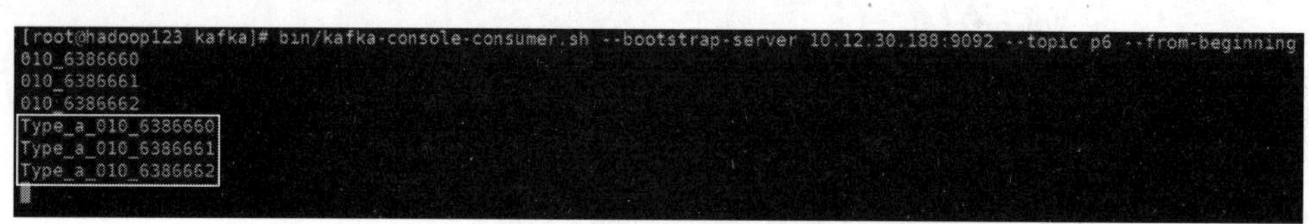

图 3-5 消费带有前缀的消息

（6）在 com.kafka.producer 包中创建文件 RunMultiInterceptor.java 开发多线程拦截器，相关代码如下：

```
1  package com.kafka.producer;
2  import org.apache.kafka.clients.producer.Callback;
3  import org.apache.kafka.clients.producer.KafkaProducer;
4  import org.apache.kafka.clients.producer.ProducerRecord;
5  import org.apache.kafka.clients.producer.RecordMetadata;
6  import java.util.ArrayList;
7  import java.util.Properties;
8  public class RunMultiInterceptor{
9      private static final String topic="p6";
10     public static void main(String[]args){
11         //1.配置
12         Properties properties=ProducerUtils.initConf();
13         //2.创建生产者
14         org.apache.kafka.clients.producer.KafkaProducer<String,String>KafkaProducer=
   new KafkaProducer<>(properties);
15         //3.启动多线程
16         ArrayList<Thread> threads=new ArrayList<>();
17         Runnable r=()->{
18             for(int i=0;i<1;i++){
19                 KafkaProducer.send(new ProducerRecord<String,String>(topic,"99999"
   +i),new Callback(){
20                     @Override
21                     public void onCompletion(RecordMetadata recordMetadata,Exception e){
22                         System.out.println("call back");
23                     }
24                 });
```

```
25              }
26          };
27          for(int i=0;i<5;i++){
28              Thread thread=new Thread(r);
29              thread.setName("Pro_"+i);
30              threads.add(thread);
31              thread.start();
32          }
33          for(Thread thread:threads){
34              try{
35                  thread.join();
36              }catch (InterruptedException e){
37                  e.printStackTrace();
38              }
39          }
40          KafkaProducer.close();
41      }
42  }
```

第 16 行代码创建了一个存放线程的集合，第 17 行代码创建了线程 r 用来发送消息，第 27 行代码在 for 循环中启动 5 个线程，每个线程发送一条消息。第 29 行代码调用 setName() 方法为每个线程设置名称，第 31 行代码调用 start() 方法启动线程。第 33 行代码的作用是将线程放入集合中，然后通过 for 循环遍历集合。

（7）运行 RunMultiInterceptor.java 文件，从执行结果中可以看到 sucessCounter=5，表示每个线程都成功发送了一条消息（总共 5 个线程），如图 3-6 所示。

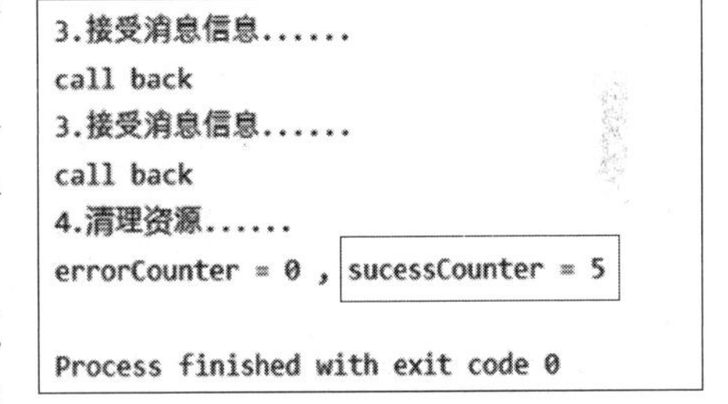

图 3-6　多线程发送消息

在消费者中从当前开始消费消息，可以成功消费到 5 个进程发送的消息，如图 3-7 所示。

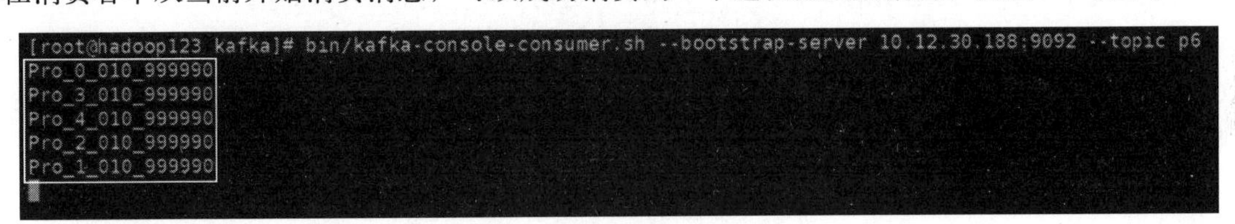

图 3-7　消费进程发送的消息

2. Kafka 序列化器的自定义开发

视频

Serialize

Kafka 在发送和接收消息时，是以 byte[] 字节型数组发送或者接收的。但是平常使用时，不但可以使用 byte[]，还可以使用 int、short、long、float、double、string 等数据类型，这是因为在使用这些数据类型时，Kafka 是根据指定的序列化和反序列化方式转成 byte[] 类型之后再进行发送或者接收的。

1）Kafka 序列化器的作用

Kafka 序列化器的作用是实现消息的传输。一条消息在传入 Kafka 集群之前需要经过序列化器转换成字节的形式。消费者需要通过反序列化器将消息进行反序列化操作后才可以进行消费。序列化器和反序列化器是一一对应的关系，如果序列化器配置的是 String 类型，那么反序列化器也需要配置 String 类型，否则反序列化器在解析消息时会失败。

2）Kafka 的序列化

Kafka 的序列化器有两种，分别如下：

（1）默认序列化器：Kafka 提供的序列化器，可以直接使用。一般常用的数据类型，Kafka 都提供了序列化器和反序列化器。

（2）自定义序列化器：需要自己实现序列化器和反序列化器。

3）Kafka 的序列化器开发

实现 Kafka 的自定义序列化器与之前介绍的拦截器比较相似，第一，实现一个序列化接口 org apache.kafka. common. serialization. Serialier；第二，重写序列化方法后会返回字节数组在网络上传输，然后传送到 Kafka 集群中；第三，需要对序列化器进行配置。

上面介绍的这种使用序列化器的方式并不常用，在生产中经常会用到的是一些序列化的框架，比如 Avro、Thrift、ProtoBuf。如果使用自定义序列化器，可能在开发过程中会有需求的变动，涉及新旧消息的兼容性问题，因此不建议使用自定义的序列化器。但是学习自定义序列化器有助于读者理解序列化器的工作原理。

视 频

Partition

3. Kafka 分区器的自定义开发

为了满足不同的业务需求，需要学习自定义分区器的方法。下面主要从分区的作用和分区策略来学习自定义分区器的步骤。

1）Kafka 的分区作用

Kafka 分区主要有两个作用，分别如下：

（1）实现数据均衡，提高并发量。假设有 100 条数据发送到主题 T 的分区 P 中，这时吞吐量会很低，给服务器造成了很大的压力。如果将主题 T 中的分区变成 P1 和 P2，那么两个分区各自分担 50 条数据，会减轻服务器的压力。

（2）动态扩展。假设随着业务的增长，数据由 100 条变成 10 万条，需要扩充 Kafka 集群，这时可以动态地将主题中的分区由之前的 2 个分区 P1 和 P2 变成 100 个分区 P1~P100。

2）Kafka 的分区策略

分区策略决定了消息应该发往哪一个分区中。默认情况下，在创建生产者时会指定一条消息可以发往哪一个分区。Kafka 的分区策略有下面两种方式：

（1）根据消息 Key：这是 Kafka 提供的默认分区策略。

（2）自定义分区器：如果需要根据自身业务情况将数据划分到不同的分区中，可以选择自定义分区器。

3）Kafka 分区器的开发

实现自定义分区器有三个步骤：

（1）自定义分区器实现 org.apache.kafka.clients.producer.Partitioner 接口。

（2）实现 partition() 方法并返回整型，根据返回的分区编号将消息发送到指定的分区。

（3）对分区进行配置。

下面按如下要求，举例说明如何自定义分区器。

（1）将辽宁省的省会电话，存入指定分区。

（2）其他市的电话随机存入不同分区。

具体操作步骤如下：

（1）在 com.kafka.producer 包中创建文件 AreaPartioner.java，通过分区器实现分区接口，相关代码如下：

```
1  package com.kafka.producer;
2  import org.apache.kafka.clients.producer.Partitioner;
3  import org.apache.kafka.common.Cluster;
4  import org.apache.kafka.common.PartitionInfo;
5  import java.util.List;
6  import java.util.Map;
7  import java.util.Random;
8  public class AreaPartioner implements Partitioner{
9      private static Random r=new Random();
10     @Override
11     //key ={024\0413} value=024_777777_random
12      public int partition(String topic,Object key,byte[]keybytes,Object value,
 byte[]valuebytes1, Cluster cluster) {
13         int pnum=0;
14         List<PartitionInfo>partitionInfos=cluster.availablePartitionsForTopic(topic);
15         tring key1=(String) key;
16         pnum=key1.contains("024")?1:r.nextInt(partitionInfos.size());
17         return pnum;
18     }
19     @Override
20     public void close(){
21         System.out.println("close");
22     }
23     @Override
24     public void configure(Map<String,?>map){
25         System.out.println("configure");
26     }
27 }
```

第 12 行代码中 partition() 方法的第一个参数指定为 String 类型的主题，第二个参数是 Object 类型的 key，第三个参数是与 key 对应的字节数组类型 byte[]，第四个参数是 Object 类型的 value，第五个参数是与 value 对应的字节数组类型，第六个参数是集群的参数。第 14 行代码用于获取分区信息，第 15 行代码通过 (String) key 的形式将 key 转换为字符串。第 16 行代码中根据分区的大小随机选择分区。

（2）在 com.kafka.producer 包中创建文件 RunAreaPar.java，通过分区器实现分区接口，相关代码如下：

```
1  package com.kafka.producer;
2  import org.apache.kafka.clients.producer.Callback;
3  import org.apache.kafka.clients.producer.KafkaProducer;
4  import org.apache.kafka.clients.producer.ProducerRecord;
5  import org.apache.kafka.clients.producer.RecordMetadata;
6  import java.util.Properties;
7  import java.util.Random;
8  public class RunAreaPar{
9      private static final String topic="p10";
10     public static void main(String[]args){
11         String[]area={"024","0413","0411"};
12         String context="_999999_";
13         Random random=new Random();
14         int index=0;
15         //1.配置
16         Properties properties=ProducerUtils.initConf();
17         //2.创建生产者
18         KafkaProducer<String,String>KafkaProducer=new KafkaProducer<String,String>
```

```
   (properties);
19            //3.构建消息并发送消息
20            for(int i=0;i<10;i++){
21                if(i%2==0){
22                    index= random.nextInt(area.length);
23                }
24                KafkaProducer.send(new ProducerRecord<String,String>(topic,area[index],
  area[index]+context+i),new Callback(){
25                    @Override
26                    public void onCompletion(RecordMetadata recordMetadata,Exception e){
27                    }
28                });
29            }
30            //4.关闭
31            KafkaProducer.close();
32        }
33  }
```

第 11 行代码定义了字符数组 area，用于存储三个区号。第 23 行代码通过 area.length 随机生成 index 的值。第 24 行代码通过 area[index] 和 context 传递消息内容。

（3）在 com.kafka.producer 包中创建文件 ProducerUtils.java，然后在该文件中配置分区器的参数，相关代码如下：

```
1  package com.kafka.producer;
2  import org.apache.kafka.clients.producer.ProducerConfig;
3  import java.util.Properties;
4  public class ProducerUtils{
5      public static Properties initConf(){
6          Properties props=new Properties();
7          props.put(ProducerConfig.BOOTSTRAP_SERVERS_CONFIG,"10.12.30.188:9092");
8          props.put(ProducerConfig.KEY_SERIALIZER_CLASS_CONFIG,"org.apache.kafka.
common.serialization.StringSerializer");
9          props.put(ProducerConfig.VALUE_SERIALIZER_CLASS_CONFIG,"org.apache.kafka.
common.serialization.StringSerializer");
10         props.put(ProducerConfig.PARTITIONER_CLASS_CONFIG,AreaPartioner.class.getName());
11         return props;
12     }
13 }
```

第 10 行代码为 AreaPartioner 类添加了分区器，在该文件中可以配置拦截器、序列化器和分区器等参数。

（4）运行 RunAreaPar.java 文件发送消息，close 表示消息发送之后关闭此次实例，如图 3-8 所示。

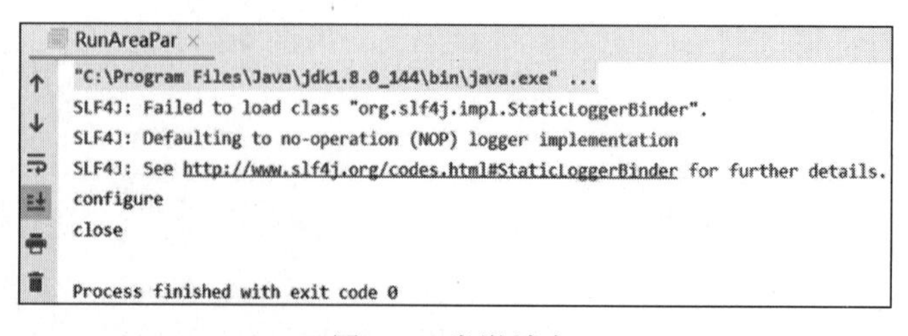

图 3-8　发送消息

将带有 024_ 前缀的数据指定发送到了分区 1 中，如图 3-9 所示。分区 1 中除了包含所有 024_ 前缀的数据，还有其他市的号码会随机存入分区 1 中。

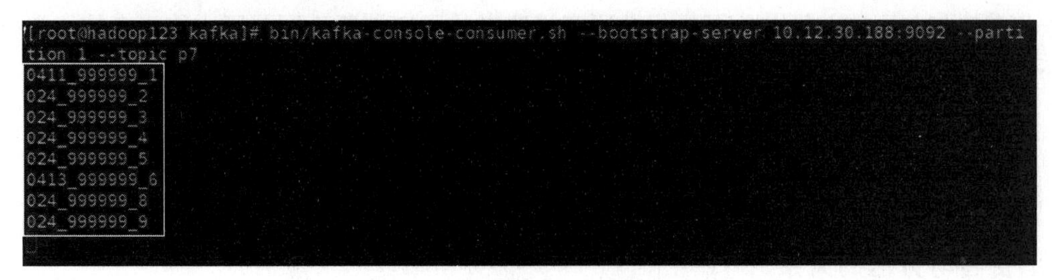

图 3-9　将数据存入指定分区

在分区 0 中可以看到并没有 024_ 前缀的数据，只有其他两个市的电话，如图 3-10 所示。

```
[root@hadoop123 kafka]# bin/kafka-console-consumer.sh --bootstrap-server 10.12.30.188:9092 --partition 0 --topic p7
0411_999999_0
0413_999999_7
```

图 3-10　数据随机分区存入

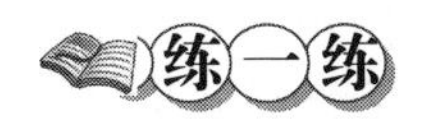

根据要求完成生产者的开发。

（1）过滤申请消息中不正确的身份证号。

（2）向 Kafka 发送一个信用卡申请的消息，主要包括属性：消息 id、申请人身份证和申请时间。

（3）根据不同的申请地区，将消息推送到不同的分区。

3.2 Kafka 消费者初识

视 频

消费者初识

通过前面的介绍，学习了 Kafka 生产者的工作原理，掌握了使用命令行或者 API 的方式向 Kafka 集群发送消息，学会了配置生产者的一些常用参数及生产者自定义组件的开发。下面介绍 Kafka 消费者的基本术语、工作原理、两种开发消费者的方式、Kafka 消费者自定义组件的开发以及如何开发 Kafka 消费者以保证消息不丢失。

3.2.1 Kafka 消费者概述

在实际生产过程中，每个主题中都会有多个分区。多个分区的好处在于一方面能够对 Broker 上的数据进行分片，有效减少了消息的容量，从而提升 I/O 的性能；另一方面，为了提高消费能力，一般会通过多个消费者去消费同一个主题，也保证了负载均衡。

1. Kafka 消费者的定义

Kafka 消费者是读取 Kafka 主题的应用程序。Kafka 的生产者负责发送消息到 Kafka 集群，Kafka 消费者可以从集群的某一个主题下读取消息，为下游的业务提供数据。

2. 消费者的消费组

消费组包含一个或多个消费实例。假设有三个消费者 C1、C2 和 C3，将 C1 和 C2 放入组 g1 中，C3 放入组 g2 中，这样就形成了消费组，消费组包含消费者。

3. 消费者与分区的关系

了解消费者与分区的关系是为了更好地研究消费者是如何消费不同分区中的消息的。消费者与分区有以下三种关系：

（1）一对一。

（2）一对多。

（3）多对一。

3.2.2 消费者与分区的关系

1. 一对一

当主题的分区数与消费者的数量相等时，会进行一对一的消费，如图 3-11 所示。注意，这里说的消费者指的是在同一个消费组中的消费者。

比如 C1、C2 和 C3 这三个消费者都包含在消费者组 1 中，那么主题中对应的分区 P0、P1 和 P2 将会与消费者组 1 中的三个消费者进行一对一的消费。

2. 一对多

当所有的消费者都在同一个消费组时，如果主题中的分区数比消费组中的消费者数量少，那么会有一部分消费者消费不到数据，每一个消费者只会消费一个分区中的数据，如图 3-12 所示。其实，并不是消费者越多越好。即使增加了消费者的数量，如果只有三个分区，那么实际工作的消费者也只有三个。因此，分区数决定了并发度。

3. 多对一

如果同一个消费组的消费者数量小于分区数，那么某一个消费者将会消费多个分区的数据，如图 3-13 所示。

图 3-13 中消费者组 1 中只有两个消费者 C1 和 C2，而主题中有三个分区 P0、P1 和 P2，消费者 C1 将会消费分区 P0 和 P1 中的数据，消费者 C2 只能消费分区 P2 中的数据。可以通过增加消费者的方式保证每个消费者只消费一个分区中的数据。

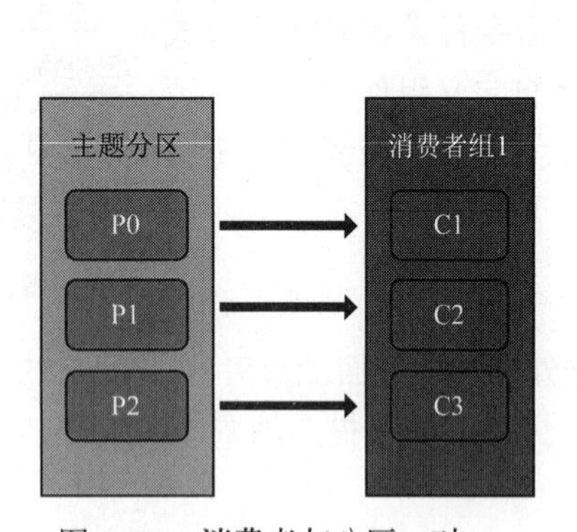

图 3-11 消费者与分区一对一

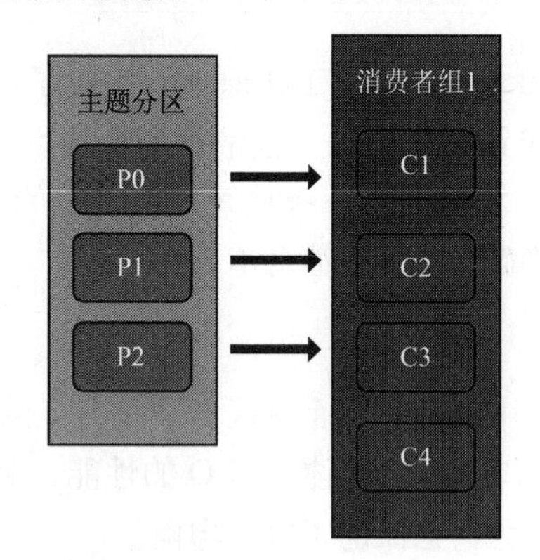

图 3-12 消费者与分区一对多

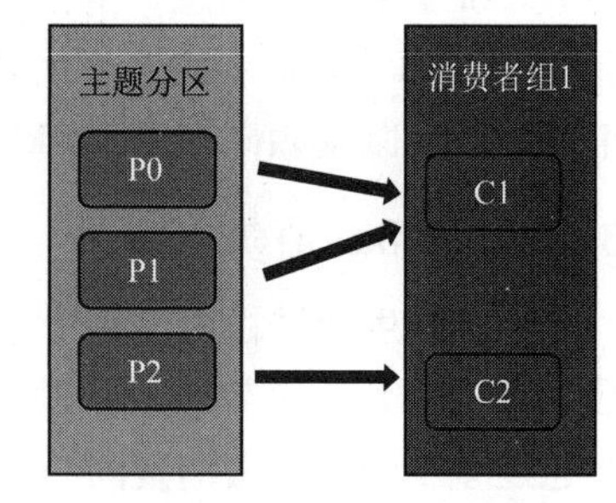

图 3-13 消费者与分区多对一

3.2.3 消费者的基本操作

消费者与分区一对一表示消息 *m* 只能被对应的消费组中的消费者消费。但是，之前介绍过 Kafka 可以实现多消费，一条消息可以发送给多个消费者。为了解释这一点，这里引入了单广播和多广播与消费组的关系，如图 3-14 所示。单广播指一条消息只能被一个消费者消费，多广播指一条消息可以被多个消费者消费。

为了实现多广播，Kafka 引入了消费组概念。图 3-14 中在 Kafka 集群中包含了两个服务，每个服务有两个分区，6 个消费者分别在两个不同的消费组中。在消费者组 A 中一个消费者会消费多个分区中的消息，而在消费者组 B 中的消费者也可以消费相同分区中的同一消息。从分区的角度来说，分区中的数据可以被多个消费者消费，但是消费者要在不同的消费组才可以。同一个消费组内的消费者和分区有一对一、一对多、多对一这三种关系。

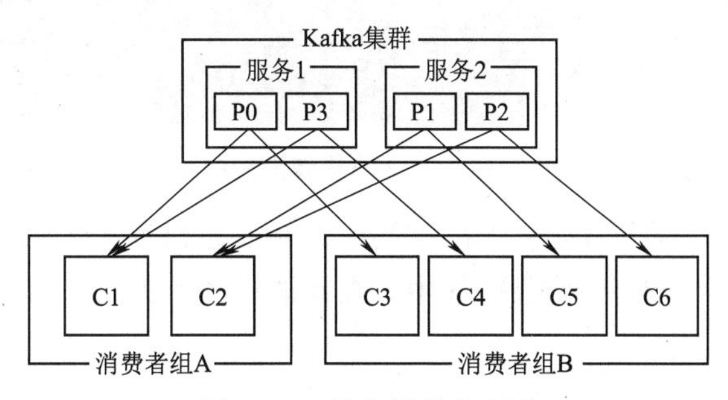

图 3-14　单广播与多广播

也就是说，分区实现了多消费，不同的组可以消费同一条消息，而同一个组中的消费者只能消费不同的消息。

下面介绍一些消费组常用操作。执行 bin 目录下的 kafka-consumer-groups.sh 脚本文件，其中很多参数可以用来管理消费组。比如使用 --list 参数可以查看所有存在的消费组，如图 3-15 所示。

```
[root@hadoop123 kafka]# bin/kafka-consumer-groups.sh --bootstrap-server 10.12.30.188:9092 --list
shf2
shf1
g1
g2
[root@hadoop123 kafka]#
```

图 3-15　查看消费组

如果想查看某个消费组的详细信息，可以使用 --describe 参数。查看消费组 g1 的详细信息，如图 3-16 所示。从执行结果中可以看到主题、分区、偏移量等信息。

```
[root@hadoop123 kafka]# bin/kafka-consumer-groups.sh --bootstrap-server 10.12.30.188:9092 --describe --group g1
Consumer group 'g1' has no active members.

TOPIC           PARTITION  CURRENT-OFFSET  LOG-END-OFFSET  LAG             CONSUMER-ID     HOST
   CLIENT-ID
p8              1          29              29              0               -               -
-
p8              0          21              21              0               -               -
-
[root@hadoop123 kafka]#
```

图 3-16　查看消费组的详细信息

还可以使用 --state 参数查看消费组的当前状态，如图 3-17 所示。

```
[root@hadoop123 kafka]# bin/kafka-consumer-groups.sh --bootstrap-server 10.12.30.188:9092 --describe --group g1 --state
Consumer group 'g1' has no active members.

COORDINATOR (ID)          ASSIGNMENT-STRATEGY       STATE                #MEMBERS
10.12.30.188:9092 (1)                               Empty                0
[root@hadoop123 kafka]#
```

图 3-17　查看消费组的当前状态

下面举例说明如何用命令脚本演示 Kafka 的消费者消费消息，具体操作步骤如下。

（1）运行之前创建的文件 RunAreaPar.java，发送消息到主题 p8 中。启动一个消费者时，所有消息都会被这一个消费者消费，从执行结果中可以看到消费者成功消费到 10 条消息，如图 3-18 所示。

图 3-18　一个消费者消费消息

（2）启动两个消费者，这两个消费者在同一个组 g1 中，创建消费组 g1 可使用 --group 参数。再次运行 RunAreaPar.java 文件发送消息到主题 p8 中，查看消费者消费消息的情况。同一个组中，两个不同的消费者会消费不同分区的消息。

在消费者 1 中消费了 7 条不同的消息，如图 3-19 所示。

```
[root@hadoop123 kafka]# bin/kafka-console-consumer.sh --bootstrap-server 10.12.30.188:9092 --group g1 --
topic p8
0413_999999_0
0413_999999_1
024_999999_2
024_999999_3
024_999999_6
024_999999_7
0413_999999_9
```

图 3-19　消费者 1 的消费消息

在消费者 2 中消费了 3 条不同的消息，如图 3-20 所示。

（3）再启动一个消费者，现在消费组 g1 中已经有三个消费者了，但是主题 p8 中只有 2 个分区，这时再次运行 RunAreaPar.java 文件发送消息到 p8 中，查看消息的消费情况。

```
[root@hadoop123 kafka]# bin/kafka-console-consumer.sh --bootstrap-server 10.12.30.188:9092 --
group g1 --topic p8
0411_999999_4
0411_999999_5
0413_999999_8
```

图 3-20　消费者 2 的消费消息

消费者 1 已经消费了 6 条消息，如图 3-21 所示。

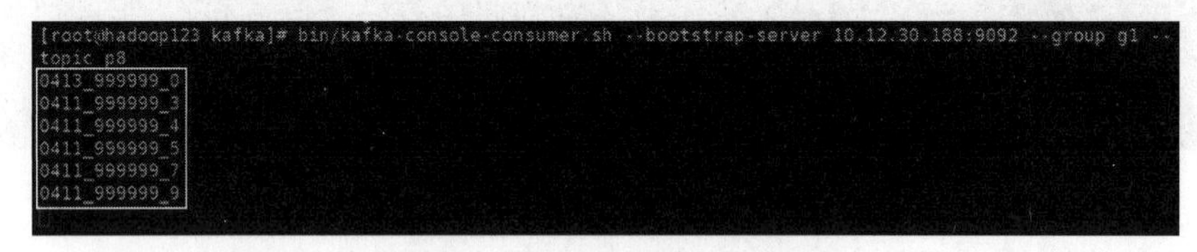

图 3-21　消费者 1 的消费消息

消费者 2 消费了 4 条消息，如图 3-22 所示。

```
[root@hadoop123 kafka]# bin/kafka-console-consumer.sh --bootstrap-server 10.12.30.188:9092 --
group g1 --topic p8
0413_999999_1
0411_999999_2
0411_999999_6
0411_999999_8
```

图 3-22　消费者 2 的消费消息

由于 10 条消息已经被前面两个消费者消费掉了，所以消费者 3 没有消费到任何消息，如图 3-23 所示。

```
Last login: Sun Jun  7 07:16:40 2020 from 10.10.9.10
[root@hadoop123 ~]# cd /home/shf/soft/kafka/
[root@hadoop123 kafka]# bin/kafka-console-consumer.sh --bootstrap-server 10.12.30.188:9092 --
group g1 --topic p8
```

图 3-23　消费者 3 没有消费消息

（4）同一个消费组中的消费者不可以消费同一个数据，但是不同的消费组可以消费相同的消息。创建另一个消费组 g2，其中只有一个消费者。而消费组 g1 中有两个消费者，再次运行 RunAreaPar.java 文件发送消息到 p8 中，查看消息的消费情况。

消费组 g1 中的消费者 1 可以成功消费到 5 条消息，如图 3-24 所示。

```
[root@hadoop123 kafka]# bin/kafka-console-consumer.sh --bootstrap-server 10.12.30.188:9092 --group g1 --
topic p8
0413_999999_1
0411_999999_4
0411_999999_5
0413_999999_6
0413_999999_7
```

图 3-24　消费者 1 的消费消息

消费组 g1 中的消费者 2 也可以成功消费了消息，如图 3-25 所示。

消费组 g2 中只有一个消费者 3，这个消费者会消费分区中的所有消息，如图 3-26 所示。

```
[root@hadoop123 kafka]# bin/kafka-console-consumer.sh --bootstrap-server 10.12.30.188:9092 --
group g1 --topic p8
0413_999999_0
024_999999_2
024_999999_3
024_999999_8
024_999999_9
```

图 3-25　消费者 2 的消费消息

```
[root@hadoop123 kafka]# bin/kafka-console-consumer.sh --bootstrap-server 10.12.30.188:9092 --
group g2 --topic p8
0413_999999_0
024_999999_2
024_999999_3
024_999999_8
024_999999_9
0413_999999_1
0411_999999_4
0411_999999_5
0413_999999_6
0413_999999_7
```

图 3-26　消费者 3 的消费消息

（5）在消费组 g2 中新增一个消费者 4，这样每一个消费组中都包含了两个消费者。再次运行 RunAreaPar.java 文件发送消息到 p8 中。

消费组 g1 中的消费者 1 可以成功消费到 4 条消息，如图 3-27 所示。

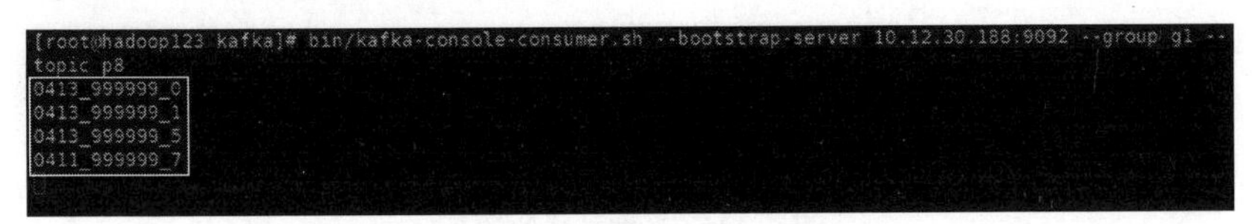
```
[root@hadoop123 kafka]# bin/kafka-console-consumer.sh --bootstrap-server 10.12.30.188:9092 --group g1 --
topic p8
0413_999999_0
0413_999999_1
0413_999999_5
0411_999999_7
```

图 3-27　消费者 1 的消费消息

消费组 g1 中的消费者 2 可以成功消费到 6 条消息，如图 3-28 所示。

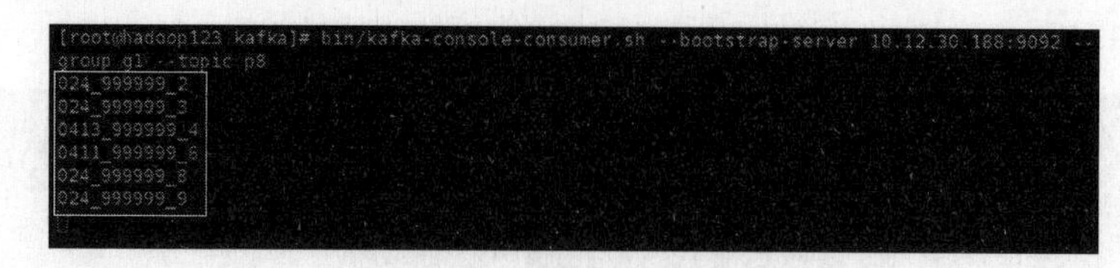

图 3-28　消费者 2 的消费消息

消费组 g2 中的消费者 3 可以成功消费到 4 条消息，如图 3-29 所示。

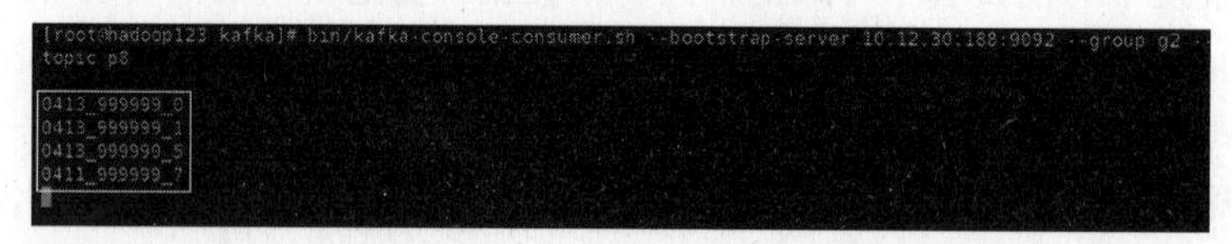

图 3-29　消费者 3 的消费消息

消费组 g2 中的消费者 4 可以成功消费到 6 条消息，如图 3-30 所示。

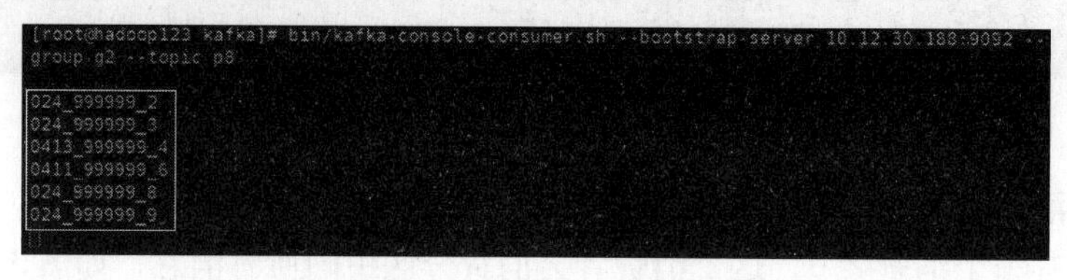

图 3-30　消费者 4 的消费消息

这种情况验证了不同消费组中的消费者可以消费相同分区中的消息。对于同一个分区中的消息来说，它会被发送到不同的消费组中。

视 频

offset

3.2.4　消费者 offset

每个消费者都会为它消费的分区维护属于自己消费的记录。当我们发送消息到主题中时，主题中会记录消息的 ID，这样消费者从主题中消费消息时就可以记录到具体消费了哪些消息。此时，把消息的 ID 称为偏移量，如图 3-31 所示。

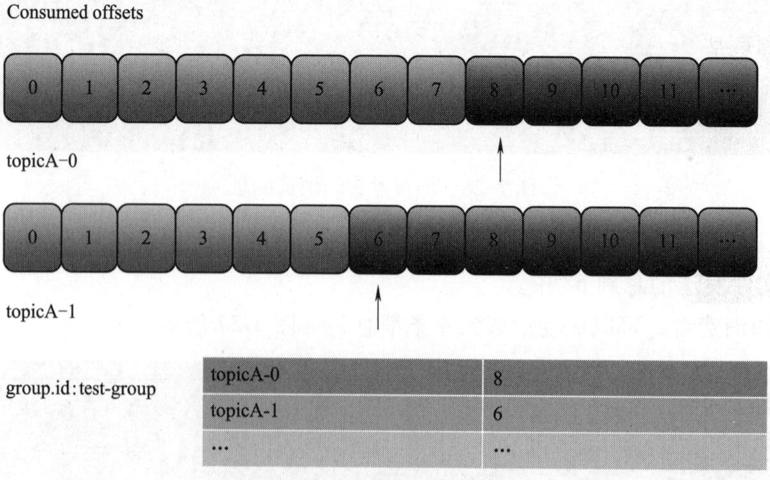

Consumed offsets

0 1 2 3 4 5 6 7 8 9 10 11 …

topicA-0

0 1 2 3 4 5 6 7 8 9 10 11 …

topicA-1

group.id: test-group

topicA-0	8
topicA-1	6
…	…

图 3-31　消费者的偏移量

消费者的 offset（偏移量）在同一个分区是递增的，且不可以重复。假设主题中的偏移量 3 和 4 分别记录的是消息 m4 和 m5，如果 m4 和 m5 的偏移量相同，将无法知道具体消费了哪一条消息。不同分区中的偏移量可以重复，但都是从 0 开始依次递增的。

最初 Kafka 将偏移量维护在 zookeeper 中，后来由于 zookeeper 不适合频繁地读写，Kafka 又将偏移量维护在 _consumer_offsets 主题中。在这个主题中会记录消费的消息分区、消息的偏移量。图 3-31 中的 topicA-0 表示消费者消费了 topicA 主题中的 A 分区下第 8 个偏移量的消息。

Kafka 为什么要维护偏移量呢？假设消费者在消费到第 8 条记录时突然出现问题了，由于业务要求不可以有重复数据，当这个消费者重新启动之后，依靠偏移量就可以从第 9 条记录开始消费，这样就保证了不会重复消费消息，这就是 Kafka 维护偏移量的意义。

下面举例说明。运行 RunAreaPar.java 文件发送消息到主题 p9 中，然后启动两个消费者查看消费消息的情况。消费者 1 只消费到了一条消息，如图 3-32 所示。从执行结果中可以看到这 1 条消息在一个分区中。

```
[root@hadoop123 kafka]# bin/kafka-console-consumer.sh --bootstrap-server 10.12.30.188:9092 --group g3 --
topic p9
0411_999999_2
```

图 3-32　消费者 1 的消费消息

消费者 2 消费到 9 条消息，如图 3-33 所示。可以看到这 9 条消息在一个分区中。

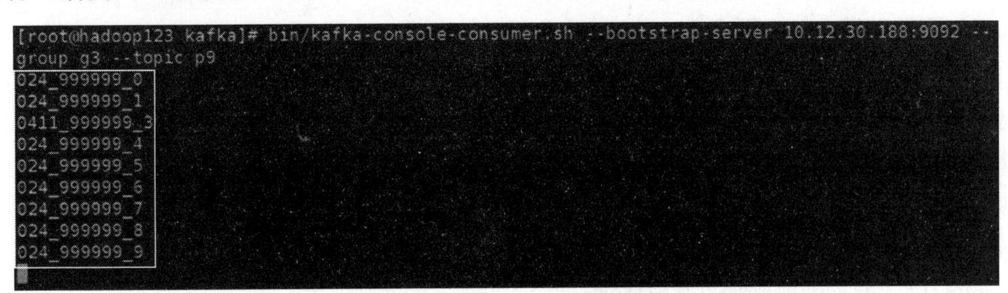

图 3-33　消费者 2 的消费消息

使用 --describe 参数查看消费组的详细信息，如图 3-34 所示。主题 p9 中有两个分区 0 和 1，其中分区 1 的当前偏移量是 9，而分区 0 的当前偏移量是 1。

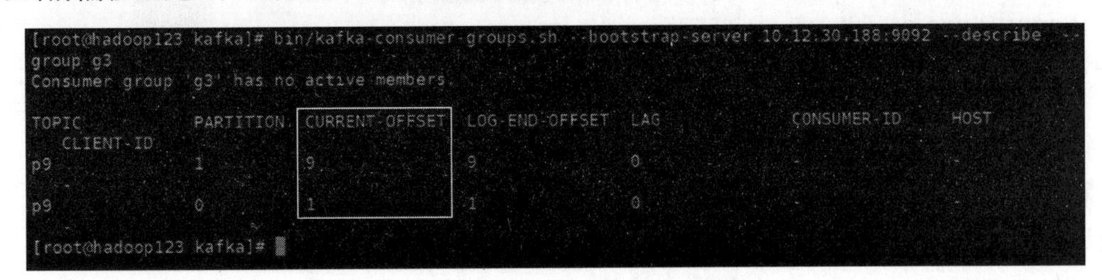

图 3-34　查看当前偏移量

3.3 消费者开发入门

上面学习了消费者的基本术语和原理，也掌握了如何通过命令行的方式从 Kafka 集群中

消费数据。下面介绍如何使用 API 的方式开发消费者消费消息，有两个重点：第一，学习 Kafka 消费者的开发流程；第二，学习一些重要的参数。

我们先来回顾一下生产者的开发流程，对比学习 Kafka 消费者的开发流程。第一，配置一些重要的参数；第二，创建生产者实例负责向哪一个主题和分区中发送消息；第三，发送消息；第四，关闭生产者实例。下面介绍消费者的开发流程，与生产者的开发流程相比，它有下面 5 个步骤：

（1）配置消费者的必要参数。

（2）创建消费者，并订阅主题。

（3）消费消息。

（4）提交偏移量。

（5）关闭消费者实例。

1. 引入 Kafka 客户端

开发消费者时同样需要引入相关的包，消费者的包和生产者的包都属于 Kafka 的客户端包，相关代码如下：

```
<dependency>
    <groupId>org.apache.kafka</groupId>
    <artifactId>kafka-clients</artifactId>
    <version>2.1.1</version>
</dependency>
```

2. Kafka 配置消费者的必要参数

与配置生产者的步骤相似，消费者也需要配置一些必要的参数，消费者比生产者多了组的概念，所以还需要配置组的 ID，具体参数如下：

（1）bootstrap.servers：指定具体的集群消费消息，可以指定单个或者多个集群。

（2）key.deserializer：指定 key 的反序列化，与生产者的序列化对应。

（3）value.deserializer：指定 value 的反序列化，与生产者的序列化对应。

（4）group. id：指定消费者所在的消费组。

根据上面的介绍，配置参数的相关代码如下：

```
1  Properties props=new Properties();
2  props.put("bootstrap.servers","localhost:9092");
3  props.put("group.id",group ID);
4  props.put("key.serializer","org.apache.kafka.common.serialization.StringDeserializer");
5  props.put("value.serializer","org.apache.kafka.common.serialization.StringDeserializer");
```

第 3 行代码中，在配置组的 ID 时，group ID 往往包含了业务的具体含义。第 4 行和第 5 行代码在配置 key 和 value 的反序列化时需要和生产者中 key 和 value 的序列化机制相互对应。

下面举例说明如何消费 Kafka 中的消息，具体操作步骤如下：

（1）在包 com.kafka.consumer 中创建文件 RunConsumer.java，建立一个消费者，相关代码如下：

```
1  package com.kafka.consumer;
2  import com.kafka.ConfUtils;
3  import org.apache.kafka.clients.consumer.ConsumerRecord;
4  import org.apache.kafka.clients.consumer.ConsumerRecords;
5  import org.apache.kafka.clients.consumer.KafkaConsumer;
```

```
 6  import org.apache.kafka.common.TopicPartition;
 7  import java.time.Duration;
 8  import java.util.Arrays;
 9  import java.util.Properties;
10  public class RunConsumer{
11      public static void main(String[]args){
12          //1.参数
13          Properties properties=ConfUtils.initConsumerConf();
14          //2.消费
15          KafkaConsumer<String, String>consumer=new KafkaConsumer<>(properties);
16          consumer.subscribe(Arrays.asList("p10"));
17          //consumer.assign(Arrays.asList(new TopicPartition("p10",0)));
18          //3.消费消息
19          try{
20              while(true){
21                  ConsumerRecords<String,String> records=consumer.poll(Duration.
  ofMillis(100));
22                  for(ConsumerRecord<String,String> r:records){
23                      System.out.println("topic="+r.topic()+",partion="+r.partition()+",
  offset="+r.offset()+",value="+r.value());
24                  }
25              }
26          }finally{
27              consumer.close();
28          }
29      }
30  }
```

第 15 行代码创建了一个 Kafka 的消费者，通过 properties 传递配置信息。第 21 行代码使用 poll(Duration.ofMillis(100)) 方法每 100 毫秒获取一次消息。第 16 行代码消费者通过调用 subscribe() 订阅消息。对于消费者来说不可能只消费一次消息，第 21 行代码通过 while 循环可以实现消费者多次消费消息。

（2）在包 com.kafka 中创建文件 ConfUtils.java，配置消费者的必要参数，相关代码如下：

```
 1  package com.kafka;
 2  import com.kafka.consumer.ConsumerInterceptor;
 3  import com.kafka.producer.AreaPartioner;
 4  import org.apache.kafka.clients.consumer.ConsumerConfig;
 5  import org.apache.kafka.clients.producer.ProducerConfig;
 6  import org.apache.kafka.common.serialization.StringDeserializer;
 7  import java.util.Properties;
 8  public class ConfUtils{
 9      public static Properties initConf(){
10          Properties props=new Properties();
11          props.put(ProducerConfig.BOOTSTRAP_SERVERS_CONFIG,"10.12.30.188:9092");
12          props.put(ProducerConfig.KEY_SERIALIZER_CLASS_CONFIG,"org.apache.kafka.common.
    serialization.StringSerializer");
13          props.put(ProducerConfig.VALUE_SERIALIZER_CLASS_CONFIG,"org.apache.kafka.common.
    serialization.StringSerializer");
14          //props.put(ProducerConfig.INTERCEPTOR_CLASSES_CONFIG,PrefixProducerInterceptor.
    class.getName()+","+PrefixProducerInterceptor.class.getName());
15          //props.put(ProducerConfig.INTERCEPTOR_CLASSES_CONFIG,PrefixProducerInter
    ceptor.class.getName());
```

```
16          props.put(ProducerConfig.PARTITIONER_CLASS_CONFIG,AreaPartioner.class.getName());
17          return props;
18      }
19      public static Properties initConsumerConf(){
20      Properties props=new Properties();
21      props.put(ConsumerConfig.BOOTSTRAP_SERVERS_CONFIG,"10.12.30.188:9092");
22      props.put(ConsumerConfig.KEY_DESERIALIZER_CLASS_CONFIG,StringDeserializer.
  class.getName());
23      props.put(ConsumerConfig.VALUE_DESERIALIZER_CLASS_CONFIG,StringDeserializer.
  class.getName());
24      props.put(ConsumerConfig.GROUP_ID_CONFIG,"test_I01");
25      props.put(ConsumerConfig.AUTO_OFFSET_RESET_CONFIG,"earliest");
26      props.put(ConsumerConfig.INTERCEPTOR_CLASSES_CONFIG,ConsumerInterceptor.
  class.getName());
27      return props;
28      }
29  }
```

第 22 行代码需要使用 KEY_DESERIALIZER_CLASS_CONFIG 参数配置 key 的反序列化。第 23 行代码需要使用 VALUE_DESERIALIZER_CLASS_CONFIG 配置 value 的反序列化。第 24 行代码配置了消费组的 ID。第 25 行代码使用 AUTO_OFFSET_RESET_CONFIG 参数配置了偏移量，earliest 表示可以从最早的偏移量开始消费。

（3）运行 RunAreaPar.java 文件发送消息到主题 p9 中，从 RunConsumer.java 文件的执行结果可以看到已经发送的消息，如图 3-35 所示。

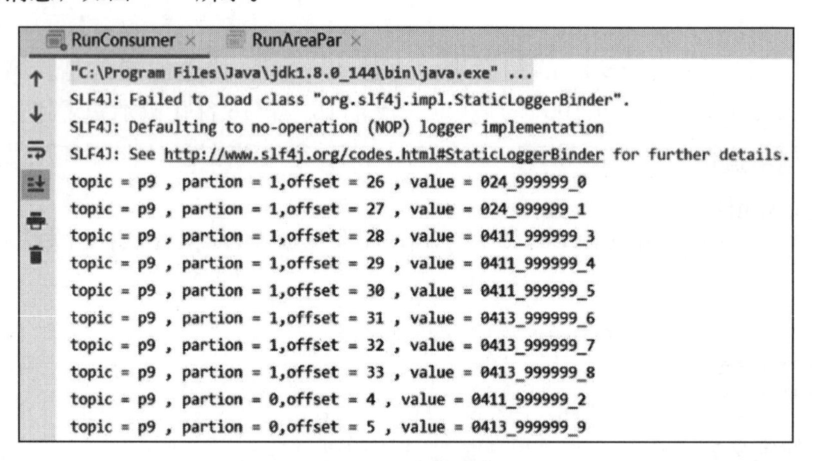

图 3-35 发送消息

在启动的消费者中可以看到已经消费到的消息，如图 3-36 所示。

图 3-36 消费者的消费消息

下面列出了一些重要的参数，在学习参数时应以官方文档的介绍为准。

视 频
参数

（1）fetch.max.bytes：Kafka 消费者在获取数据时设置的最大字节数，默认值为 50 MB。

（2）fetch.min.bytes：Kafka 消费者在获取数据时设置的最小字节数，默认值为 1 B。如果该数值设置得偏高，可以提高吞吐量，但是会造成延迟。

（3）session.timeout.ms：用于检测消费者是否出现故障。如果在 session.timeout.ms 指定的时间之内没有收到心跳，会认定消费者出现故障。

（4）max.partition.fetch.bytes：每个分区返回给消费者的最大数据量，默认值为 1 MB，与 fetch.max.bytes 类似。

（5）heartbeat.interval.ms：Kafka 消费者和消费组之间的心跳时间。Kafka 的多个消费者可以由一个消费组来管理。消费者向消费组不断地上报心跳时间，以便让消费组确认该消费者是否还处于存活状态。一般情况下，该值必须比 session.timeout.ms 的值小，通常不高于其三分之一。

（6）auto.offset.reset：决定消费者从什么位置读取消息，一般有 latest（最新位置）、earliest（最开始位置）和 none 三个配置选项，配置其余值会抛出异常。

（7）enable.auto.commit：是否开启自动提交位移。值为 true 表示消费者的偏移量将会被周期性地提交，值为 false 表示需要用户手动维护偏移量。

（8）max.poll.interval.ms：消费者获取消息的最大空闲时间。如果超过这个时间，消费者仍然没有发起 poll 操作，消费组会认为该消费者已经离开。

（9）max.poll.records：消费者一次获取消息的最大消息数量。如果消息比较小，可以适当增大该值来提升消费速度。

视 频
订阅主题

3. Kafka 消费者主题订阅

在之前的案例中通过传递集合的方式订阅主题，下面介绍 5 种消费者订阅主题的方式，用户需要根据实际应用场景选择订阅主题的方式，相关代码如下：

```
1  subscribe(Collection<String> var1);
2  subscribe(Collection<String>var1,ConsumerRebalanceListener var2);
3  subscribe(Pattern var1, ConsumerRebalanceListener var2);
4  subscribe(Pattern var1);
5  assign(Collection<TopicPartition> var1);
```

第 1 行代码的定义方式在前面的案例中介绍过，是通过传递集合的方式订阅主题；第 4 行代码的定义方式是生产中使用最多的方式，因为这种方式更加灵活，可以通过 Pattern 模式对主题进行匹配。第 2 行和第 3 行代码中的订阅方式都包含了消费者的平衡监听 ConsumerRebalanceListener。当消费者发生 Rebalance 的情况时，监听器会负责监听。第 5 行代码中的订阅方式比前面几种更加细化，主要负责消费某个主题某个分区中的消息。

下面举例说明 assign() 方式。在之前创建的 RunConsumer.java 文件中使用 assign() 方式订阅主题，通过这种方式订阅分区和主题，需要添加的相关代码如下：

```
consumer.assign(Arrays.asList(new TopicPartition("p10",0)));
```

运行 RunConsumer.java 文件，消费分区 0 中的消息如图 3-37 所示。

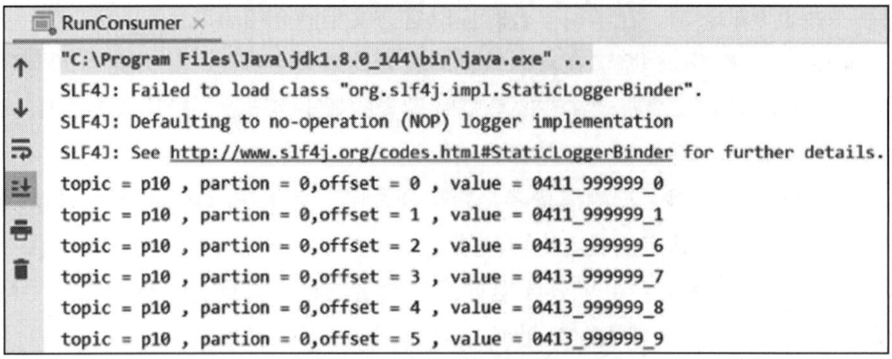

```
RunConsumer
"C:\Program Files\Java\jdk1.8.0_144\bin\java.exe" ...
SLF4J: Failed to load class "org.slf4j.impl.StaticLoggerBinder".
SLF4J: Defaulting to no-operation (NOP) logger implementation
SLF4J: See http://www.slf4j.org/codes.html#StaticLoggerBinder for further details.
topic = p10 , partion = 0,offset = 0 , value = 0411_999999_0
topic = p10 , partion = 0,offset = 1 , value = 0411_999999_1
topic = p10 , partion = 0,offset = 2 , value = 0413_999999_6
topic = p10 , partion = 0,offset = 3 , value = 0413_999999_7
topic = p10 , partion = 0,offset = 4 , value = 0413_999999_8
topic = p10 , partion = 0,offset = 5 , value = 0413_999999_9
```

图 3-37 指定分区消费消息

启动消费者，可以看到消费的消息是来自分区 0 中的消息，如图 3-38 所示。

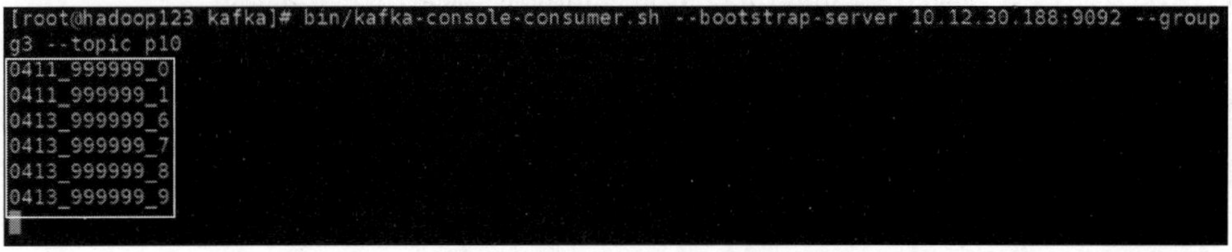

```
[root@hadoop123 kafka]# bin/kafka-console-consumer.sh --bootstrap-server 10.12.30.188:9092 --group
g3 --topic p10
0411_999999_0
0411_999999_1
0413_999999_6
0413_999999_7
0413_999999_8
0413_999999_9
```

图 3-38 消费者的消费消息

3.4 消费者的自定义组件

视频 拦截器

在学习生产者的自定义组件开发时，学习了拦截器、序列化器和分区器这三个自定义组件的执行顺序和作用。Kafka 消费者的自定义组件开发包括拦截器和序列化器，这两个组件也需要从执行顺序和作用开始学习。

与生产者客户端拦截器机制一样，Kafka 消费者客户端中也定义了拦截器，通过 Consumer Interceptor 接口实现自定义拦截器。

1. 拦截器的作用

Kafka 消费者的拦截器作用与生产者相似，主要在消费到消息或在提交消费位移时进行一些定制化操作。假设有一些原始数据，其中有一些不满足指定的格式，可以通过定义生产者的拦截器进行拦截，把不满足格式要求的数据和空数据过滤掉。过滤之后的消息到达 Kafka 集群后，消费者可以通过拦截器指定需要消费的消息类型，可以在消费者拦截器中指定一些过滤规则。

2. Kafka 的拦截器开发

实现 Kafka 消费者的拦截器需要以下几个步骤：

（1）实现 org.apache.kafka.clients.consumer.Consumerlnterceptor 接口。

（2）实现接口中的方法。

下面举例说明如何开发拦截器。

具体操作步骤如下：

（1）创建消费者拦截器，实现拦截器中的方法。onConsume() 方法可以传递消费者的数据，可以在该方法中编写过滤规则。onConsume() 方法会在消费者调用 poll() 方法之前执行定制化操作，获取分区和主题的相关代码如下：

```
Map<TopicPartition,List<ConsumerRecord<String,String>>>map=new HashMap<>();
Set<TopicPartition>tps=consumerRecords.partitions()
```

第 1 行代码通过 Map 存储主题和分区，以便对消息进行分类，然后再获取主题和分区下的所有记录数。第 2 行代码通过 consumerRecords 调用 partitions() 方法获取主题和分区。

（2）遍历所有的主题和分区，获取满足指定规则的记录数，然后修改记录数，相关代码如下：

```
for(TopicPartition tp:tps){
    List<ConsumerRecord<String,String>>records=consumerRecords.records(tp);
    List<ConsumerRecord<String,String>>newrecords=new ArrayList<>();
    for(ConsumerRecord<String,String>record:records){
        String v=(String)record.value();
        if(v.startsWith("024")){
            newrecords.add(record);
        }
    }
    if(!newrecords.isEmpty()){
        map.put(tp,newrecords);
    }
    return new ConsumerRecords(map);
}
```

第 2 行代码通过 consumerRecords 调用 records() 方法获取记录数。第 3 行代码定义集合 newrecords 来存放满足过滤规则的数据，两次 for 循环可以找到所有满足指定规则的记录数。第 4 行代码中的 for 循环用于遍历记录数，获取 record 的值。

（3）在之前创建的 ConfUtils.java 文件中将消费者的拦截器添加进去，相关代码如下：

```
props.put(ConsumerConfig.INTERCEPTOR_CLASSES_CONFIG,ConsumerInterceptor.class.
getName());
```

（4）完成拦截器配置后，启动一个消费者消费主题 p10 中的所有消息，如图 3-39 所示。总共有 10 条消息，其中带有 024_ 前缀的消息有 4 条。

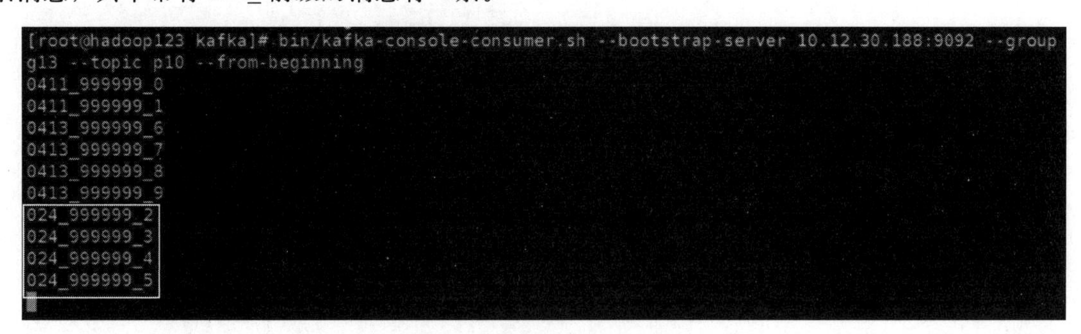

图 3-39　消费者的消费消息

运行 RunConsumer.java 文件，通过拦截器的过滤，只消费 024_ 前缀的消息，如图 3-40 所示。从执行结果可以看到消费的主题是 p10，分区为 1，偏移量从 0 到 3，消费的消息全是带有 024_ 前缀的消息。

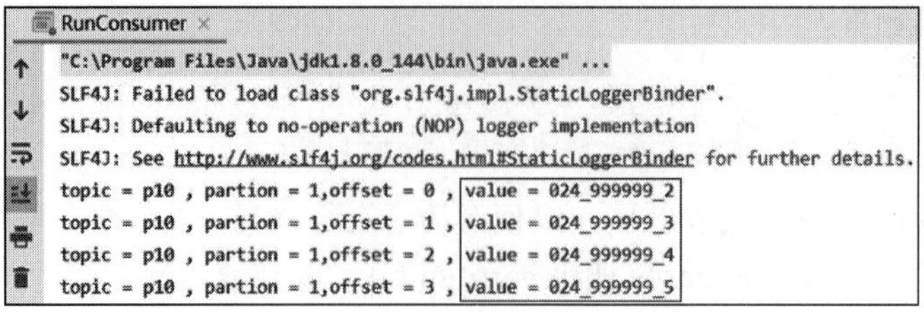

```
RunConsumer
"C:\Program Files\Java\jdk1.8.0_144\bin\java.exe" ...
SLF4J: Failed to load class "org.slf4j.impl.StaticLoggerBinder".
SLF4J: Defaulting to no-operation (NOP) logger implementation
SLF4J: See http://www.slf4j.org/codes.html#StaticLoggerBinder for further details.
topic = p10 , partion = 1,offset = 0 , value = 024_999999_2
topic = p10 , partion = 1,offset = 1 , value = 024_999999_3
topic = p10 , partion = 1,offset = 2 , value = 024_999999_4
topic = p10 , partion = 1,offset = 3 , value = 024_999999_5
```

图 3-40　指定消费 024_ 前缀的消息

完整代码：

```
1  package com.kafka.consumer;
2  import org.apache.kafka.clients.consumer.ConsumerRecord;
3  import org.apache.kafka.clients.consumer.ConsumerRecords;
4  import org.apache.kafka.common.TopicPartition;
5  import java.util.*;
6  public class ConsumerInterceptor implements org.apache.kafka.clients.consumer.
ConsumerInterceptor{
7      @Override
8      public ConsumerRecords onConsume(ConsumerRecords consumerRecords){
9          //Map<TopicPartition,List<ConsumerRecord<K,V>>>records
10         Map<TopicPartition,List<ConsumerRecord<String,String>>> map=new HashMap<>();
11         Set<TopicPartition>tps=consumerRecords.partitions();
12         for(TopicPartition tp:tps){
13             List<ConsumerRecord<String,String>> records=consumerRecords.records(tp);
14             List<ConsumerRecord<String,String>>newrecords=new ArrayList<>();
15             for(ConsumerRecord<String,String> record:records ){
16                 String v=(String)record.value();
17                 if(v.startsWith("024")){
18                     newrecords.add(record);
19                 }
20             }
21             if(!newrecords.isEmpty()){
22                 map.put(tp,newrecords);
23             }
24         }
25         return new ConsumerRecords(map);
26     }
27     @Override
28     public void close(){
29     //清理
30     }
31     @Override
32     public void onCommit(Map map){
33     }
34     @Override
35     public void configure(Map<String,?>map){
36     //参数
37     }
38 }
```

小　　结

本章通过学习生产者自定义组件的开发，掌握了拦截器、序列化器和分区器三个组件的执行顺序和作用，拦截器用于定制化消息，序列化器用于将消息转换字节，分区器用于决定消息发送到哪一个分区；而通过对 Kafka 的消费原理和开发流程的学习，了解了消费者和分区之间的三种关系，掌握了消费者自定义拦截器的开发流程，学会了使用 Java 语言开发消费者。

视 频

课程总结

习　　题

一、填空题

1. Kafka 的分区器、拦截器和序列化器的加载顺序为____________、____________和____________。

2. Kafka 生产者发送消息到哪个分区，由消息的____________决定。

3. Kafka 的生产者发送消息的方式有____________、____________和____________。

4. Kafka 自定义拦截器实现的接口为____________。

二、简答题

1. 简述 Kafka 的消费者、主题、分区与消费组的关系（可画图描述）。

2. 简述 Kafka 支持的常见序列化格式。

三、操作题

向 kafka 发送数据，满足以下要求：

（1）消息为 PersonInfo，属性包含字符串类型 name、long 类型 id、性别 sex、字符串类型电话 tel。

（2）要求男女分别存入不同的分区。

（3）过滤非电话字段（简单过滤不是 11 位的数字串）。

深入 Kafka 消费者

视 频

课程目标

学习目标

- 掌握 Kafka 的序列化方法。
- 掌握 Kafka 的位移提交方式。
- 掌握如何控制 Kafka 的消费者。

本章首先学习 Kafka 序列化器和反序列化器的开发；然后通过 Kafka 自动提交的方式了解 Kafka 消费位移的管理；接着学习 Kafka 的手动提交方式，主要有同步提交和异步提交方式；最后学习控制 Kafka 消费者的方式以及关闭消费者的两种方法。

4.1 序列化和反序列化

视 频

Protobuf 序列化

本节主要介绍如何通过 Protobuf 完成 Kafka 的序列化器和反序列化器的开发。第一，学习使用 Protobuf 完成序列化器和反序列化器开发的原因；第二，了解 Protobuf 的定义和特点；第三，学习如何使用 Protobuf 完成开发。

4.1.1 认识 Protobuf

如果想要发送自定义的对象到 Kafka 集群，那么现有的 Kafka 序列化器无法实现这种功能。在这种情况下，需要自己实现一个序列化器专门用来序列化自定义的对象。完成序列化器的开发需要两步：第一，通过类实现 Kafka 序列化的接口；第二，实现 close() 方法、configure() 方法和 serialize() 方法。之前通过 serialize() 方法实现自定义对象的序列化时，首先检查对象是否为空，如果传送的对象为 null，则返回 null。接下来判断对象的属性，如果属性为 null，则返回 byte[0]；如果属性非空，则对属性进行序列化，将属性转化成字节数组。然后申请字节空间存放属性，包括属性的长度和真正的数据。最后将字节转换成字节数组。这种流程有一个缺点：如果有新增的属性，这个序列化器就会发生改变。在实际生产中，很多部门会共用同一个序列化器，这种方式缺少灵活性。因此，需要学习一种新的序列化方式 Protobuf，并通过 Protobuf 解决这种问题。

1. Protobuf 的定义

Protocol Buffers 是一种与语言无关、与平台无关、可扩展的序列化结构数据的方法。在网络中传输数据时，可以通过 XML 和 JSON 两种方式，或者通过 Java 传统的方式实现序列化接口。一般情况下，由于效率低下，不会使用 Java 本身提供的序列化器。Protobuf 可以在大数据源码或者底层中实现序列化和反序列化，可用于（数据）通信协议、数据存储等。Protocol Buffers 是一种灵活、高效、自动化机制的结构数据序列化方法，可类比 XML。

2. Protobuf 的特点

相比之前学过的 XML，Protobuf 的特点如下：

（1）语言无关、平台无关。即 Protobuf 支持 Java、C++、Python 等多种语言，支持多个平台。

（2）更高效。比 XML 更小（3~10 倍），节省了空间，而且速度更快（20~100 倍）、更为简单。

（3）扩展性、兼容性好。可以更新其数据结构，而不影响和破坏原有的旧程序。

综上所述，Protobuf 可以实现序列化和反序列化，而且它占用空间小，速度更快。

4.1.2 Protobuf 的安装和序列化方法

下面介绍如何安装 Protobuf 以及学习 builder.build() 和 parseFrom(bytes) 的作用。Protobuf 的安装步骤比较固定，可以直接使用下面介绍的安装步骤进行配置并安装。

1. Protobuf 的下载和安装

Protobuf 并不是 Java 中自带的，而是 Google 开发的，因此需要下载并安装。可以通过网址 https://github.com/protocolbuffers/protobuf/releases 下载 Protobuf。在正式安装 Protobuf 之前还需要安装依赖软件，安装命令如下：

```
sudo apt-get install autoconf automake libtool curl make g++ unzip
```

完成依赖软件的安装后就可以进行 Protobuf 的安装了。安装 Protobuf 的步骤如下：

（1）tar -xvf protobuf。

（2）cd protobuf。

（3）./configure --prefix=/usr/local/protobuf。

（4）make。

（5）make check。

（6）make install。

如果想使用一些 IDE 软件开发 Protobuf 的代码，需要引入 Protobuf 机制。Protobuf 的 maven 依赖相关代码如下：

```
1  <dependency>
2      <groupId>com.google.protobuf</groupId>
3      <artifactId>protobuf-java</artifactId>
4      <version>2.6.1</version>
5  </dependency>
```

第 3 行代码引入了 Protobuf 相关的包，由于这里使用的开发语言是 Java，因此选择 protobuf-java 包。Protobuf 还支持其他语言，如 C++、Python 等，需要根据不同的开发语言选择相应的包。

2. Protobuf 序列化与反序列化

Protobuf 使用 builder.build() 序列化对象，然后使用 parseFrom(bytes) 反序列化一个对象。通过 parseFrom(bytes) 解析传递的字节，然后转化成想要的对象。

下面使用 Protobuf 序列化 Account，其中 Account 包含如下属性：

（1）注册 id。

（2）用户名。

（3）密码。

（4）邮箱。

完整代码：

```
package com.kafka.protobufSerial;
import com.google.protobuf.InvalidProtocolBufferException;
import com.kafka.generate.Account;
import java.nio.ByteBuffer;
public class RunProtobuf{
    public static void main(String[]args){
        //System.out.println(getinstance());
        Account.User.Builder builder=Account.User.newBuilder();
        builder.setId(2);
        builder.setName("kafka User 2");
        builder.setEmail("abc_2@163.com");
        builder.setPassword("644444");
        Account.User build=builder.build();
        //序列化
        byte[] bytes=build.toByteArray();
        //反序列化
        System.out.println(convertToObject(bytes));
    }
    public static Account.User getinstance(){
        Account.User.Builder builder=Account.User.newBuilder();
        builder.setId(1);
        builder.setName("kafka User");
        builder.setEmail("abc@163.com");
        builder.setPassword("123456");
        return builder.build();
    }
    public static Account.User convertToObject(byte[]bytes){
        Account.User user=null;
        try{
            user=Account.User.parseFrom(bytes);
        }catch(InvalidProtocolBufferException e){
            e.printStackTrace();
        }
        return user;
    }
}
```

具体操作步骤如下：

（1）编辑一个 .proto 文件。首先需要进入 Protobuf 所在的目录 /home/shf/protobuf，然后在该目录下编译一个 .proto 文件，如 User.proto，如图 4-1 所示。

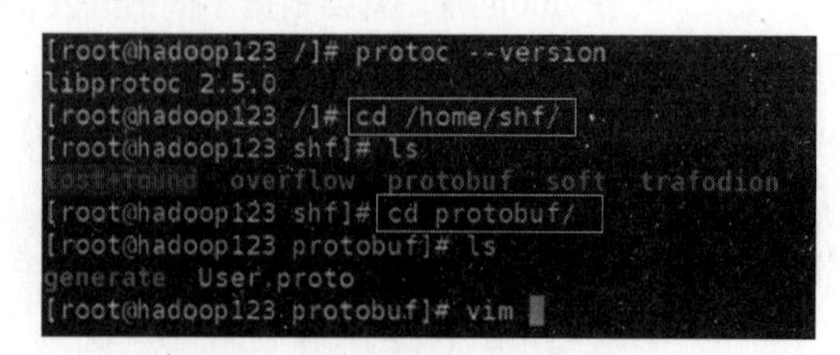

图 4-1　进入 Protobuf 所在的目录

我们可以使用 vim 编辑器编辑 User.proto 文件，并重命名为 Account.proto 文件，相关代码如下：

```
1  syntax="proto2";
2  option java_package="com.kafka.generate";
3  option java_outer_classname="Account";
4  message User{
5      required int64 id=1;
6      required string name=2;
7      optional string email=3;
8      required string password=4;
9  }
```

第 1 行代码指明了使用版本为 proto2。第 2 行和第 3 行代码通过 option 指明实际使用的包名和类名。第 4 行代码中的 message 可以理解为 Java 中的类，包括 4 个属性 id、name、email 和 password。属性后面的数字表示属性的序号，数字可以随意指定，但是要保证不重复。required 表示必需的属性，optional 表示可选的属性。

（2）编译 Account.proto 文件，如图 4-2 所示。使用 protoc 命令可以将 .proto 文件编译成 .java 文件，使用 --java_out 参数可以指定编译文件输出的目录。完成编译后可以进入指定的目录下查看生成的 .java 文件。

```
[root@hadoop123 protobuf]# protoc --java_out=./generate/ Account.proto
[root@hadoop123 protobuf]# cd generate/
[root@hadoop123 generate]# ls
com
[root@hadoop123 generate]# cd com/
[root@hadoop123 com]# ls
kafka
[root@hadoop123 com]# cd kafka/
[root@hadoop123 kafka]# ls
generate
[root@hadoop123 kafka]# cd generate/
[root@hadoop123 generate]# ls
UserProto.java
[root@hadoop123 generate]#
```

图 4-2　编译 Account.proto 文件

（3）使用 WinSCP 工具将编译完成的 .java 文件和 Account.proto 文件传输到 IDE 中。创建与 Account.proto 文件中指定的相同的包名 com.kafka.generate，如图 4-3 所示。然后将生成的 .java 文件存放到该包中。

创建 com.kafka.protobuf 包存放 Account.proto 文件，如图 4-4 所示。

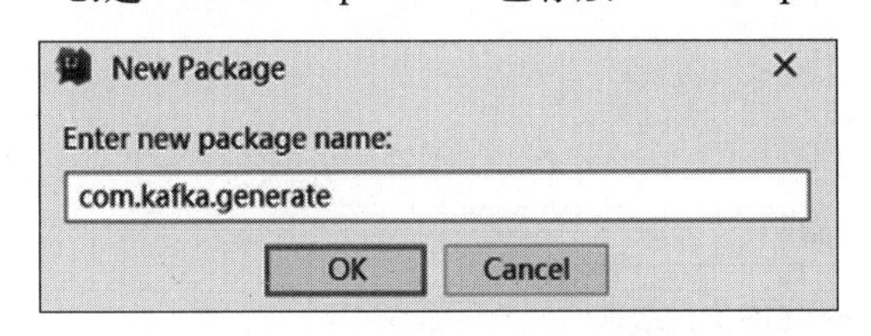

图 4-3　创建包存放 .java 文件

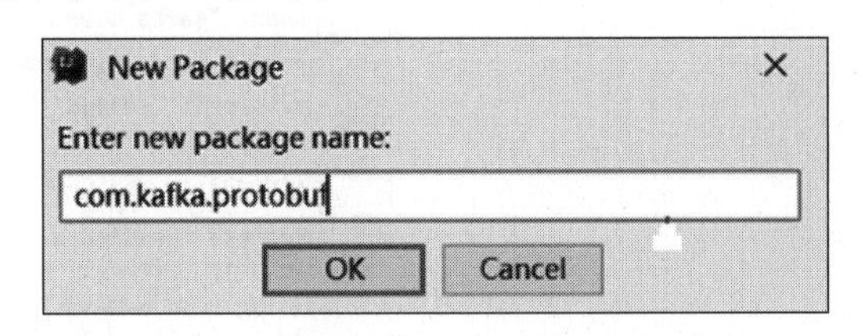

图 4-4　创建包存放 Account.proto 文件

之后创建包 com.kafka.protobufSerial，然后在包中创建 RunProtobuf.java 文件，使用 Protobuf 进行序列化和反序列化。

（4）使用 Account.User.newBuilder() 创建对象，相关代码如下：

```
1  Account.User.Builder builder=Account.User.newBuilder();
2  builder.setId(1);
3  builder.setName("kafka User");
```

```
4  builder.setEmail("abc@163.com");
5  builder.setPassword("123456");
6  return builder.build();
```

第 1 行代码通过 Account.User.newBuilder() 创建了一个 User 对象 builder。第 2~5 行代码中为每一个属性设置了一个值，注册 id 为 1，用户名为 kafka User，邮箱地址为 abc@163.com，密码为 123456。第 6 行代码通过调用 build() 方法完成一个对象的创建。这就是在 Java 中通过 Protobuf 创建对象的方式。

（5）将字节数组转换成 Java 对象，相关代码如下：

```
1  public static Account.User convertToObject(byte[] bytes) {
2      Account.User user=null;
3      try{
4          user=Account.User.parseFrom(bytes);
5      }catch(InvalidProtocolBufferException e) {
6          e.printStackTrace();
7      }
8      return user;
9  }
```

第 1 行代码中定义了一个 convertToObject() 方法，可以将传入的字节数组转化成字节对象。第 4 行代码使用 Account.User 调用 parseFrom() 方法传输字节数组会返回一个 User 对象，即 user。

（6）进行序列化和反序列化。将对象转换成字节数组，相关代码如下：

```
1  byte[] bytes=build.toByteArray();
2  System.out.println(convertToObject(bytes));
```

第 1 行代码使用 build 调用 toByteArray() 方法将对象转化成字节数组。第 2 行代码调用 convertToObject() 方法将字节数组传递到该方法中进行反序列化。

（7）运行 RunProtobuf.java 文件，查看序列化和反序列化的执行结果，如图 4-5 所示。从结果中看到可以成功返回对象的属性信息。

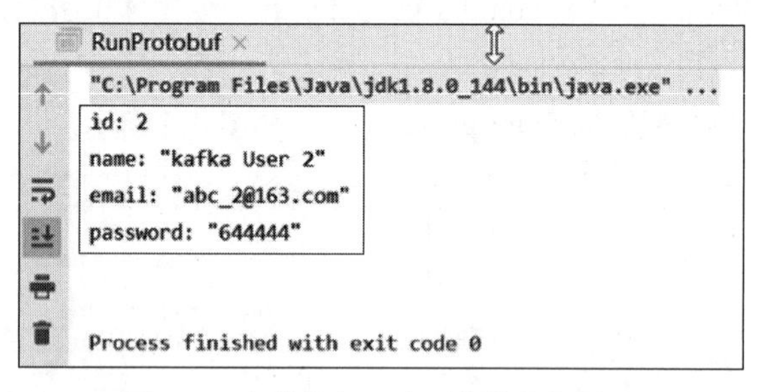

图 4-5　序列化和反序列化的执行结果

4.1.3　Protobuf 开发序列化和反序列化器

视 频

开发流程

在学习如何开发序列化器和反序列化器之前，先来回顾一下消息的发送流程。生产者 P 在发送消息 m 到 Kafka 集群时，会经过序列化器，然后才会把消息发送到 Kafka 集群。消费者从 Kafka 集群消费消息时，会经过反序列化器。由此可知，生产者会用到序列化器，消费者会用到反序列化器。如果传输的消息是常见的类型，Kafka 会提供序列化器和反序列化器，用户只需要直接配置并使用它们即可。如果消息是自定义类型，就需要自定义序列化器和反序列化器了，流程如下：

（1）确定消息。发送消息到 Kafka 集群时，需要确定消息的类型，编写 Proto 文件。

（2）使用 Protobuf 生成对应的消息类。完成 Proto 文件的编写后，需要将 .proto 格式的文件转换成 .java 格式的文件，这样才可以创建对象获取属性信息。转换格式的相关代码如下：

```
protoc --java_out=./Path  XX.proto
```

（3）实现序列化和反序列化接口。对于生产者来说需要开发序列化器，对于消费者来说需要开发反序列化器，相关代码如下：

```
org.apache.kafka.common.serialization.Serializer
org.apache.kafka.common.serialization.Deserializer
```

（4）添加配置信息。对于生产者来说，需要自定义序列化类包全名。对于消费者来说，需要自定义反序列化类包全名。

视 频

开发案例

下面使用 Protobuf 自定义生产者和消费者的序列化器和反序列化器，具体操作步骤如下：

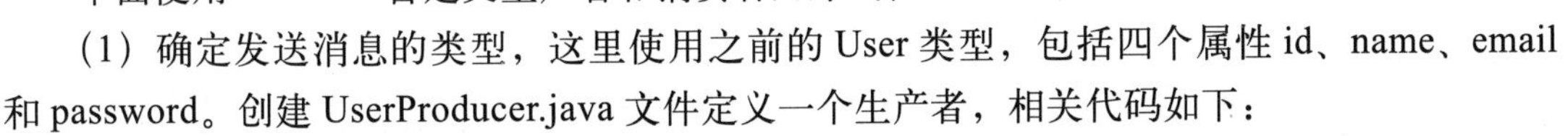

（1）确定发送消息的类型，这里使用之前的 User 类型，包括四个属性 id、name、email 和 password。创建 UserProducer.java 文件定义一个生产者，相关代码如下：

```
1   package com.kafka.protobufSerial;
2   import com.kafka.generate.Account;
3   import com.kafka.producer.ProducerUtils;
4   import org.apache.kafka.clients.producer.Callback;
5   import org.apache.kafka.clients.producer.KafkaProducer;
6   import org.apache.kafka.clients.producer.ProducerRecord;
7   import org.apache.kafka.clients.producer.RecordMetadata;
8   import java.util.Properties;
9   import java.util.Random;
10  public class UserProducer{
11      private static final String topic="p11";
12      public static void main(String[] args){
13          //1.配置
14          Properties properties=ProducerUtils.initConf();
15          //2.创建生产者
16          org.apache.kafka.clients.producer.KafkaProducer<String,Account.User>KafkaProducer=
    new KafkaProducer<String,Account.User>(properties);
17          //3.构建消息并发送消息
18          for(int i=0; i<1;i++){
19              KafkaProducer.send(new ProducerRecord<String,Account.User>(topic,
    "key"+i,getinstance()),new Callback(){
20                  @Override
21                  public void onCompletion(RecordMetadata recordMetadata,Exception e){
22                  }
23              });
24          }
25          //4.关闭
26          KafkaProducer.close();
27      }
28      public static Account.User getinstance(){
29          Account.User.Builder builder=Account.User.newBuilder();
```

```
30          builder.setId(1);
31          builder.setName("kafka User");
32          builder.setEmail("abc@163.com");
33          builder.setPassword("123456");
34          return builder.build();
35      }
36  }
```

第 19 行代码指定了要发送的消息主题 key，通过 getinstance() 方法确定消息类型是 Account 类下的 User 对象，有四个属性。

（2）创建 UserSerial.java 文件实现自定义序列化器，相关代码如下：

```
 1  package com.kafka.protobufSerial;
 2  import com.kafka.generate.Account;
 3  import org.apache.kafka.common.serialization.Serializer;
 4  import java.util.Map;
 5  public class UserSerial implements Serializer<Account.User> {
 6      @Override
 7      public void configure(Map map, boolean b) {
 8      }
 9      @Override
10      public byte[] serialize(String s, Account.User user) {
11          return user.toByteArray();
12      }
13      @Override
14      public void close() {
15      }
16  }
```

第 5 行代码中的 UserSerial 类实现了 Kafka 的序列化器接口 Serializer，从而实现它的三个方法。增加泛型 <Account.User> 以便确定传递消息的类型。然后重写序列化方法。第 11 行代码通过 user.toByteArray() 把 User 类型转化成了字节数组（序列化）。这样便完成了一个序列化器的开发。

（3）在配置文件 ProducerUtils.java 中将序列化器添加到生产者中，相关代码如下：

```
 1  package com.kafka.producer;
 2  import org.apache.kafka.clients.producer.ProducerConfig;
 3  import java.util.Properties;
 4  public class ProducerUtils{
 5      public static Properties initConf(){
 6          Properties props=new Properties();
 7          props.put(ProducerConfig.BOOTSTRAP_SERVERS_CONFIG,"10.12.30.188:9092");
 8          props.put(ProducerConfig.KEY_SERIALIZER_CLASS_CONFIG,"org.apache.kafka.common.
    serialization.StringSerializer");
 9          props.put(ProducerConfig.VALUE_SERIALIZER_CLASS_CONFIG,"com.kafka.protobufSerial.
    UserSerial");
10          return props;
11      }
12  }
```

第 9 行代码将 value 的序列化类型定义为 UserSerial，而 key 的序列化类型保持不变，仍然是 StringSerializer。

（4）生产者发送消息验证消费者是否可以成功消费消息。运行 UserProducer.java 文件，消息可以成功发送，如图 4-6 所示。

```
UserProducer
"C:\Program Files\Java\jdk1.8.0_144\bin\java.exe" ...
SLF4J: Failed to load class "org.slf4j.impl.StaticLoggerBinder".
SLF4J: Defaulting to no-operation (NOP) logger implementation
SLF4J: See http://www.slf4j.org/codes.html#StaticLoggerBinder for further details.
```

图 4-6　生产者发送消息

在消费者中可以看到已经成功消费到邮箱这条消息，如图 4-7 所示。虽然消费者可以成功消费到消息，但是只消费了一个属性，还有三个属性并没有消费到，这是因为还没有配置反序列化器。

图 4-7　消费者消费消息

（5）创建 UserConsumer.java 文件开发一个消费者，相关代码如下：

```
1  package com.kafka.protobufSerial;
2  import com.kafka.ConfUtils;
3  import com.kafka.generate.Account;
4  import org.apache.kafka.clients.consumer.ConsumerRecord;
5  import org.apache.kafka.clients.consumer.ConsumerRecords;
6  import org.apache.kafka.clients.consumer.KafkaConsumer;
7  import java.time.Duration;
8  import java.util.Arrays;
9  import java.util.Properties;
10 public class UserConsumer{
11     public static void main(String[] args){
12         //1.参数
13         Properties properties=ConfUtils.initConsumerConf();
14         //2 消费
15         KafkaConsumer<String, Account.User> consumer=new KafkaConsumer<>(properties);
16         consumer.subscribe(Arrays.asList("p11"));
17         //consumer.assign(Arrays.asList(new TopicPartition("p10",0)));
18         //3.消费消息
19         try{
20             while(true){
21                 ConsumerRecords<String, Account.User>records=consumer.poll(Duration.
ofMillis(100));
22                 for(ConsumerRecord<String,Account.User>r:records){
23                     System.out.println("topic="+r.topic()+",partion="+r.partition()+",
offset="+r.offset()+",value="+r.value());
24                 }
25             }
26         }finally{
27             consumer.close();
28         }
29     }
30 }
```

第 13 行代码通过 ConfUtils.initConsumerConf() 的方式配置消费者的参数，第 16 行代码指定消费分区为 p11，之后循环消费消息。在没有开发反序列化器之前启动消费者消费消息时，会消费到乱码消息，如图 4-8 所示。这是由于序列化器和反序列化器类型不匹配造成的结果。

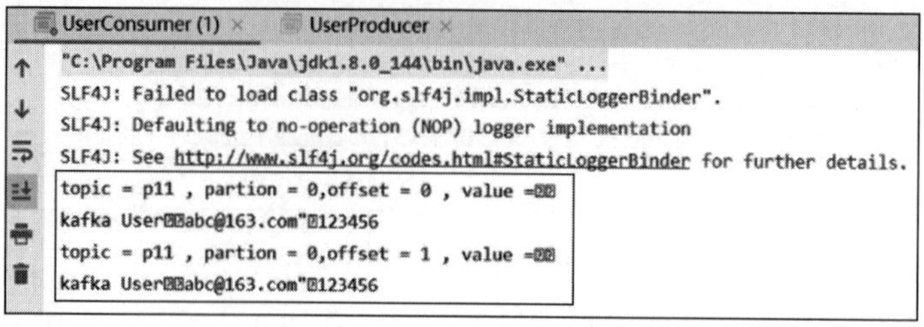

```
UserConsumer (1)    UserProducer
"C:\Program Files\Java\jdk1.8.0_144\bin\java.exe" ...
SLF4J: Failed to load class "org.slf4j.impl.StaticLoggerBinder".
SLF4J: Defaulting to no-operation (NOP) logger implementation
SLF4J: See http://www.slf4j.org/codes.html#StaticLoggerBinder for further details.
topic = p11 , partion = 0,offset = 0 , value =□□
kafka User□□abc@163.com"□123456
topic = p11 , partion = 0,offset = 1 , value =□□
kafka User□□abc@163.com"□123456
```

图 4-8 消费者消费到乱码消息

（6）创建 UserDeserial.java 文件开发反序列化器，相关代码如下：

```
1  package com.kafka.protobufSerial;
2  import com.google.protobuf.InvalidProtocolBufferException;
3  import com.kafka.generate.Account;
4  import org.apache.kafka.common.serialization.Deserializer;
5  import java.util.Map;
6  public class UserDeserial implements Deserializer<Account.User>{
7      @Override
8      public void configure(Map map, boolean b){
9      }
10     @Override
11     public Account.User deserialize(String s,byte[]bytes){
12         Account.User user=null;
13         try{
14             user=Account.User.parseFrom(bytes);
15         }catch(InvalidProtocolBufferException e){
16             e.printStackTrace();
17         }
18         return user;
19     }
20     @Override
21     public void close(){
22     }
23 }
```

第 14 行代码通过 Account.User 的 parseFrom(bytes) 方法可以将字节数组转换成对象。第 18 行代码直接返回 Account.User 类型的对象 user。这样就完成了一个反序列化器的开发。然后将反序列化器添加到 ConfUtils.java 文件中即可。

（7）运行 UserConsumer.java 文件启动消费者，然后运行 UserProducer.java 文件发送消息。消费者消费消息如图 4-9 所示。

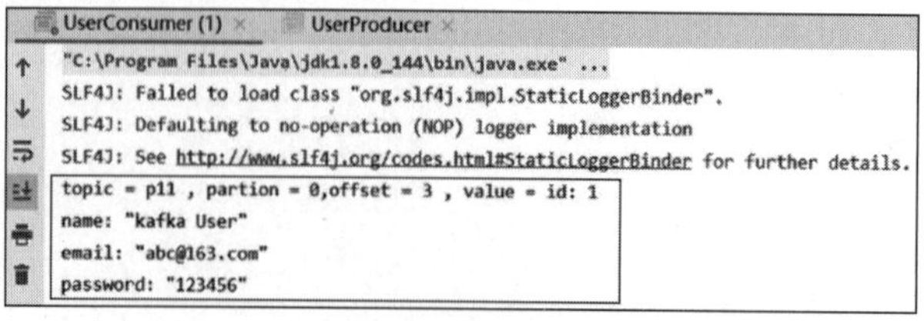

```
UserConsumer (1)    UserProducer
"C:\Program Files\Java\jdk1.8.0_144\bin\java.exe" ...
SLF4J: Failed to load class "org.slf4j.impl.StaticLoggerBinder".
SLF4J: Defaulting to no-operation (NOP) logger implementation
SLF4J: See http://www.slf4j.org/codes.html#StaticLoggerBinder for further details.
topic = p11 , partion = 0,offset = 3 , value = id: 1
name: "kafka User"
email: "abc@163.com"
password: "123456"
```

图 4-9 消费者消费消息

4.2 Kafka 自动提交

当 Kafka 的消费者有变动或者 Kafka 出现异常时，如何保证消息的一次精准消费呢？下面围绕这一问题进行介绍。主要从两方面深入学习 Kafka 的消费者：第一，学习一次精准消费的两个含义：无重复消费和无丢失消费；第二，学习通过维护偏移量的方式实现一次精准消费以及维护偏移量的两种手段：自动提交和手动提交。

视 频

消息重复和丢失

4.2.1 Kafka 的位移提交以及版本存在的问题

下面介绍提交的概念和 Kafka 先前版本中存在的两个问题，即消息重复和消息丢失。通过提交操作，可以追踪到哪些记录是被群组中的哪个消费者读取的。消费者也可以通过 Kafka 追踪消息在分区中的偏移量。

1. Kafka 的位移提交

在 Kafka 集群中，每一个分区都会分配一个类似于 ID 的数字编号，也就是偏移量。消费者从分区消费消息时，会通知 Kafka 集群消费到的消息偏移量。Kafka 集群接收到返回信息后会将消费位移存储起来，即持久化。这种将消费位移存储起来（持久化）的操作称为“提交”。

2. Kafka 的先前版本存在问题

程序在没有异常的情况下，消息会被正常消费。假设第一次生产者发送了两条消息，偏移量分别为 0 和 1，消费者通过 poll() 方法获取这两条消息并进行处理。第二次生产者发送了三条消息，偏移量分别为 2、3 和 4，消费者依然可以通过 poll() 方法处理这些消息。如果消费者出现异常后重启消费者，那么启动之后消费者应该从哪个位置继续消费消息？假设生产者又发送了三条消息，偏移量分别为 5、6 和 7，消费者通过 poll() 方法获取这三条消息并处理。如果 poll() 方法在处理到偏移量为 6 的消息时出现异常需要重启，那么重启之后的消费者应该继续处理偏移量为 7 的消息还是从偏移量为 5 的消息开始处理或者直接从偏移量为 0 的消息开始处理呢？由谁来决定从哪个位置开始处理消息呢？

如果消费者从偏移量为 0 的消息开始处理，会造成消息的重复。如果消费者从偏移量为 7 的消息开始处理，会造成消息的丢失。接下来学习消息重复和丢失的情况，然后学习 Kafka 的位移管理。

4.2.2 Kafka 的消息重复和消息丢失

Kafka 消息在流式数据的处理过程中发挥着非常关键的作用，它能同时接收百万级的消息写入。但是，如何保证消息不丢失，并且不被重复消费呢？在学习这个问题的解决方法之前，需要先分析一下 Kafka 消息重复和消息丢失的情况。

1. Kafka 的消息重复分析

假设消费者通过 poll() 已经处理到偏移量为 2 的消息，即偏移量提交到 2，也就是偏移量 2 已经被 Kafka 集群持久化了。偏移量一旦被持久化，消费者在进行下一次消费时会从上一次提交的偏移量 2 的位置开始继续消费。如果消费者在消费偏移量为 10 的消息时出现故障，重启后消费者会从偏移量为 2 的位置开始消费，但之前 poll() 已经处理过偏移量为 3~10 的消息了，如果再次处理会导致重复，消息会被重复消费，如图 4-10 所示。

2. Kafka 的消息丢失分析

假设上一次提交偏移量的位置为 11，一旦出现异常情况需要重新消费时，会从偏移量为 11 的位置开始消费。而消费者通过 poll() 方法从分区中获取出偏移量为 4~11 的消息后，会向 Kafka 提交这些消息的偏移量。如果在处理到偏移量为 5 的消息时出现异常，重启后消费者会从上一次提交偏移量的位置 11 开始消费。但是偏移量为 6~11 的消息还没有进行处理，会导致这些消息丢失，如图 4-11 所示。

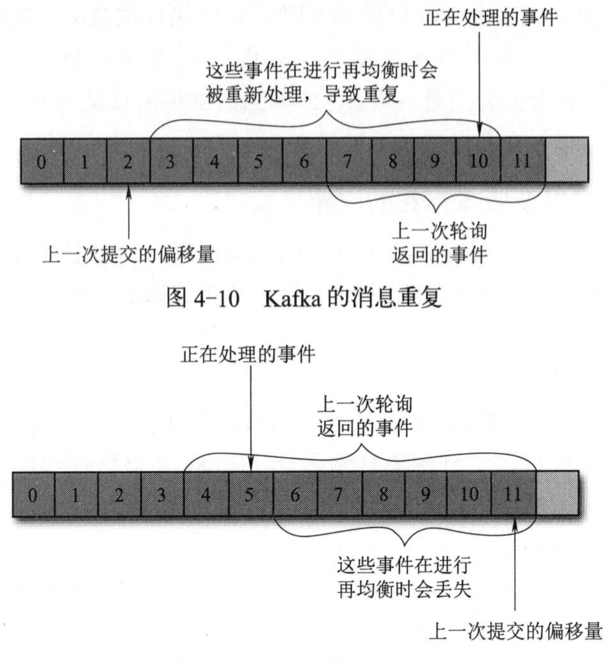

图 4-10　Kafka 的消息重复

图 4-11　Kafka 的消息丢失

4.2.3　Kafka 消费的位移管理

当消费者消费到一条消息后，会把位移提交给 Kafka，然后 Kafka 会将消息的偏移量持久化。接下来学习 Kafka 会将偏移量持久化到哪个位置以及持久化之后的存储格式。

1. Kafka 的位移管理

在旧消费者客户端中，消费位移被存储在 zookeeper 中。在新消费者客户端中，消费位移存储在 Kafka 内部的主题 _consumer_offsets 中。

视 频

offset 持久化

2. offset 在 zookeeper 中的管理

在旧版本中，Kafka 将 offset 放在 zookeeper 中进行管理，如图 4-12 所示。zookeeper 是负责协调的组件，它的节点并不适合频繁地操作。而消费者会频繁地提交偏移量信息，防止出现异常宕机的情况。这样会导致 zookeeper 中的节点被频繁修改，给 zookeeper 造成很大的压力，而且也会导致 zookeeper 的响应越来越慢，消费者提交的速度也会随之变慢。后来，随着版本的不断升级，Kafka 将偏移量维护在内部的 _consumer_offsets 主题中了。

3. Kafka 的 _consumer_offsets

_consumer_offsets 主题是 Kafka 自动创建用来维护偏移量的，不需要对这个主题进行修改和删除操作。随着消费者不断地消费消息，提交的位移信息越来越多，这个主题中的内容也会越来越多。

_consumer_offsets 的消息格式包括消费组的 ID、主题和分区、偏移量，如图 4-13 所示。比如在组 group1 中消费的是主题 A 中的分区 1，提交的偏移量为 3，表示已经消费了 0、1、2、3 总共 4 条数据。

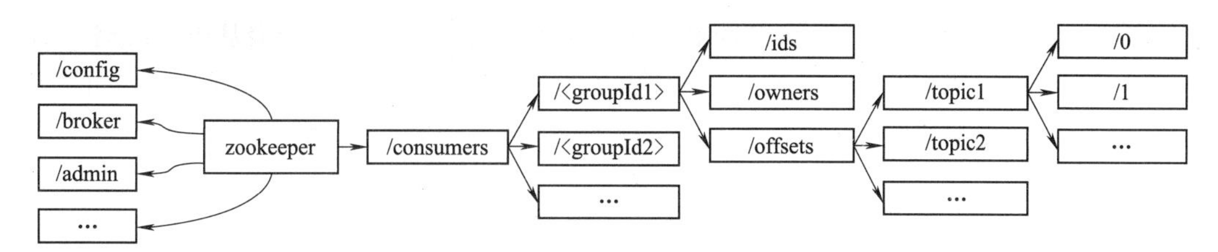

图 4-12 offset 在 zookeeper 中的管理

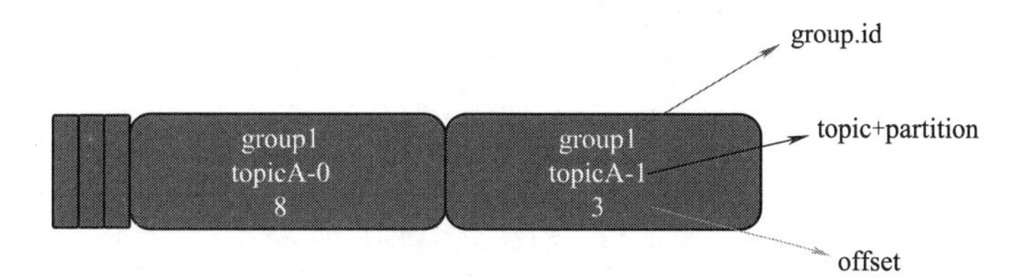

图 4-13 _consumer_offsets 的消息格式

可以通过 kafka-console-consumer.sh 脚本文件查看 _consumer_offsets。

4.2.4 Kafka 的位移提交方式

Kafka 有两种位移提交方式，分别是自动提交和手动提交。自动提交由 Kafka 提交，无须进行管理，而手动提交需要通过代码手动维护偏移量。

自动提交需要注意两个参数，分别如下：

（1）enable.auto.commit：决定了位移提交的方式，默认值为 true 表示自动提交。

（2）auto.commit.interval.ms：决定了提交的间隔时间，默认值为 5 000 ms。只有在 enable.auto.commit 为 true 的情况下该参数才会生效。

随着版本的不断升级，参数也会发生改变。因此，需要根据最新的官方文档学习这些参数。

下面举例说明如何自动提交偏移量和查看偏移量。

具体操作步骤如下：

（1）创建 RunConsumerAuto.java 文件定义一个消费者，用来提交偏移量。然后在 ConfUtils.java 文件中配置提交方式，相关代码如下：

视频

自动提交

```
1  props.put(ConsumerConfig.ENABLE_AUTO_COMMIT_CONFIG,true);
2  props.put(ConsumerConfig.AUTO_COMMIT_INTERVAL_MS_CONFIG,1000);
```

第 1 行代码配置 ENABLE_AUTO_COMMIT_CONFIG 来确定 Kafka 的提交方式，true 表示自动提交。第 2 行代码配置 AUTO_COMMIT_INTERVAL_MS_CONFIG 确定提交的间隔时间为 1 000 ms。

（2）运行 ProducerBase.java 文件启动一个生产者负责发送一些数据消息，运行文件 RunConsumerAuto.java 启动消费者消费数据消息。消费者可以 1 s 消费一条消息，如图 4-14 所示。

执行 bin/kafka-topics.sh --zookeeper hadoop123:2181/kafka --describe --topic _consumer_offsets 命令可以查看主题 _consumer_offsets 中的分区等相关信息，如图 4-15 所示。从执行结果中看到的分区数可以通过相关的配置进行修改。

（3）消费者消费数据之后，执行 bin/kafka-console-consumer.sh --topic _consumer_offsets --bootstrap-server 10.12.30.188:9092 --formatter "kafka.coordinator.group.GroupMetadataManager\$OffsetsMessageFormatter" 命令，通过消费者的 API 查看主题 _consumer_offsets 的内容，使用 --formatter 参数指定类

查看消费者的源数据。从执行结果中可以看出数据信息会 1 s 打印一次，表示消费者 1 s 消费一条消息，然后提交消息的偏移量，如图 4-16 所示。

```
RunConsumerAuto ×    ProducerBase ×
"C:\Program Files\Java\jdk1.8.0_144\bin\java.exe" ...
SLF4J: Failed to load class "org.slf4j.impl.StaticLoggerBinder".
SLF4J: Defaulting to no-operation (NOP) logger implementation
SLF4J: See http://www.slf4j.org/codes.html#StaticLoggerBinder for further details.
六月 20, 2020 5:53:31 下午 com.kafka.producer.ProducerBase main
信息: kafka01
六月 20, 2020 5:53:32 下午 com.kafka.producer.ProducerBase main
信息: kafka11
六月 20, 2020 5:53:33 下午 com.kafka.producer.ProducerBase main
信息: kafka21
```

图 4-14　消费者消费消息

```
Topic: __consumer_offsets    Partition: 0    Leader: 1    Replicas: 1    Isr: 1
Topic: __consumer_offsets    Partition: 1    Leader: 1    Replicas: 1    Isr: 1
Topic: __consumer_offsets    Partition: 2    Leader: 1    Replicas: 1    Isr: 1
Topic: __consumer_offsets    Partition: 3    Leader: 1    Replicas: 1    Isr: 1
Topic: __consumer_offsets    Partition: 4    Leader: 1    Replicas: 1    Isr: 1
Topic: __consumer_offsets    Partition: 5    Leader: 1    Replicas: 1    Isr: 1
Topic: __consumer_offsets    Partition: 6    Leader: 1    Replicas: 1    Isr: 1
Topic: __consumer_offsets    Partition: 7    Leader: 1    Replicas: 1    Isr: 1
Topic: __consumer_offsets    Partition: 8    Leader: 1    Replicas: 1    Isr: 1
Topic: __consumer_offsets    Partition: 9    Leader: 1    Replicas: 1    Isr: 1
Topic: __consumer_offsets    Partition: 10   Leader: 1    Replicas: 1    Isr: 1
Topic: __consumer_offsets    Partition: 11   Leader: 1    Replicas: 1    Isr: 1
Topic: __consumer_offsets    Partition: 12   Leader: 1    Replicas: 1    Isr: 1
Topic: __consumer_offsets    Partition: 13   Leader: 1    Replicas: 1    Isr: 1
Topic: __consumer_offsets    Partition: 14   Leader: 1    Replicas: 1    Isr: 1
Topic: __consumer_offsets    Partition: 15   Leader: 1    Replicas: 1    Isr: 1
Topic: __consumer_offsets    Partition: 16   Leader: 1    Replicas: 1    Isr: 1
Topic: __consumer_offsets    Partition: 17   Leader: 1    Replicas: 1    Isr: 1
Topic: __consumer_offsets    Partition: 18   Leader: 1    Replicas: 1    Isr: 1
Topic: __consumer_offsets    Partition: 19   Leader: 1    Replicas: 1    Isr: 1
Topic: __consumer_offsets    Partition: 20   Leader: 1    Replicas: 1    Isr: 1
```

图 4-15　查看主题 _consumer_offsets 中的信息

```
[test_I01,p12,0]::OffsetAndMetadata(offset=10, leaderEpoch=Optional.empty, metadata=, commitTimestamp=1592647174469, expireTimestamp=None)
[test_I01,p12,0]::OffsetAndMetadata(offset=10, leaderEpoch=Optional.empty, metadata=, commitTimestamp=1592647175469, expireTimestamp=None)
[test_I01,p12,0]::OffsetAndMetadata(offset=10, leaderEpoch=Optional.empty, metadata=, commitTimestamp=1592647176470, expireTimestamp=None)
[test_I01,p12,0]::OffsetAndMetadata(offset=10, leaderEpoch=Optional.empty, metadata=, commitTimestamp=1592647177469, expireTimestamp=None)
[test_I01,p12,0]::OffsetAndMetadata(offset=10, leaderEpoch=Optional.empty, metadata=, commitTimestamp=1592647178470, expireTimestamp=None)
[test_I01,p12,0]::OffsetAndMetadata(offset=10, leaderEpoch=Optional.empty, metadata=, commitTimestamp=1592647179471, expireTimestamp=None)
[test_I01,p12,0]::OffsetAndMetadata(offset=10, leaderEpoch=Optional.empty, metadata=, commitTimestamp=1592647180472, expireTimestamp=None)
```

图 4-16　查看偏移量

[test_I01,p12,0] 中的 test_I01 表示消费组，p12 表示消费的主题，0 表示分区。offset=10 表示当前消费者提交的消息偏移量为 10。

完整代码：

```
 1  package com.kafka.consumer;
 2  import com.kafka.ConfUtils;
 3  import org.apache.kafka.clients.consumer.ConsumerRecord;
 4  import org.apache.kafka.clients.consumer.ConsumerRecords;
 5  import org.apache.kafka.clients.consumer.KafkaConsumer;
 6  import java.time.Duration;
 7  import java.util.Arrays;
 8  import java.util.Properties;
 9  import java.util.concurrent.TimeUnit;
10  import java.util.logging.Logger;
11  public class RunConsumerAuto{
```

```
12       static Logger log=  Logger.getLogger("RunConsumerAuto");
13       public static void main(String[]args){
14           //1.参数
15           Properties properties=ConfUtils.initConsumerConf();
16           //2 消费
17           KafkaConsumer<String,String> consumer=new KafkaConsumer<>(properties);
18           consumer.subscribe(Arrays.asList("p12"));
19           //consumer.assign(Arrays.asList(new TopicPartition("p10",0)));
20           //3.消费消息
21           try{
22               while(true) {
23                   //1.获取消息
24                   ConsumerRecords<String,String>records=consumer.poll(Duration.ofMillis(100));
25                   //2.处理消息
26                   for(ConsumerRecord<String, String> r: records){
27                       log.info("topic="+r.topic()+",partion="+r.partition()+",offset=
   "+r.offset()+",value="+r.value());
28                   }
29               }
30           }finally{
31               consumer.close();
32           }
33       }
34   }
```

4.3 Kafka 手动提交

视频
offset 术语

Kafka 自动提交偏移量的时候，通过时间窗口控制提交的频率。如果时间窗口过大，提交的间隔时间过长，容易导致消息重复的结果。如果时间窗口过小，发生消息重复的概率就会越小，但是并不能避免消息重复，而且时间窗口过小会对性能有一定的影响。接下来介绍以手动提交的方式避免消息的重复和丢失。

4.3.1 Kafka 的手动提交方式和参数

Kafka 有四种手动提交方式，本质上是三种提交方式，因为同步和异步提交的方式是通过编程逻辑实现的。

（1）同步提交。

（2）异步提交。

（3）同步和异步提交。

（4）特定偏移量提交。

关于这四种提交方式，主要从以下三个方面学习。第一，学习同步提交和异步提交的概念；第二，对比学习同步提交、异步提交和特定偏移量提交的优缺点；第三，了解这些提交方式的应用场景。除了介绍四种手动提交方式之外，还会介绍如何通过关闭消费者控制消费速度。

Kafka 自动提交时提交的是偏移量，用户并不知道提交的具体数据信息。而在 Kafka 手动提交时，需要了解下面这三个参数的含义。

（1）lastConsumerOffset：最后消费的偏移量。通过 poll() 方法获取数据时，最后一条消息的偏移量就是 lastConsumerOffset。

（2）CommitOffset：分区中已经提交的偏移量。

（3）Position：下一次需要消费的位置。

一般情况下，lastConsumerOffset=Position-1，CommitOffset=Position=lastConsumerOffset+1。如果数据还没有完全提交，那么 CommitOffset< Position。

下面举例说明如何得到 Kafka 的 offset。

具体操作步骤如下：

（1）创建 RunConsumerOffset.java 文件，用于获取已提交偏移量的信息、消费的信息和 Position 的位置。首先需要定义消费主题和分区，相关代码如下：

```
1  TopicPartition tp=new TopicPartition("p14",0);
2  consumer.assign(Arrays.asList(tp));
```

第 1 行代码定义了消费的主题为 p14，分区为 0。第 2 行代码可以用于消费一个主题和一个分区中的数据。

（2）获取消息的消费信息，相关代码如下：

```
1  List<ConsumerRecord<String, String>> records1=records.records(tp);
2  TimeUnit.SECONDS.sleep(2);
3  if(records1.size()>0){
4      log.info("last consumer offset="+records1.get(records1.size()-1).offset());
5  }
6  log.info("commited consumer offset="+(consumer.committed(tp)==null?null:consumer.
committed(tp).offset()));
7  log.info("position consumer offset="+consumer.position(tp));
8  log.info("消息为空");
```

第 1 行代码通过调用 records() 方法指定需要消费的主题和分区，获取主题 p14 和分区 0 下的所有消费记录。第 4 行代码通过调用 offset() 方法获取最后一条消息的偏移量信息，第 6 行代码通过调用 committed() 方法获取已提交的偏移量信息，第 7 行代码通过调用 position() 方法获取 Position 的位置信息。第 2 行代码设置了打印间隔时间为 2 s。

（3）在 ConfUtils.java 文件中配置提交方式，相关代码如下：

```
1  props.put(ConsumerConfig.ENABLE_AUTO_COMMIT_CONFIG,true);
2  props.put(ConsumerConfig.AUTO_COMMIT_INTERVAL_MS_CONFIG,5000);
```

第 1 行代码设置的提交方式为自动提交，第 2 行代码设置的提交的间隔时间为 5 s。然后运行 RunConsumerOffset.java 文件启动消费者消费消息。在没有启动生产者发送消息之前，消费者消费的消息为空，如图 4-17 所示。

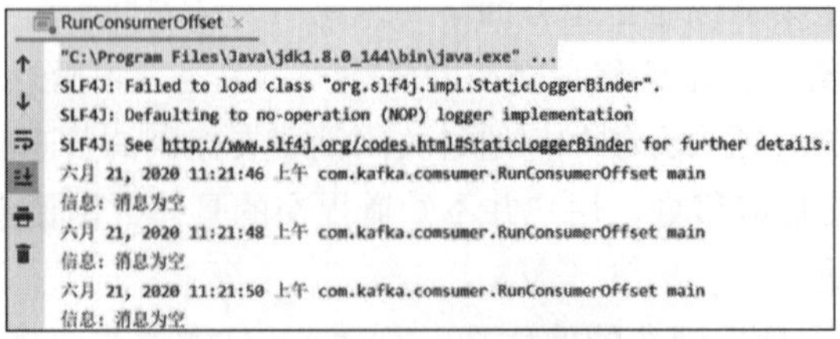

```
RunConsumerOffset
"C:\Program Files\Java\jdk1.8.0_144\bin\java.exe" ...
SLF4J: Failed to load class "org.slf4j.impl.StaticLoggerBinder".
SLF4J: Defaulting to no-operation (NOP) logger implementation
SLF4J: See http://www.slf4j.org/codes.html#StaticLoggerBinder for further details.
六月 21, 2020 11:21:46 上午 com.kafka.consumer.RunConsumerOffset main
信息: 消息为空
六月 21, 2020 11:21:48 上午 com.kafka.consumer.RunConsumerOffset main
信息: 消息为空
六月 21, 2020 11:21:50 上午 com.kafka.consumer.RunConsumerOffset main
信息: 消息为空
```

图 4-17　消费者消费消息

（4）运行 ProducerBase.java 文件启动生产者负责发送消息，这时从消费者的偏移量信息中可以看到 lastConsumerOffset、CommitOffset 和 Position 的信息，如图 4-18 所示。从执行结果中可以看到已经提交的偏移量一直为 0，这是因为在消息间隔时间内没有打印信息，实际上消息已经提交了。

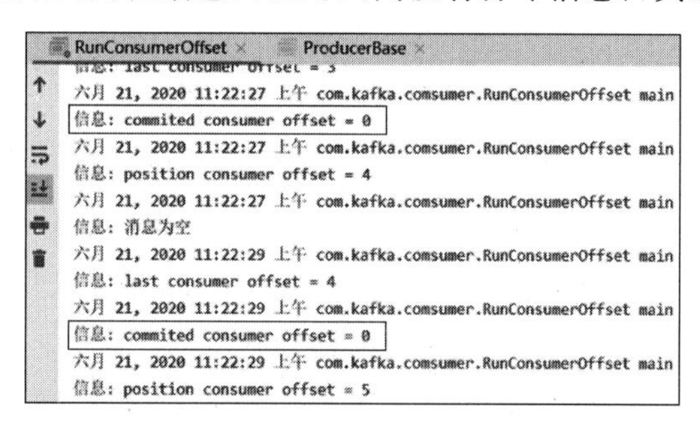

图 4-18　查看偏移量信息

（5）将提交间隔时间修改为 500 ms，再次运行 RunConsumerOffset.java 文件启动消费者重新消费消息，运行 ProducerBase.java 文件启动生产者发送消息。这时可以看到已提交偏移量的信息发生了改变，如图 4-19 所示。

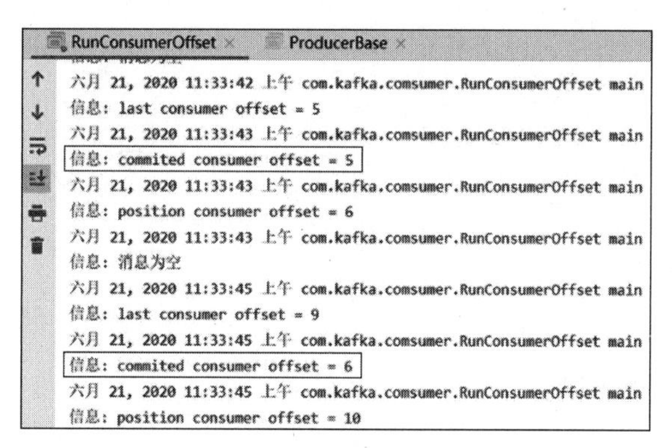

图 4-19　查看消息偏移量

完整代码：

```
1   package com.kafka.consumer;
2   import com.kafka.ConfUtils;
3   import org.apache.kafka.clients.consumer.ConsumerRecord;
4   import org.apache.kafka.clients.consumer.ConsumerRecords;
5   import org.apache.kafka.clients.consumer.KafkaConsumer;
6   import org.apache.kafka.common.TopicPartition;
7   import java.time.Duration;
8   import java.util.Arrays;
9   import java.util.List;
10  import java.util.Properties;
11  import java.util.concurrent.TimeUnit;
12  import java.util.logging.Logger;
13  public class RunConsumerOffset {
14      static Logger log=Logger.getLogger("RunConsumerOffset");
15      public static void main(String[] args){
16          //1. 参数
17          Properties properties=ConfUtils.initConsumerConf();
```

```
18          //2.消费
19          KafkaConsumer<String, String>consumer=new KafkaConsumer<>(properties);
20          //3.定义消费主题和分区
21          TopicPartition tp= new TopicPartition("p14",0);
22          consumer.assign(Arrays.asList(tp));
23          //4.消费消息
24          try{
25              while(true) {
26                  //(1)获取消息
27                   ConsumerRecords<String,String>records=consumer.poll(Duration.
  ofMillis(100));
28                  //(2)处理消息
29                  List<ConsumerRecord<String,String>>records1=records.records(tp);
30                  TimeUnit.SECONDS.sleep(2);
31                  if(records1.size()>0){
32                      log.info("last consumer offset="+records1.get(records1.
  size()-1).offset());
33                  }
34                   log.info("commited consumer offset="+(consumer.committed(tp)==n
  ull?null:consumer.committed(tp).offset()));
35                  log.info("position consumer offset="+consumer.position(tp));
36                  log.info("消息为空");
37              }
38          }catch(InterruptedException e){
39              e.printStackTrace();
40          }finally {
41              consumer.close();
42          }
43      }
44  }
```

● 视 频

同步提交

4.3.2 Kafka 的同步提交

Kafka 自动提交偏移量时首先需要配置参数信息，然后创建一个消费者通过 poll() 获取消息让消费者消费数据，最后处理数据。对于手动提交，Kafka 不会再自动提交偏移量，需要在处理数据之后手动提交偏移量。手动提交方式中的同步提交指的是代码遇到同步方法 commitSync() 会进行阻塞，直到提交成功才会进行下一次提交。当消费者向 Kafka 提交偏移量时，如果遇到不可恢复异常的情况，不会进行重试。如果遇到可恢复异常，可以通过重试解决异常情况。

1. Kafka 的同步提交手段

在同步提交方式中，可以自己控制偏移量。Kafka 的同步提交手段都是通过程序编码控制的，三种手段分别如下：

（1）单条。假设通过 poll() 方法从消费者中获取数据后会返回集合，集合中包含 100 条数据。通过 for 循环对 100 条数据进行遍历时，可以处理一条数据就提交一条，这种方式称为单条提交。优点是数据无丢失、无重复，缺点是性能最低。

（2）批量。数据在 for 循环处理完之后再提交的方式称为批量提交。一次性提交的数据量不可控，可以通过缓存控制提交的数据量。批量提交的缺点是会出现重复消费，优点是可以控制提交的数据量，性能比较好。

（3）分区。分区提交实际上和批量提交相同，只是逻辑上有些差别。

2. Kafka 的同步提交存在的问题

批量提交或分区提交的重复消费范围不同。批量提交的重复范围由设置的缓存空间决定，而分区提交的重复范围由设置的分区决定。

下面举例说明 Kafka 同步提交，具体步骤如下：

（1）批量。

（2）单条。

（3）分区。

具体操作步骤如下：

视 频

同步提交案例演示

（1）创建 RunConsumerSync.java 文件，创建消费者来设置同步提交的三种手段。批量提交的相关代码如下：

```
1  static List<ConsumerRecord<String, String>> buffer=new ArrayList<>();
2  static final int minBathSize=30;
3  public static void bathCommit(KafkaConsumer<String,String>consumer){
4      while(true){
5      //1.获取消息
6      ConsumerRecords<String,String> records=consumer.poll(Duration.ofMillis(100));
7      //2.处理消息
8      for(ConsumerRecord<String,String>r:records){
9          //处理业务逻辑
10         log.info("topic="+r.topic()+",partion="+r.partition()+",offset="+r.offset()+",
 value="+r.value());
11         buffer.add(r);
12         }
13         log.info("buffer size="+buffer.size());
14         if(buffer.size()>=minBathSize){
15             consumer.commitSync();
16             buffer.clear();
17         }
18         printInfo(consumer,records);
19     }
20 }
```

第 1 行代码通过泛型定义缓存空间，第 2 行代码定义控制缓存空间的阈值。第 6 行代码通过 poll() 方法获取消息，第 8 行代码通过 for 循环处理业务逻辑。第 11 行代码通过 buffer.add(r) 的方式将消息加入缓存空间。第 14 行代码用于批量提交偏移量，当缓存的大小大于或等于 minBathSize 的值时，消费者调用 commitSync() 方法提交偏移量。第 16 行代码调用 clear() 方法清理缓存空间。

（2）编写 printInfo() 方法打印提交信息，相关代码如下：

```
1  public static void printInfo(KafkaConsumer<String,String> consumer,ConsumerRecords
 <String,String> records){
2      List<ConsumerRecord<String, String>> records1=records.records(tp);
3      if(records1.size()>0){
4          log.info("last consumer offset="+records1.get(records1.size()-1).offset());
5          log.info("commited consumer offset="+(consumer.committed(tp)==null?null:
 consumer.committed(tp).offset()));
6          log.info("position consumer offset="+consumer.position(tp));
7      }
```

```
8  }
```

第 4 行代码用于打印最后一次提交的偏移量，第 5 行代码用于打印已提交的偏移量，第 6 行代码用于打印 Position 的位置。

（3）在配置文件 ConfUtils.java 中将 true 改为 false 表示将自动提交修改为手动提交，相关代码如下：

```
props.put(ConsumerConfig.ENABLE_AUTO_COMMIT_CONFIG,false);
```

运行文件 RunConsumerSync.java 启动消费者消费数据，然后运行文件 ProducerBase.java 启动生产者 1 s 发送一条数据。消费者提交偏移量的相关信息如图 4-20 所示。当缓存大小 buffer size=27 时，最后一次提交的偏移量 last consumer offset=50，已提交的偏移量 commited consumer offset=24，Position 的位置 position consumer offset=51。

```
RunConsumerSync ×    ProducerBase ×
信息: buffer size  = 26
六月 21, 2020 12:49:48 下午 com.kafka.comsumer.RunConsumerSync bathCommit
信息: buffer size  = 26
六月 21, 2020 12:49:48 下午 com.kafka.comsumer.RunConsumerSync bathCommit
信息: topic = p14 , partion = 0,offset = 50 , value = K2_21
六月 21, 2020 12:49:48 下午 com.kafka.comsumer.RunConsumerSync bathCommit
信息: buffer size  = 27
六月 21, 2020 12:49:48 下午 com.kafka.comsumer.RunConsumerSync printInfo
信息: last consumer offset = 50
六月 21, 2020 12:49:49 下午 com.kafka.comsumer.RunConsumerSync printInfo
信息: commited consumer offset = 24
六月 21, 2020 12:49:49 下午 com.kafka.comsumer.RunConsumerSync printInfo
信息: position consumer offset = 51
六月 21, 2020 12:49:49 下午 com.kafka.comsumer.RunConsumerSync bathCommit
```

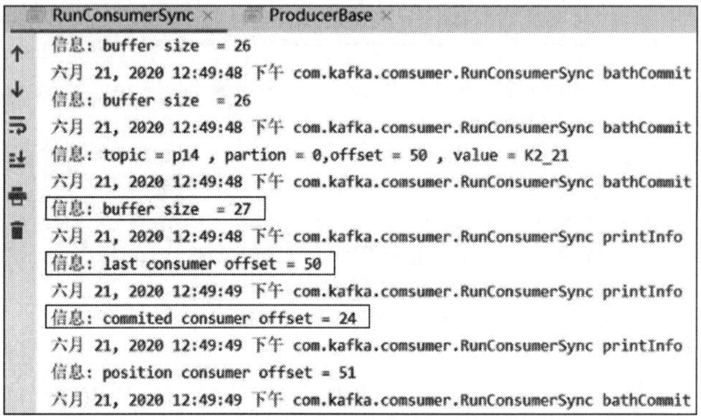

图 4-20　偏移量信息

当 buffer size=30 时，最后一次提交的偏移量 last consumer offset=53，已提交的偏移量 commited consumer offset=54，Position 的位置 position consumer offset=54。这一次的已提交偏移量 54 与上一次的 24 相比增加了 30，正好与缓存大小 minBathSize 的值相等，即每 30 条数据提交一次，如图 4-21 所示。

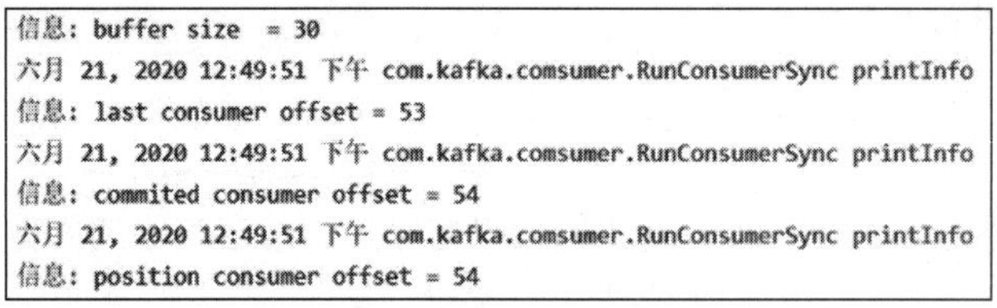

```
信息: buffer size  = 30
六月 21, 2020 12:49:51 下午 com.kafka.comsumer.RunConsumerSync printInfo
信息: last consumer offset = 53
六月 21, 2020 12:49:51 下午 com.kafka.comsumer.RunConsumerSync printInfo
信息: commited consumer offset = 54
六月 21, 2020 12:49:51 下午 com.kafka.comsumer.RunConsumerSync printInfo
信息: position consumer offset = 54
```

图 4-21　偏移量的提交

（4）单条提交的相关代码如下：

```
1  public static void oneCommit(KafkaConsumer<String,String> consumer){
2      while(true){
3          //1.获取消息
4          ConsumerRecords<String, String> records=consumer.poll(Duration.ofMillis(100));
5          //2.处理消息
6          for(ConsumerRecord<String, String> r: records) {
7              //处理业务逻辑
8              log.info("topic="+r.topic()+",partion="+r.partition()+",offset=
"+r.offset()+",value="+r.value());
9              consumer.commitSync();
```

```
10          }
11          printInfo(consumer,records);
12      }
13  }
```

第 8 行代码用于处理消息，第 9 行代码将 commitSync() 方法放在 for 循环中，这样可以每处理一条消息就提交一次偏移量。

（5）再次运行 RunConsumerSync.java 文件和 ProducerBase.java 文件，此时已提交的偏移量 commited consumer offset 会发生变化，如图 4-22 所示。

```
信息: last consumer offset = 60
六月 21, 2020 12:53:00 下午 com.kafka.comsumer.RunConsumerSync printInfo
信息: commited consumer offset = 61
六月 21, 2020 12:53:00 下午 com.kafka.comsumer.RunConsumerSync printInfo
信息: position consumer offset = 61
六月 21, 2020 12:53:03 下午 com.kafka.comsumer.RunConsumerSync oneCommit
信息: topic = p14 , partion = 0,offset = 61 , value = K2_0
六月 21, 2020 12:53:03 下午 com.kafka.comsumer.RunConsumerSync printInfo
信息: last consumer offset = 61
六月 21, 2020 12:53:03 下午 com.kafka.comsumer.RunConsumerSync printInfo
信息: commited consumer offset = 62
六月 21, 2020 12:53:03 下午 com.kafka.comsumer.RunConsumerSync printInfo
信息: position consumer offset = 62
```

图 4-22　单条提交的偏移量

当最后一次提交的偏移量 last consumer offset=60 时，已提交的偏移量 commited consumer offset=61，Position 的位置 position consumer offset=61。当 last consumer offset=61 时，commited consumer offset=62，position consumer offset=62。从执行结果中可以验证单条提交偏移量的情况。

（6）分区提交的相关代码如下：

```
1  public static void partiotionCommit(KafkaConsumer<String,String> consumer){
2      while(true) {
3          //1.获取消息
4          ConsumerRecords<String, String> records=consumer.poll(Duration.ofMillis(100));
5          //2.处理消息
6          Set<TopicPartition> partitions=records.partitions();
7          for(TopicPartition partion: partitions){
8              //处理业务逻辑
9              List<ConsumerRecord<String,String>>records1=records.records(partion);
10             for(ConsumerRecord<String,String>r:records1){
11                 //处理业务逻辑
12                 log.info("topic="+r.topic()+",partion="+r.partition()+",offset="+r.
offset()+",value="+r.value());
13             }
14             long offset=-1;
15             if(records1.size()>0){
16                 offset=records1.get(records1.size()-1).offset();
17             }
18             consumer.commitSync(Collections.singletonMap(partion,new OffsetAndMetadata
(offset+1)));
19         }
20         printInfo(consumer,records);
21     }
22 }
```

第 6 行代码通过 records 调用 partitions() 方法可以获取记录中的所有分区。第 7 行代码使用 for 循环对分区进行遍历。第 9 行代码通过 records(partion) 方法获取分区的记录数。第 16 行代码表示获取分区中最后一条数据的偏移量。第 18 行代码中提交的偏移量是 offset+1 而不是 offset。

完整代码：

```
1  package com.kafka.consumer;
2  import com.kafka.ConfUtils;
3  import org.apache.kafka.clients.consumer.ConsumerRecord;
4  import org.apache.kafka.clients.consumer.ConsumerRecords;
5  import org.apache.kafka.clients.consumer.KafkaConsumer;
6  import org.apache.kafka.clients.consumer.OffsetAndMetadata;
7  import org.apache.kafka.common.TopicPartition;
8  import java.time.Duration;
9  import java.util.*;
10 import java.util.concurrent.TimeUnit;
11 import java.util.logging.Logger;
12 public class RunConsumerSync{
13     static Logger log=  Logger.getLogger("RunConsumerSync");
14     static List<ConsumerRecord<String, String>> buffer=new ArrayList<>();
15     static final int minBathSize=30;
16     static final String topic="p14";
17     static TopicPartition tp= new TopicPartition(topic,0);
18     public static void main(String[]args){
19         //1.参数
20         Properties properties=ConfUtils.initConsumerConf();
21         //2.消费
22         KafkaConsumer<String, String> consumer=new KafkaConsumer<>(properties);
23         //3.定义消费主题
24         consumer.subscribe(Arrays.asList(topic));
25         //4.消费消息
26         try{
27             //（1）批量
28             //bathCommit(consumer);
29             //（2）单条
30             oneCommit(consumer);
31         }finally{
32             consumer.close();
33         }
34     }
35     public static void bathCommit(KafkaConsumer<String,String>consumer){
36         while(true){
37             //1.获取消息
38             ConsumerRecords<String,String>records=consumer.poll(Duration.ofMillis(100));
39             //2.处理消息
40             for(ConsumerRecord<String,String>r:records){
41                 //处理业务逻辑
42                 log.info("topic="+r.topic()+",partion="+r.partition()+",offset =
   "+r.offset()+", value="+r.value());
43                 buffer.add(r);
44             }
45             log.info("buffer size="+buffer.size());
46             if(buffer.size()>=minBathSize){
47                 consumer.commitSync();
```

```
48                  buffer.clear();
49              }
50              printInfo(consumer,records);
51          }
52      }
53      public static void oneCommit(KafkaConsumer<String, String> consumer){
54          while(true) {
55              //1.获取消息
56              ConsumerRecords<String,String>records=consumer.poll(Duration.ofMillis(100));
57              //2.处理消息
58              for(ConsumerRecord<String, String>r:records){
59                  //处理业务逻辑
60                  log.info("topic="+r.topic()+",partion="+r.partition()+",offset="+
 r.offset()+",value="+r.value());
61                  TopicPartition topicPartition=new TopicPartition(r.topic(),r.partition());
62                  consumer.commitSync(Collections.singletonMap(topicPartition,new
 OffsetAndMetadata(r.offset()+1)));
63                  //consumer.commitSync();
64              }
65              printInfo(consumer,records);
66          }
67      }
68      public static void partiotionCommit( KafkaConsumer<String, String> consumer){
69          while(true) {
70              //1.获取消息
71              ConsumerRecords<String, String> records=consumer.poll(Duration.ofMillis(100));
72              //2.处理消息
73              Set<TopicPartition> partitions=records.partitions();
74              for(TopicPartition partion: partitions){
75                  //处理业务逻辑
76                  List<ConsumerRecord<String, String>> records1=records.records(partion);
77                  for(ConsumerRecord<String, String>r:records1){
78                  //处理业务逻辑
79                  log.info("topic="+r.topic()+",partion="+r.partition()+",offset=
 "+r.offset()+", value="+r.value());
80                  }
81                  long offset=-1;
82                  if(records1.size()>0){
83                      offset=records1.get(records1.size()-1).offset();
84                  }
85                      consumer.commitSync(Collections.singletonMap(partion,new
 OffsetAndMetadata(offset+1)));
86                  }
87              printInfo(consumer,records);
88          }
89      }
90      public static void printInfo(KafkaConsumer<String,String>consumer,ConsumerRecords
 <String, String> records ){
91          List<ConsumerRecord<String,String>> records1=records.records(tp);
92          if(records1.size()>0){
93              log.info("last consumer offset="+records1.get(records1.size()-1).offset());
94              log.info("commited consumer offset="+(consumer.committed(tp)==null?
 null:consumer.committed(tp).offset()));
95              log.info("position consumer offset="+consumer.position(tp));
```

```
96             }
97         }
98   }
```

视 频

异步提交

4.3.3 同步提交和异步提交的差异

Kafka 通过 commitSync() 方法进行同步提交，通过 commitAsync() 方法进行异步提交。在同步提交中，假设通过 poll() 方法获取了偏移量为 5 的消息，然后通过 commitSync() 方法提交这个偏移量。在间隔提交时间 2 ms 内，commitSync() 方法一直在阻塞。等待大约 2 ms 后，Kafka 返回响应信息才会进行下一次的 poll() 操作。如果通过 poll() 方法获取了偏移量 7，消费者会向 Kafka 发出请求等待 Kafka 的响应。在同步提交时，消费者发出请求和 Kafka 返回响应信息之间的时间 commitSync() 方法会阻塞。Kafka 同步提交的方式如图 4-23 所示。

异步提交时，假设时间间隔为 3 ms，消费者通过 poll() 方法获取了偏移量 5 后不会等待 3 ms 之后再提交，而是直接向 Kafka 发出请求，commitAsync() 方法不会一直阻塞。再次获取偏移量 7 时，还是会通过 commitAsync() 方法向 Kafka 发送请求，并不会一直等待 Kafka 返回的响应信息，Kafka 并不关心信息的返回顺序。Kafka 异步提交的方式如图 4-24 所示。

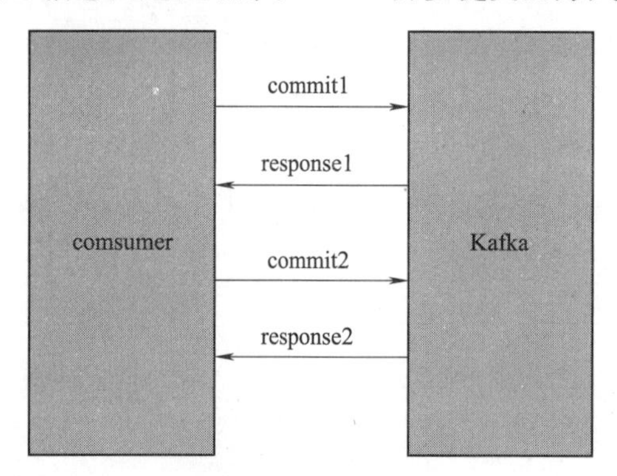

图 4-23　同步提交

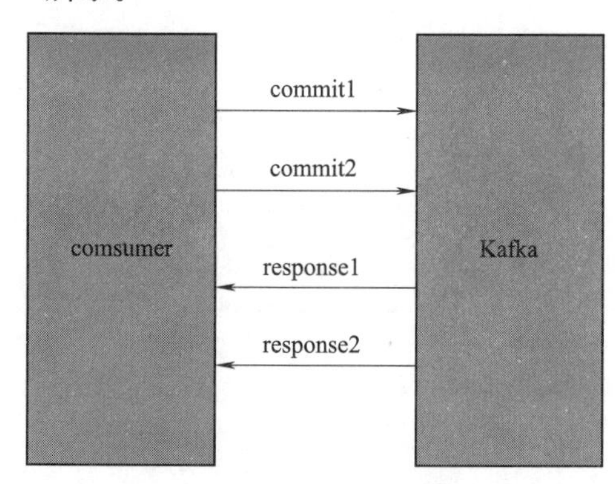

图 4-24　异步提交

4.3.4 Kafka 的异步提交

本节主要介绍异步提交异常的两种解决方法：不重试和重试。可以根据应用场景的不同选择不同的方式提交数据。

1. Kafka 的异步提交异常

异步提交出现异常时有两种解决方法，分别如下：

（1）不重试：如果数据提交失败，会忽略失败的提交，继续下一次的提交操作。

（2）重试：如果数据提交失败，会再重新提交一次。

不重试会对数据有什么样的影响？假设当前偏移量已经提交到了 4，下一次会从偏移量 5 开始提交。如果消费者向 Kafka 提交偏移量 5 时失败，并且消费者也出现异常重启了，那么消费者重启后会重新提交偏移量 5。对于消费者来说，处理了两次提交偏移量 5 的操作，这样会造成消息的重复。

假设消费者向 Kafka 提交偏移量 5 时失败，并且消费者处于正常状态。此时消费者获取了偏移量 6~8 的消息，经过处理后向 Kafka 提交偏移量。假设成功提交了偏移量 8，那么指向偏移量的指针会从 4 指向 8。即使消费者退出，下一次偏移量也会从 9 开始。虽然偏移量 5 提交失败，但是并不会对消费者造成影响，之后提交的偏移量会覆盖失败的偏移量 5。所以，不重试会增加消息重复的概率，并不代表消息一定会重复。

再来看看重试的情况。假设消费者第一次提交偏移量 5 失败，当前偏移量指向 4。如果第二次提交成功了，会造成重复消费的问题。这是因为消费者在重新提交偏移量 5 之前也会一直通过 poll() 方法获取数据进行处理。如果消费者已经向 Kafka 成功提交了偏移量 8，那么指针会由 4 指向 8。假设此时偏移量 5 成功提交，那么指针会从 8 指向 5，这样消费者就会重新处理偏移量 6~8 的数据，造成消息的重复消费。

可以在代码中设置记录偏移量的变量 offset 解决该问题。如果当前 offset 为 5，下一次提交的偏移量 offset 为 8。当重新提交偏移量 5 时，需要和当前偏移量 8 进行比较。如果重新提交的偏移量比当前偏移量小，那么提交将会失去意义，消费者不会进行提交。如果两者相等，那么消费者允许提交操作。重试可以解决该问题，但是需要自己编写代码控制偏移量，增加了代码逻辑上的复杂度。

2. Kafka 同步和异步结合

同步和异步结合的方式与不重试有关。如果提交的偏移量是最后一次提交，必须保证提交成功。如果不是最后一次提交，可以选择不重试。即正常提交时使用异步提交，最后一次提交时使用同步提交。Kafka 同步和异步结合可以解决消费者正常退出，提交失败的问题。

下面举例说明异步提交的方式。创建 RunConsumerAsync.java 文件，相关代码如下：

```
 1  package com.kafka.consumer;
 2  import com.kafka.ConfUtils;
 3  import org.apache.kafka.clients.consumer.*;
 4  import org.apache.kafka.common.TopicPartition;
 5  import java.time.Duration;
 6  import java.util.Arrays;
 7  import java.util.Map;
 8  import java.util.Properties;
 9  import java.util.logging.Logger;
10  public class RunConsumerAsync {
11      static Logger log=Logger.getLogger("RunConsumer");
12      public static void main(String[] args) {
13          //1.参数
14          Properties properties=ConfUtils.initConsumerConf();
15          //2.消费
16          KafkaConsumer<String, String> consumer=new KafkaConsumer<>(properties);
17          consumer.subscribe(Arrays.asList("p11"));
18          //consumer.assign(Arrays.asList(new TopicPartition("p10",0)));
19          //3.消费消息
20          try{
21              while(true) {
22                  //1.获取消息
23                  ConsumerRecords<String,String>records=consumer.poll(Duration.
 ofMillis(100));
24                  //2.处理消息
25                  for(ConsumerRecord<String, String> r: records) {
26                      log.info("topic="+r.topic()+",partion="+r.partition()+",
 offset="+r.offset()+", value="+r.value());
27                  }
28                  consumer.commitAsync();
29                  consumer.commitAsync(new OffsetCommitCallback() {
```

```
30                  @Override
31                  public void onComplete(Map<TopicPartition,OffsetAndMetadata>
 map, Exception e){
32                      if(e!=null){
33                          //异常处理逻辑
34                      }else{
35                          //回调逻辑
36                      }
37                  }
38              });
39          }
40      }finally {
41          consumer.commitSync();
42          consumer.close();
43      }
44    }
45  }
```

在配置异步提交之前，需要在配置文件 ConfUtils.java 中将提交方式设置为手动提交。第 28 行代码通过调用 commitAsync() 方法设置异步提交方式，第 41 行代码通过调用 commitSync() 方法设置同步提交方式。第 32 行代码通过回调的方式提交偏移量，如果存在异常，就进行异常处理，否则执行回调操作。代码中异步提交的三种方法分别是 commitAsync() 方法、commitAsync(Offset CommitCallback callback) 方法和 commitAsync(Map<TopicPartition,OffsetAndMetadata> offsets, OffsetCommitCallback callback) 方法。

使用 Kafka 异步提交 Person 对象。

（1）Person 对象包含姓名、性别和身份证三个属性。

（2）使用 protobuf 序列化方式。

（3）将提交失败的数据记录到本地磁盘。

4.4 Kafka 控制消费者

视 频

控制消费者

下面介绍如何控制 Kafka 的消费者，主要从两个方面进行相关说明。第一，学习控制 Kafka 的消费速度；第二，学习关闭 Kafka 消费者的两种方法。

一个消费者可能消费多个分区，可以使用两种不同的方法控制 Kafka 的消费速度。

（1）pause(Collection<TopicPartition> partitions)：暂停消费，通过指定主题和分区可以暂停该分区中的消费。

（2）resume(Collection<TopicPartition> partitions)：重新消费，暂停消费后可以通过该方法重新进行消费。

关闭 Kafka 的消费者有两种方法，分别如下：

（1）Wakeup：中断 poll() 方法并抛出异常，然后关闭 Kafka 消费者。

（2）手动控制：通过控制 while 循环中的标记量决定是否关闭 Kafka 消费者。

下面举例说明这两种关闭 Kafka 消费者的方法。创建 RunConsumerArt.java 文件，相关代码如下：

```
1  package com.kafka.consumer;
2  import com.kafka.ConfUtils;
3  import org.apache.kafka.clients.consumer.ConsumerRecord;
4  import org.apache.kafka.clients.consumer.ConsumerRecords;
5  import org.apache.kafka.clients.consumer.KafkaConsumer;
6  import org.apache.kafka.common.errors.WakeupException;
7  import java.time.Duration;
8  import java.util.Arrays;
9  import java.util.Properties;
10 import java.util.logging.Logger;
11 public class RunConsumerArt{
12     static Logger log=Logger.getLogger("RunConsumer");
13     static boolean isRunning=true;
14     public static void main(String[]args){
15         //1.参数
16         Properties properties=ConfUtils.initConsumerConf();
17         //2.消费
18         KafkaConsumer<String,String> consumer=new KafkaConsumer<>(properties);
19         consumer.subscribe(Arrays.asList("p11"));
20         //consumer.assign(Arrays.asList(new TopicPartition("p10",0)));
21         //3.消费消息
22         try{
23             while(isRunning) {
24                 //1.获取消息
25                 ConsumerRecords<String,String>records=consumer.poll(Duration.
ofMillis(100));
26                 //2.处理消息
27                 for(ConsumerRecord<String,String>r:records){
28                     log.info("topic="+r.topic()+",partion="+r.partition()+",
offset="+r.offset()+",value="+r.value());
29                 }
30             }
31             //手动
32             consumer.commitSync();
33         }catch(WakeupException wp){
34         }catch(Exception e){
35             //异常处理逻辑
36         }
37         finally{
38             consumer.close();
39         }
40     }
41     public void set(boolean isRunning){
42         this.isRunning=isRunning;
43     }
44     public void wakeupPoll(KafkaConsumer<String,String>consumer){
45         consumer.wakeup();
46     }
47 }
```

第 23 行代码通过控制 isRunning 为 true 或者 false 决定消费者是否退出。第 33 行代码用于捕获 WakeupException（Wakeup 异常）。第 41 行代码定义了一个 set 方法，返回布尔类型。第 44 行代码定义了一个 wakeupPoll() 方法传递消费者，第 45 行代码通过消费者调用 wakeup() 方法结束 poll() 方法，之后消费者会抛出一个 Wakeup 异常，然后关闭消费者。

小　　结

视频

课程总结

对于常用的类型，Kafka 会自动提供对应的序列化器和反序列化器。对于自定义类型，则需要自己实现相应的序列化器和反序列化器。通过对序列化器和反序列化器的开发学习，可以让用户掌握 protobuf 的开发和序列化器的开发步骤。通过偏移量的学习，知道了两种维护 offset 的方式：自动提交和手动提交。通过 offset 提交方式的学习，掌握了如何开发一个满足业务要求的消费者。通过控制消费者的方式，可以掌握如何优雅地关闭消费者。

习　　题

一、填空题

1. Kafka 通过________________维护已经消费的消息。

2. Kafka 的消费者手动提交数据的方式有________________、________________和________________。

二、简答题

1. 举例说明 Kafka 消费造成数据丢失和重复的场景。

2. 举例说明 Kafka 的偏移量，可以通过哪些组件维护。

三、操作题

开发 Kafka 的消费者，满足以下要求：

（1）消息为 PersonInfo，属性包含字符串类型 name，long 类型 id，字符串类型电话 tel。

（2）序列化方式使用 protobuf。

（3）要求正常情况下，保证消息不能丢失和重复。

Kafka 的再均衡与分区分配

学习目标

- 掌握 Kafka 指定位移消费。
- 掌握 Kafka 的再均衡原理。
- 掌握 Kafka 的分区策略。

本章首先学习 Kafka 的特定位移消费，包括位移重置的两种方式和指定偏移量开发流程的学习，然后了解 Kafka 的再均衡和触发再均衡的条件以及监听器的作用，最后学习 Kafka 的四种分区策略 RangAssignor、RoundRobinAssignor、StickyAssignor 和自定义分区策略以及它们各自存在的问题。

5.1 Kafka 特定位移消费

假设 Kafka 主题下的分区中有很多偏移量，通过之前的学习，知道消费者可以从最初的偏移量开始消费，也可以从已提交位移的位置开始消费。下面学习消费者如何从指定位移处开始消费。

5.1.1 Kafka 的消费者位移重置

既然需要指定偏移量开始消费，就需要对位移进行重置。重置位移有如下两种方式：

（1）auto.offset.reset：该参数有三个值 earliest、latest 和 none。earliest 表示从头开始消费，latest 表示从最末端开始消费，none 表示如果在某一个分区中不存在已提交的 offset，则抛出异常。auto.offset.reset 起作用的前提是找不到位移或者位移越界。

假设某分区中有 0~100 的偏移量，在提交位移时会提交到特定的主题下，在 Kafka 的消息格式中会记录消息的 group、topic、partition 和 offset。如果源数据中已经存储了这些消息的数据，就代表可以找到位移。如果有新组加入并且源数据中并没有存储消息的相关记录，就会发生找不到位移的情况，这种情况下就会依赖 auto.offset.reset 参数。

假设某分区中已经提交了 0~80 的偏移量，并且记录到了 _consumer_offsets 中。如果消费者从偏移量为 100 的地方开始消费，由于消费者指定的位移超出了已提交的位移，就会发生位移越界的情况，这种情况下也会依赖 auto.offset.reset 参数。

视频

seek 原理

（2）seek：在没有发生找不到位移或者位移越界的情况下，可以通过 seek 参数指定偏移量。假设已提交的起始偏移量为 OffsetStart，已提交结束的偏移量为 OffsetEnd，那么在 OffsetEnd 和 OffsetStart 之间的这段范围里可以使用 seek() 方法，而超出这段范围可以使用 auto.offset.reset 参数。

5.1.2 Kafka 的指定偏移量开发流程

先来回顾一下正常消费者的开发流程，首先需要配置参数，然后创建消费者，指定主题和分区，最后开始消费消息。与之相比，Kafka 指定偏移量的开发流程如下：

（1）配置。

（2）创建消费者。

（3）Poll 数据确定消费分区。

（4）Seek 重置偏移量。

（5）消费消息。

与正常的开发流程相比，Kafka 指定偏移量的开发流程多出了 Poll 数据确定消费分区和 Seek 重置偏移量这两个步骤。假设主题 T1 下有多个分区 P0、P1、P2，消费组 g1 中有两个消费者 C1 和 C2。在订阅了主题 T1 的前提下，如果消费组中的消费者想要消费分区中的数据，就需要确定消费的分区，这个操作通过 poll() 方法完成。poll() 方法有一个分区的分配器 Assignor，它有不同的算法，负责把主题中的分区分配给不同的消费者。当把主题下的分区分配给不同的消费者之后，消费者可以通过 Seek 方式重置偏移量开始消费。

视 频

seek_offset

下面举例说明如何用 Seek 方式获取位移和时间，具体操作步骤如下：

（1）创建 RunConsumerSeek1.java 文件，通过位移说明消费者消费主题和分区的情况，相关代码如下：

```
1  package com.kafka.consumer;
2  import com.kafka.ConfUtils;
3  import org.apache.kafka.clients.consumer.ConsumerRecord;
4  import org.apache.kafka.clients.consumer.ConsumerRecords;
5  import org.apache.kafka.clients.consumer.KafkaConsumer;
6  import org.apache.kafka.common.TopicPartition;
7  import java.time.Duration;
8  import java.util.Arrays;
9  import java.util.HashSet;
10 import java.util.Properties;
11 import java.util.Set;
12 import java.util.logging.Logger;
13 public class RunConsumerSeek1 {
14     static Logger log=Logger.getLogger("RunConsumer");
15     static final String topic="seek1";
16     static final long offset=11;
17     public static void main(String[]args){
18         //1.参数
19         Properties properties=ConfUtils.initConsumerConf();
20         //2.消费
21         KafkaConsumer<String,String>consumer=new KafkaConsumer<>(properties);
22         consumer.subscribe(Arrays.asList(topic));
23         //3.配置分区
24         Set<TopicPartition> topicPartitions=new HashSet<>();
25         ConsumerRecords<String, String>rs=null;
26         while(topicPartitions.size()==0){
27             rs=consumer.poll(Duration.ofMillis(1));
28             topicPartitions=consumer.assignment();
29         }
```

```
30          for(ConsumerRecord<String, String> r : rs) {
31              log.info("<@@@@topic="+r.topic()+",partion="+r.partition()+",offset=
  "+r.offset()+",value="+r.value()+"@>");
32          }
33          Set<TopicPartition>tps=consumer.assignment();
34          for(TopicPartition tp:tps){
35              consumer.seek(tp,offset);
36          }
37          //4.消费消息
38          try{
39              while(true){
40                  //1.获取消息
41                  ConsumerRecords<String,String>records=consumer.poll(Duration.ofMillis(100));
42                  //2.处理消息
43                  for(ConsumerRecord<String,String> r:records){
44                      log.info("topic="+r.topic()+",partion="+r.partition()+",offset=
  "+r.offset()+",value="+r.value());
45                  }
46              }
47          }finally {
48              consumer.close();
49          }
50      }
51  }
```

通过 poll() 方法完成主题和分区的分配后，第 33 行代码通过 consumer.assignment() 让消费者获取已经得到的主题和分区，第 35 行代码通过 seek() 方法指定了分区和偏移量。第 31 行代码在 for 循环体中指定输出的主题（topic）、分区（partion）和偏移量（offset）等信息。第 26 行代码通过 while 语句判断是否分配到了主题和分区。如果已分配，则程序结束；如果未分配，则继续等待。

（2）运行 ProducerBase.java 文件，生产者发送消息，验证配置文件 ConfUtils.java 中的 AUTO_OFFSET_RESET_CONFIG 参数指定的值 none，ConfUtils.java 文件中的相关代码如下：

```
props.put(ConsumerConfig.AUTO_OFFSET_RESET_CONFIG,"none");
```

之后运行 RunConsumerSeek1.java 文件会报异常，提示没有找到已提交的偏移量，那么 AUTO_OFFSET_RESET_CONFIG 参数的配置就会生效。由于并没有指定重置策略，而是指定 none 值，因此会抛出异常，如图 5-1 所示。

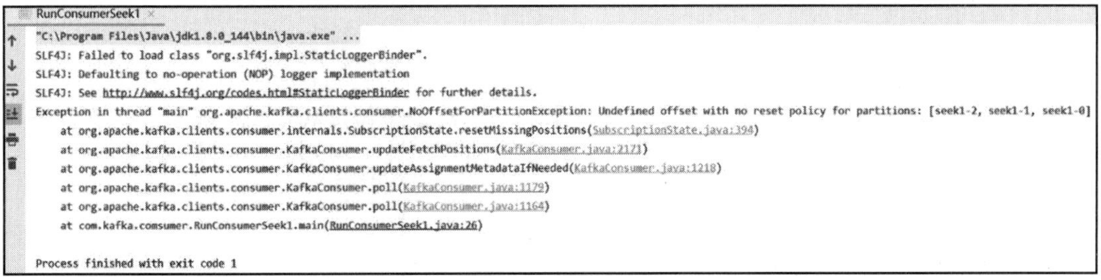

```
RunConsumerSeek1
"C:\Program Files\Java\jdk1.8.0_144\bin\java.exe" ...
SLF4J: Failed to load class "org.slf4j.impl.StaticLoggerBinder".
SLF4J: Defaulting to no-operation (NOP) logger implementation
SLF4J: See http://www.slf4j.org/codes.html#StaticLoggerBinder for further details.
Exception in thread "main" org.apache.kafka.clients.consumer.NoOffsetForPartitionException: Undefined offset with no reset policy for partitions: [seek1-2, seek1-1, seek1-0]
    at org.apache.kafka.clients.consumer.internals.SubscriptionState.resetMissingPositions(SubscriptionState.java:394)
    at org.apache.kafka.clients.consumer.KafkaConsumer.updateFetchPositions(KafkaConsumer.java:2171)
    at org.apache.kafka.clients.consumer.KafkaConsumer.updateAssignmentMetadataIfNeeded(KafkaConsumer.java:1218)
    at org.apache.kafka.clients.consumer.KafkaConsumer.poll(KafkaConsumer.java:1179)
    at org.apache.kafka.clients.consumer.KafkaConsumer.poll(KafkaConsumer.java:1164)
    at com.kafka.comsumer.RunConsumerSeek1.main(RunConsumerSeek1.java:26)

Process finished with exit code 1
```

图 5-1　异常提示信息

（3）在配置文件 ConfUtils.java 中将 AUTO_OFFSET_RESET_CONFIG 参数的值指定为 earliest，验证消费者是否可以从头开始消费，相关代码如下：

```
props.put(ConsumerConfig.AUTO_OFFSET_RESET_CONFIG,"earliest");
```

运行 RunConsumerSeek1.java 文件，运行结果如图 5-2 所示。

```
RunConsumerSeek1
"C:\Program Files\Java\jdk1.8.0_144\bin\java.exe" ...
SLF4J: Failed to load class "org.slf4j.impl.StaticLoggerBinder".
SLF4J: Defaulting to no-operation (NOP) logger implementation
SLF4J: See http://www.slf4j.org/codes.html#StaticLoggerBinder for further details.
七月 08, 2020 10:24:06 下午 com.kafka.comsumer.RunConsumerSeek1 main
信息: topic = seek1 , partion = 0,offset = 3 , value = K1_3
七月 08, 2020 10:24:06 下午 com.kafka.comsumer.RunConsumerSeek1 main
信息: topic = seek1 , partion = 0,offset = 4 , value = K1_4
七月 08, 2020 10:24:06 下午 com.kafka.comsumer.RunConsumerSeek1 main
信息: topic = seek1 , partion = 0,offset = 5 , value = K1_5
七月 08, 2020 10:24:06 下午 com.kafka.comsumer.RunConsumerSeek1 main
信息: topic = seek1 , partion = 0,offset = 6 , value = K1_6
七月 08, 2020 10:24:06 下午 com.kafka.comsumer.RunConsumerSeek1 main
信息: topic = seek1 , partion = 0,offset = 7 , value = K1_7
七月 08, 2020 10:24:06 下午 com.kafka.comsumer.RunConsumerSeek1 main
信息: topic = seek1 , partion = 0,offset = 8 , value = K1_8
七月 08, 2020 10:24:06 下午 com.kafka.comsumer.RunConsumerSeek1 main
信息: topic = seek1 , partion = 0,offset = 9 , value = K1_9
```

图 5-2　指定偏移量消费消息

从结果中可以看到消费者从偏移量为 3 的位置开始消费，这是因为在执行 consumer.poll(Duration.ofMillis(6000)) 时已经从头消费过一次了，然后又指定了偏移量为 3 再次消费。

消费者第一次消费消息时，偏移量从 0~9，共 10 条数据。这时消费者已经把消息提交到 Kafka 的 _consumer_offsets 主题中了。运行 RunConsumerSeek1.java 文件，结果如图 5-3 所示。

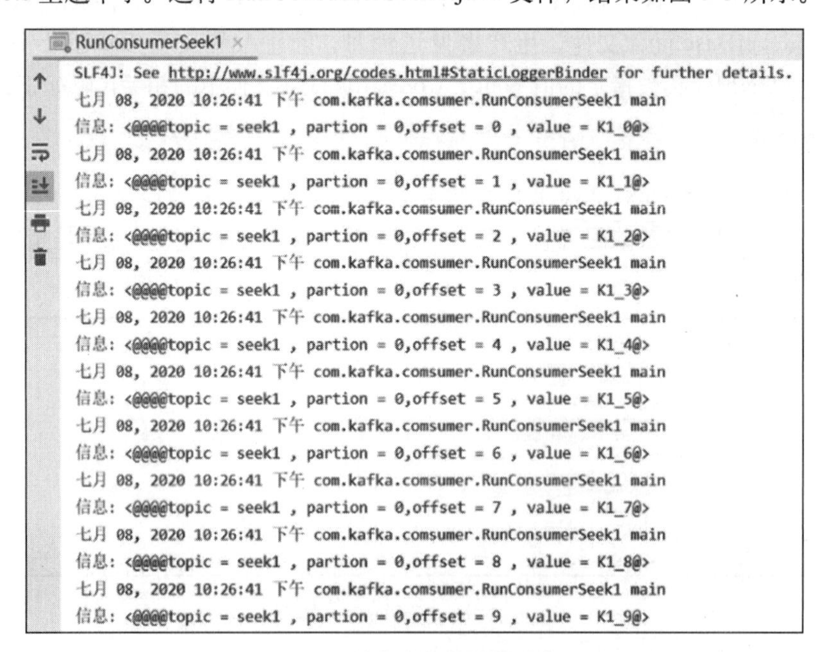

```
RunConsumerSeek1
SLF4J: See http://www.slf4j.org/codes.html#StaticLoggerBinder for further details.
七月 08, 2020 10:26:41 下午 com.kafka.comsumer.RunConsumerSeek1 main
信息: <@@@@topic = seek1 , partion = 0,offset = 0 , value = K1_0@>
七月 08, 2020 10:26:41 下午 com.kafka.comsumer.RunConsumerSeek1 main
信息: <@@@@topic = seek1 , partion = 0,offset = 1 , value = K1_1@>
七月 08, 2020 10:26:41 下午 com.kafka.comsumer.RunConsumerSeek1 main
信息: <@@@@topic = seek1 , partion = 0,offset = 2 , value = K1_2@>
七月 08, 2020 10:26:41 下午 com.kafka.comsumer.RunConsumerSeek1 main
信息: <@@@@topic = seek1 , partion = 0,offset = 3 , value = K1_3@>
七月 08, 2020 10:26:41 下午 com.kafka.comsumer.RunConsumerSeek1 main
信息: <@@@@topic = seek1 , partion = 0,offset = 4 , value = K1_4@>
七月 08, 2020 10:26:41 下午 com.kafka.comsumer.RunConsumerSeek1 main
信息: <@@@@topic = seek1 , partion = 0,offset = 5 , value = K1_5@>
七月 08, 2020 10:26:41 下午 com.kafka.comsumer.RunConsumerSeek1 main
信息: <@@@@topic = seek1 , partion = 0,offset = 6 , value = K1_6@>
七月 08, 2020 10:26:41 下午 com.kafka.comsumer.RunConsumerSeek1 main
信息: <@@@@topic = seek1 , partion = 0,offset = 7 , value = K1_7@>
七月 08, 2020 10:26:41 下午 com.kafka.comsumer.RunConsumerSeek1 main
信息: <@@@@topic = seek1 , partion = 0,offset = 8 , value = K1_8@>
七月 08, 2020 10:26:41 下午 com.kafka.comsumer.RunConsumerSeek1 main
信息: <@@@@topic = seek1 , partion = 0,offset = 9 , value = K1_9@>
```

图 5-3　消费者从头消费消息

再次消费时指定了偏移量为 3，此时在同一个组中已经存在对分区的消费信息了，这种情况下会通过 seek() 方法重置偏移量，而不是 AUTO_OFFSET_RESET_CONFIG 参数指定的 earliest 值。

视频

seek_time

（4）如果在文件中指定偏移量为 11，运行 RunConsumerSeek1.java 文件后会发生位移越界的情况。消费者会从头开始消费，如图 5-4 所示。

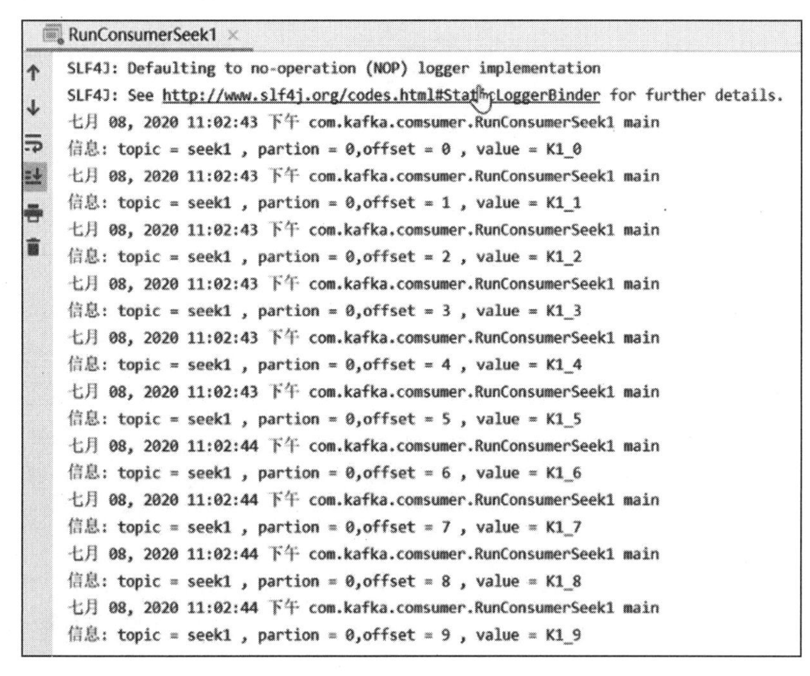

图 5-4　位移越界的消费情况

（5）创建 RunConsumerSeekTime.java 文件，使 Kafka 通过指定的时间开始消费，相关代码如下：

```
1  package com.kafka.consumer;
2  import com.kafka.ConfUtils;
3  import org.apache.kafka.clients.consumer.ConsumerRecord;
4  import org.apache.kafka.clients.consumer.ConsumerRecords;
5  import org.apache.kafka.clients.consumer.KafkaConsumer;
6  import org.apache.kafka.clients.consumer.OffsetAndTimestamp;
7  import org.apache.kafka.common.TopicPartition;
8  import java.time.Duration;
9  import java.util.*;
10 import java.util.logging.Logger;
11 public class RunConsumerSeekTime{
12     static Logger log=Logger.getLogger("RunConsumer");
13     static final String topic="seek1";
14     static final long offset=11;
15     public static void main(String[]args){
16         //1.参数
17         Properties properties=ConfUtils.initConsumerConf();
18         //2.消费
19         KafkaConsumer<String,String>consumer=new KafkaConsumer<>(properties);
20         consumer.subscribe(Arrays.asList(topic));
21         //3.配置分区
22         Set<TopicPartition> topicPartitions=new HashSet<>();
23         ConsumerRecords<String,String>rs=null;
24         while(topicPartitions.size()==0){
```

```
25              rs=consumer.poll(Duration.ofMillis(1));
26              topicPartitions=consumer.assignment();
27          }
28          Set<TopicPartition> tps=consumer.assignment();
29          //timestamp
30          HashMap<TopicPartition,Long>tpt=new HashMap<>();
31          for(TopicPartition tp:tps){
32              tpt.put(tp,System.currentTimeMillis());
33          }
34          Map<TopicPartition,OffsetAndTimestamp>topicPartitionOffsetAndTimestampMa p=
  consumer.offsetsForTimes(tpt);
35          for(TopicPartition tp:tps){
36              OffsetAndTimestamp offsetAndTimestamp=topicPartitionOffsetAndTimestampMap.
  get(tp);
37              if(offsetAndTimestamp!=null){
38                  long offset=offsetAndTimestamp.offset();
39                  consumer.seek(tp,offset);
40              }
41          }
42          //4.消费消息
43          try{
44              while(true) {
45                  //(1) 获取消息
46                      ConsumerRecords<String, String>records=consumer.poll(Duration.
  ofMillis(100));
47                  //(2) 处理消息
48                  for(ConsumerRecord<String, String> r : records) {
49                      log.info("topic="+r.topic()+",partion="+r.partition()+",offset=
  "+r.offset()+",value="+r.value());
50                  }
51              }
52          }finally{
53              consumer.close();
54          }
55      }
56  }
```

第 30 行代码构建了一个主题分区和时间的 Map 名为 tpt，泛型为 <TopicPartition, Long>。第 32 行代码在 put() 方法中指定 Map 的 key 值为 tp，就是消费者分到的主题和分区，指定时间戳为 value 值，这里指定的是当前时间 System.currentTimeMillis()。第 34 行代码通过消费者调用 offsetsForTimes() 方法传递 tpt，返回主题和分区以及时间和时间对应的偏移量。返回的 OffsetAndTimestamp 会大于或等于查询的第一条消息对应的时间和偏移量。第 36 行代码通过 topicPartitionOffsetAndTimestampMap 调用 get() 方法获取主题和分区，返回值是 offsetAndTimestamp。如果 offsetAndTimestamp 不为空，第 38 行代码通过 offset() 方法获取位移，第 39 行代码调用 seek() 方法获取主题分区和位移。

视 频

再均衡原理

5.2 Kafka 的再均衡

在 Kafka 中，当有新消费者加入或者订阅的主题数发生变化时，会触发再均衡（Rebalance）机制，顾名思义就是重新均衡消费者消费。在 Rebalance 期间，消费者会无法读取消息，造成整个消费者群组一段时间内不可用。

5.2.1 Kafka 的再均衡和触发条件

Kafka 的再均衡指分区的所属权从一个消费者转移到另一消费者的行为。假设在主题 T 中有两个分区 P0 和 P1，消费组 g1 中有两个消费者 C1 和 C2，C1 会消费分区 P0 中的数据，C2 会消费分区 P1 中的数据。在 C2 发生异常断开的情况下，分区 P1 中的数据会转移到 C1 中，此时，C1 会同时消费两个分区中的数据。即原先分区 P1 的所有权被转移到了 C1 中，保证了数据的高可用性。Kafka 的再均衡就是分区的重新分配。

在正常情况下，分区和消费者之间不会发生再均衡。但是在某些情况下会发生再均衡，Kafka 的再均衡触发条件如下：

（1）consumer 变化。假设主题 T 中有三个分区 P0、P1 和 P2，消费组 g1 中有两个消费者 C1 和 C2。C1 消费分区 P0 和 P1 中的数据，C2 消费分区 P2 中的数据。当消费者 g1 中增加一个消费者 C3 后，就会发生再均衡，Kafka 可能会将 P1 的数据转移给 C3，保证每一个消费者消费一个分区中的数据。在实际生产中，消费者变化的情况分别是消费者异常、消费者所在的机器宕机、消费者的处理逻辑时间较长。

（2）主题变化。假设原先只有主题 T1，并且在主题中有两个分区 P0 和 P1，消费组 g1 中有两个消费者 C1 和 C2，分别消费 P0 和 P1 中的数据。如果增加了主题 T2，有一个分区 P0，在消费者不变的情况下，主题 T2 中的分区一定会被分配给 C1 和 C2 中的一个消费者。消费者消费的前提是订阅了主题，主题减少也会出现再均衡的情况。

（3）分区变化。假设主题 T 中有两个分区 P0 和 P1，消费组 g1 中有两个消费者 C1 和 C2，分别消费 P0 和 P1 中的数据。当主题 T 中增加了一个分区 P3 后，一定会有一个消费者消费该分区中的数据。

如果主题 T 中新增了分区 P3，那么将由分配器 Assignor 中的算法决定 P3 分配到哪一个消费者中。

5.2.2 Kafka 再均衡的 generation 和监听器

假设 Kafka 的消费组 g1 中原先有两个消费者 C1 和 C2，这种情况称为 generation1（第一代）。如果 C2 宕机，消费组 g1 中只有 C1，这时 C1 就称为 generation2（第二代）。即每发生一次再均衡，generation 就会递增一次。如果此时消费组 g1 中新增了 C3，那么 C1 和 C3 就是 generation3（第三代）。

generation 的作用是隔离每次再均衡的数据。假设 C1 向分区 P0 提交数据时发生了再均衡，再次提交数据时，消费组会检查提交的数据是否属于上一代数据。如果提交的数据属于上一代，消费组会拒绝 C1 提交数据。

在介绍监听器之前，先来了解一下再均衡的内部流程，分为两个步骤：

（1）收集所有消费者。

（2）为消费者分配分区。

这两个步骤由协调器来执行，当发生再均衡时，Kafka 会把消费者信息发送到协调器中。协调器收集完所有消费者信息后，它会随机从消费者中选择一个 Leader，并把其他消费者的相关信息传递给 Leader。Leader 会负责分区的分配工作，它会将分区的分配方案返回给协调器，之后协调器会根据返回的分配方案进行分配。

假设主题 T 中有两个分区 P0 和 P1，消费组 g1 中有两个消费者 C1 和 C2，分别消费 P0 和 P1 中的数据。如果 C2 出现宕机的情况，就会发生再均衡。在发生再均衡期间，Kafka 会关闭消费者，消费组中的消费者无法消费任何分区中的数据。发生再均衡后会进行重新分区，然后 Kafka 会重新启动消费者进行消费。如果 C1 有未提交完的数据，为了避免消息的重复消费，在关闭消费者和发生再均衡之间，消费者可以提交 offset。监听器负责监听是否发生了再均衡，一旦监听到发生了再均衡的情况，它就会提供一个方法，消费者可以在方法中写入需要处理的逻辑。在重新分区和重新消费之间，监听器也可以执行一些相关的操作。Kafka 的 offset 需要外部存储时可以使用监听器和 seek() 方法，以保证数据的不丢失和不重复。

视 频

案例演示

下面演示一个再均衡器案例，具体操作步骤如下：

（1）创建 RunConsumerRebalance1.java 文件，新建一个消费者实现再均衡，相关代码如下：

```
1  package com.kafka.consumer;
2  import com.kafka.ConfUtils;
3  import org.apache.kafka.clients.consumer.ConsumerRecord;
4  import org.apache.kafka.clients.consumer.ConsumerRecords;
5  import org.apache.kafka.clients.consumer.KafkaConsumer;
6  import java.time.Duration;
7  import java.util.Arrays;
8  import java.util.Properties;
9  import java.util.logging.Logger;
10 public class RunConsumerRebalance1{
11     static Logger log=Logger.getLogger("RunConsumerRebalance1");
12     public static void main(String[] args){
13         //1.参数
14         Properties properties=ConfUtils.initConsumerConf();
15         //2.消费
16         KafkaConsumer<String,String>consumer=new KafkaConsumer<>(properties);
17         consumer.subscribe(Arrays.asList("r1"));
18         //3.消费消息
19         try{
20             while(true){
21                 //1.获取消息
22                 ConsumerRecords<String,String>records=consumer.poll(Duration.ofMillis(100));
23                 //2.处理消息
24                 for(ConsumerRecord<String,String>r: records){
25                     log.info("topic="+r.topic()+",partion="+r.partition()+",offset=
   "+r.offset()+",value="+r.value());
26                 }
27             }
28         }finally{
29             consumer.close();
30         }
31     }
32 }
```

第 17 行代码消费者调用 subscribe() 方法订阅了消费主题 r1，然后复制 RunConsumerRebalance1.java 文件并重命名为 RunConsumerRebalance2.java，再次建立一个消费者。之后运行 ProducerBase.java 文件，使生产者不断地向主题 r1 的三个分区轮流发送消息。运行 RunConsumerRebalance1.java 文件，启动消费者 1 消费主题 r1 中的消息，如图 5-5 所示。只有一个消费者时，会消费主题 r1 的三个分区中的消息。

再运行 RunConsumerRebalance2.java 文件，启动消费者 2。此时消费者 1 只能消费到分区 2 中的消息，由之前三个分区变成了现在的一个分区，如图 5-6 所示。

```
七月 10, 2020 12:08:13 上午 com.kafka.comsumer.RunConsumerRebalance1 main
信息: topic = r1 , partion = 0,offset = 2 , value = K1_6
七月 10, 2020 12:08:14 上午 com.kafka.comsumer.RunConsumerRebalance1 main
信息: topic = r1 , partion = 1,offset = 2 , value = K1_7
七月 10, 2020 12:08:15 上午 com.kafka.comsumer.RunConsumerRebalance1 main
信息: topic = r1 , partion = 2,offset = 2 , value = K1_8
```

图 5-5 消费者消费三个分区的消息

```
七月 10, 2020 12:08:40 上午 com.kafka.comsumer.RunConsumerRebalance1 main
信息: topic = r1 , partion = 2,offset = 10 , value = K1_32
七月 10, 2020 12:08:43 上午 com.kafka.comsumer.RunConsumerRebalance1 main
信息: topic = r1 , partion = 2,offset = 11 , value = K1_35
七月 10, 2020 12:08:46 上午 com.kafka.comsumer.RunConsumerRebalance1 main
信息: topic = r1 , partion = 2,offset = 12 , value = K1_38
七月 10, 2020 12:08:49 上午 com.kafka.comsumer.RunConsumerRebalance1 main
信息: topic = r1 , partion = 2,offset = 13 , value = K1_41
七月 10, 2020 12:08:52 上午 com.kafka.comsumer.RunConsumerRebalance1 main
信息: topic = r1 , partion = 2,offset = 14 , value = K1_44
七月 10, 2020 12:08:55 上午 com.kafka.comsumer.RunConsumerRebalance1 main
信息: topic = r1 , partion = 2,offset = 15 , value = K1_47
```

图 5-6 消费者 1 消费消息

消费者 2 可以消费到分区 0 和分区 1 中的消息，如图 5-7 所示。

```
七月 10, 2020 12:08:41 上午 com.kafka.comsumer.RunConsumerRebalance2 main
信息: topic = r1 , partion = 0,offset = 11 , value = K1_33
七月 10, 2020 12:08:42 上午 com.kafka.comsumer.RunConsumerRebalance2 main
信息: topic = r1 , partion = 1,offset = 11 , value = K1_34
七月 10, 2020 12:08:44 上午 com.kafka.comsumer.RunConsumerRebalance2 main
信息: topic = r1 , partion = 0,offset = 12 , value = K1_36
七月 10, 2020 12:08:45 上午 com.kafka.comsumer.RunConsumerRebalance2 main
信息: topic = r1 , partion = 1,offset = 12 , value = K1_37
七月 10, 2020 12:08:47 上午 com.kafka.comsumer.RunConsumerRebalance2 main
信息: topic = r1 , partion = 0,offset = 13 , value = K1_39
七月 10, 2020 12:08:48 上午 com.kafka.comsumer.RunConsumerRebalance2 main
信息: topic = r1 , partion = 1,offset = 13 , value = K1_40
```

图 5-7 消费者 2 消费消息

（2）创建 RunConsumerListener.java 文件，建立监听器，相关代码如下：

```
 1  package com.kafka.consumer;
 2  import com.kafka.ConfUtils;
 3  import org.apache.kafka.clients.consumer.ConsumerRebalanceListener;
 4  import org.apache.kafka.clients.consumer.ConsumerRecord;
 5  import org.apache.kafka.clients.consumer.ConsumerRecords;
 6  import org.apache.kafka.clients.consumer.KafkaConsumer;
 7  import org.apache.kafka.common.TopicPartition;
 8  import org.apache.kafka.common.errors.WakeupException;
 9  import java.time.Duration;
10  import java.util.Arrays;
11  import java.util.Collection;
12  import java.util.Properties;
13  import java.util.logging.Logger;
14  public class RunConsumerListener{
15      static Logger log=Logger.getLogger("RunConsumerListener");
16      public static void main(String[] args){
```

```
17            //1.参数
18            Properties properties=ConfUtils.initConsumerConf();
19            //2.消费
20            KafkaConsumer<String,String>consumer=new KafkaConsumer<>(properties);
21            consumer.subscribe(Arrays.asList("r1"),new ConsumerRebalanceListener(){
22                @Override
23                public void onPartitionsRevoked(Collection<TopicPartition> collection){
24                    //dbcommit
25                }
26                @Override
27                public void onPartitionsAssigned(Collection<TopicPartition> collection){
28                    //select offset
29                    //seek(offset)
30                }
31            });
32            //3.消费消息
33            try{
34                while(true) {
35                    //（1）获取消息
36                    ConsumerRecords<String,String>records=consumer.poll(Duration.ofMillis(100));
37                    //seek
38                    //（2）处理消息
39                    for(ConsumerRecord<String, String> r: records) {
40                        log.info("topic="+r.topic()+",partion="+r.partition()+",offset=
    "+r.offset()+", value="+r.value());
41                        //①处理消息
42                        //begin work
43                        //②消息存数据
44                    }
45                    //dbcommit
46                }
47            }catch (WakeupException wp){
48            }catch (Exception e){
49                //异常处理逻辑
50            }
51            finally{
52               consumer.close();
53            }
54        }
55    }
```

第 21 行代码在订阅主题 r1 时传递消费者的监听器。监听器中有两个方法：onPartitionsRevoked() 方法在关闭消费者和发生再均衡之间使用，通过此方法将消息提交到数据库中；onPartitionsAssigned() 方法在发生再均衡之后和消费消息之前使用，可以在此方法中查询 offset，然后通过 seek() 方法指定偏移量开始消费。要想保证数据不丢失，可以消费一条消息便提交一条消息。消费者消费到消息后，便需要对消息进行处理，处理完之后还需要把消息存入数据库，然后提交消息。如果消息在存入数据库后没有提交成功，就会造成消息的重复消费。针对这种问题，可以将存入和提交操作放入事务中。

视 频

rand 和 round
分区策略

5.3 Kafka 的分区策略

在 Kafka 中，每个主题中一般会有很多分区。为了能够及时地消费消息，可能会启动多个消费者去消费分区，在消费组中所有消费者协调在一起来消费订阅主题的所有分区。同一个消费组中的消费者不能一次消费同一个主题的分区。那么，同一个消费组中的消费者如何确定去消费哪些分区中的数据呢？下面围绕如何将主题中的分区分配给消费者这一问题展开介绍 Kafka 的分区策略。

5.3.1 Kafka 的分区分配策略

在 Kafka 中有如下几种分区分配策略，可以把不同的分区分配给消费者。Kafka 中的两种默认分区分配策略为 Range 和 RoundRobin。

(1) Range。

(2) RoundRobin。

(3) Sticky。

(4) 自定义分区策略。

如何再均衡会涉及分区分配策略的问题，下面介绍这些分配策略的含义以及它们存在的问题。

5.3.2 Kafka 的 RangAssignor

Kafka 一般按照消费者总数和分区总数进行整除运算来获得一个跨度，然后将分区按照跨度进行平均分配，以保证分区尽可能均匀地分配给所有消费者。假设主题 T1 和 T2 中分别有四个分区 P0、P1、P2 和 P3，消费组中有两个消费者 C0 和 C1，那么跨度 = 分区数 / 消费者。对于主题 T1 来说，跨度 =4/2，即跨度为 2。根据计算出的跨度，可以将 T1 中的 P0 和 P1 分配给消费者 C0，将 T1 中的 P2 和 P3 分配给消费者 C1。

也可以按照 N= 分区数 / 消费者，M= 分区数 % 消费者的方法计算。其中前 M 个消费者分配 n+1 个分区，后面的（消费者 $-m$）每个分配 n 个分区。

Kafka 的 RangAssignor 分区分配策略容易造成部分消费者过载的问题，如图 5-8 所示。假设主题 t0 和 t1 中分别有三个分区 P0、P1 和 P2，消费组中有两个消费者 C0 和 C1。对于 t0 来说，跨度 =3/2，即跨度为 1。根据跨度，Kafka 会将 t0 中的 P0 分配给 C0，t0 中的 P2 分配给 C1，然后还会把 t0 中的 P1 分配给 C0。由于主题 t1 中的分区跨度也是 1，所以 Kafka 会将 t1 中的 P0 分配给 C0，将 t1 中的 P2 分配给 C1，然后将 t1 中的 P1 分配给 C0。

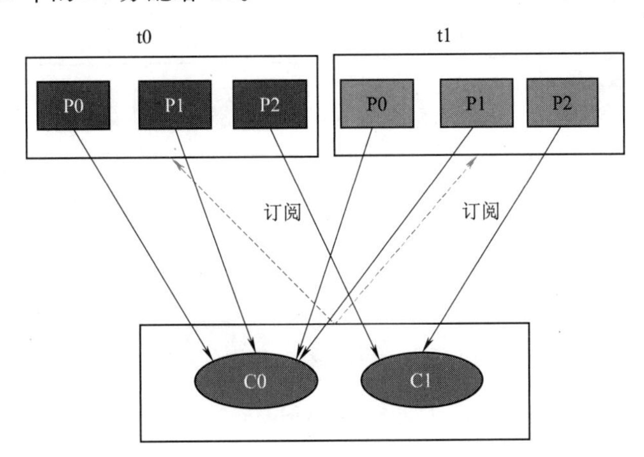

图 5-8 RangAssignor 存在的问题

根据公式 N= 分区数 / 消费者和 M= 分区数 % 消费者，N 为 1，M 也为 1，因此第一个消费者 C0

分配到了 4 个分区的数据，而 C1 只分配到了 2 个分区的数据。对于消费者 C0 来说，会出现消费过载的问题。

5.3.3 Kafka 的 RoundRobinAssignor

将消费组内所有消费者及消费者订阅的所有主题的分区按照字典排序，然后通过轮询方式逐步将分区依次分配给每个消费者。按照轮询的分配策略，消费者 C0 会排在 C1 前面，并对主题中的分区进行轮询，如图 5-9 所示。

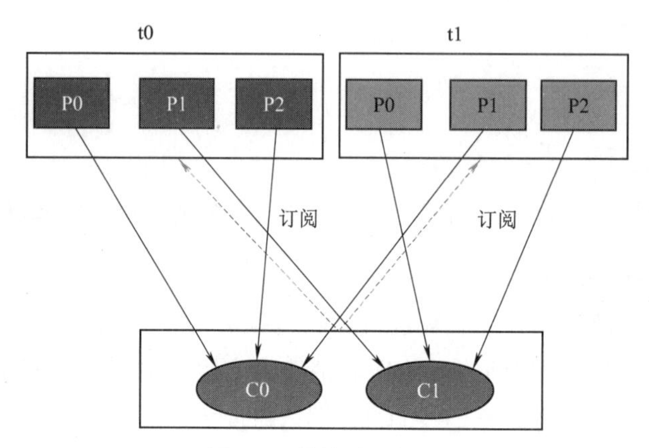

图 5-9　轮询分配策略

主题 t0 中的 P0 分区会分配给 C0，t0 中的 P1 分区会分配给 C1，同理，主题 t0 中的第三个分区 P2 又会分配给 C0。主题 t0 中的三个分区分配完毕后，接着分配主题 t1 中的分区。这时主题 t1 中的分区 P0 会分配给 C1，t1 中的分区 P1 会分配给 C0，最后 t1 中的第三个分区 P2 会分配给 C1。通过轮询的方式，将每个主题中的分区平均分配给了两个消费者。

当同一个消费组的消费者都订阅了相同主题的前提下，才会保证均匀分配主题中的分区。如果消费组中的消费者订阅的主题不相同，可能会造成分区分配不均匀的问题，如图 5-10 所示。假设存在三个主题，t0 中有一个分区 P0，t1 中有两个分区 P0 和 P1，t2 中有三个分区 P0、P1 和 P2。消费者 C0 只订阅了主题 t0，消费者 C1 订阅了主题 t0 和 t1，消费者 C2 订阅了主题 t0、t1 和 t2。

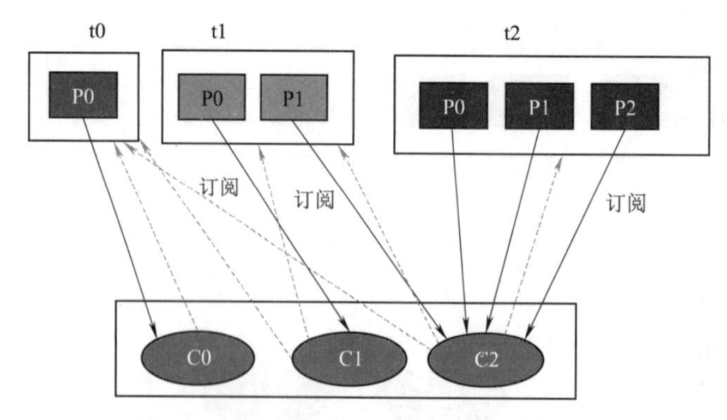

图 5-10　RoundRobinAssignor 产生的问题

根据字典排序，三个消费者的顺序为 C0、C1 和 C2。主题 t0 中的分区 P0 会分配给 C0，主题 t1 中的分区 P0 会分配给 C1，主题 t1 中的分区 P1 会分配给 C2。在分配 t2 中的分区时，理论上 P0 会分配给 C0，P1 会分配给 C1，但是 C0 和 C1 并没有订阅主题 t2，因此，主题 t2 中的分区 P0、P1 和 P2 会分配给 C2。所以在同一个消费组中，如果消费者订阅了不同的主题，便不能保证分区的均匀性。

5.3.4 Kafka 的 StickyAssignor

视 频

sticky 分区策略

Kafka 的 StickyAssignor 分区分配策略有两个原则，分别如下：

（1）分区的分配要尽可能均匀。尽可能保证每一个消费者分到的分区数是相同的。

（2）分区的分配尽可能与上次的分配保持相同。假设消费者 C1 分配到了分区 P0 和 P1，消费者 C2 分配到了分区 P2 和 P3，消费者 C3 分配到了分区 P4 和 P5。如果消费者 C3 宕机了，那么 Kafka 会将 P4 和 P5 平均分配给另外两个消费者 C1 和 C2，在保证之前分配情况不变的前提下，分别将 P4 和 P5 分给 C1 和 C2，这也体现了 StickyAssignor 分区分配策略的黏性。

假设消费者订阅了相同的主题，即同一个消费组中的三个消费者 C0、C1 和 C2 都订阅了主题 T0、T1、T2 和 T3，如图 5-11 所示。

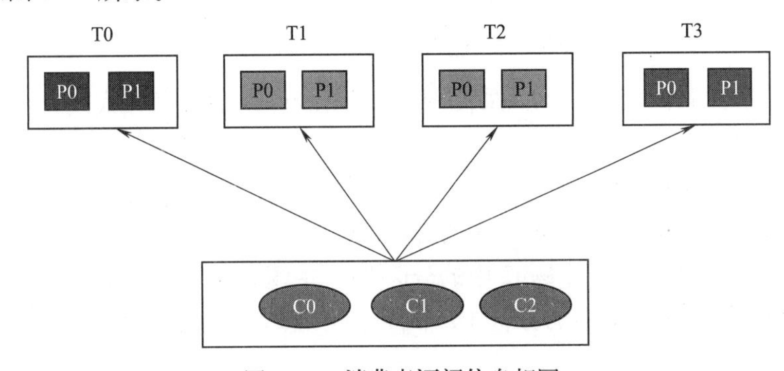

图 5-11　消费者订阅信息相同

如果使用轮询的方式，那么消费者 C0、C1 和 C2 可以分配到的分区分别如下：

（1）C0：主题 T0 中的分区 P0、主题 T1 中的分区 P1、主题 T3 中的分区 P0。

（2）C1：主题 T0 中的分区 P1、主题 T2 中的分区 P0、主题 T3 中的分区 P1。

（3）C2：主题 T1 中的分区 P0、主题 T2 中的分区 P1。

使用 StickyAssignor 的分配方式和轮询分配的原则一致，会保证尽可能均匀地分配。如果 C1 出现宕机的情况，消费组中只有 C0 和 C2，按照轮询的方式，C0 和 C2 可以分配到的分区分别如下：

（1）C0：主题 T0 中的分区 P0、主题 T1 中的分区 P0、主题 T2 中的分区 P0、主题 T3 中的分区 P0。

（2）C2：主题 T0 中的分区 P1、主题 T1 中的分区 P1、主题 T2 中的分区 P1、主题 T3 中的分区 P1。

而使用 StickyAssignor 的分配方式时，它会在保证原先分配的基础上再次分配分区，将之前 C1 中的分区根据字典排序，继续分配给 C2，然后是 C0，分配情况如下：

（1）C0：主题 T0 中的分区 P0、主题 T1 中的分区 P1、主题 T3 中的分区 P0、主题 T2 中的分区 P0。

（2）C2：主题 T1 中的分区 P0、主题 T2 中的分区 P1、主题 T0 中的分区 P1、主题 T3 中的分区 P1。

通过对比这两种分配方式，StickyAssignor 的方式优于轮询的方式。这是因为当出现再均衡的情况时，应该尽量保证原先的消费者消费情况不改变，即使有新添加的分区，也不会对消费者产生影响。

当消费者订阅不同主题时，Kafka 的分配策略如图 5-12 所示。消费者 C0 订阅了主题 t0，C1 订阅了主题 t0 和 t1，C2 订阅了主题 t0、t1 和 t2。按照轮询的方式，三个消费者的分区分配情况如下：

（1）C0：主题 t0 中的分区 P0。

（2）C1：主题 t1 中的分区 P0。

（3）C2：主题 t1 中的分区 P1、主题 t2 中的分区 P0、主题 t2 中的分区 P1、主题 t2 中的分区 P2。

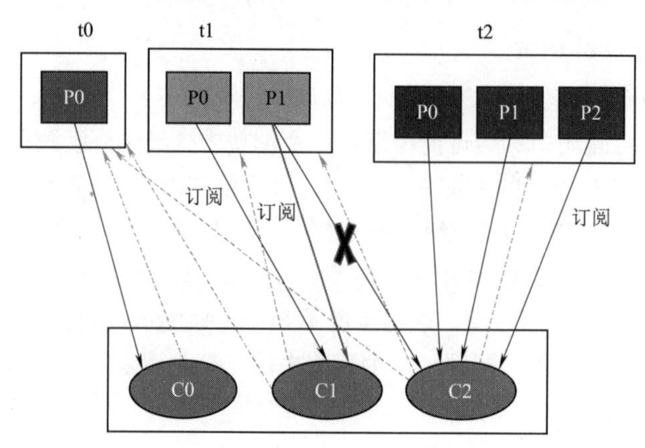

图 5-12　消费者订阅不同的主题

在消费者订阅不同主题的情况下，如果使用 StickyAssignor 的分区方式，三个消费者 C0、C1 和 C2 的分区分配情况分别如下：

（1）C0：主题 t0 中的分区 P0。

（2）C1：主题 t1 中的分区 P0、主题 t1 中的分区 P1。

（3）C2：主题 t2 中的分区 P0、主题 t2 中的分区 P1、主题 t2 中的分区 P2。

与轮询的方式相比，主题 t1 中的分区 P1 不再分配给 C2，而是分配给了 C1。从均匀性考虑，StickyAssignor 的分配方式更合理。

当消费者 C0 出现宕机的情况时，使用轮询的方式分配分区，消费者 C1 和 C2 的分区分配情况分别如下：

（1）C1：主题 t0 中的分区 P0、主题 t1 中的分区 P1。

（2）C2：主题 t1 中的分区 P0、主题 t2 中的分区 P0、主题 t2 中的分区 P1、主题 t2 中的分区 P2。

具体的分配情况如图 5-13 所示。当 C0 出现宕机，原先分配给 C0 的分区 P0 会重新分配给 C1。图 5-13 中的双线箭头是消费者 C1 的分区分配情况，加粗箭头是消费者 C2 的分区分配情况。这种方式并没有保证 C1 原先分区保持不变，没有体现出分区分配的均匀性。

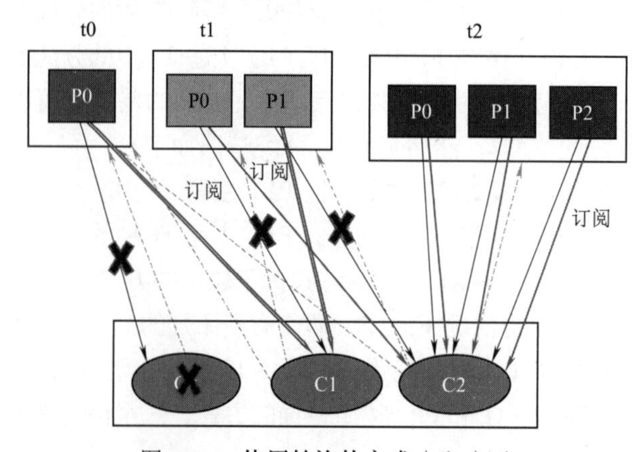

图 5-13　使用轮询的方式分配分区

当消费者 C0 出现宕机时，使用 StickyAssignor 的分配方式分配分区如图 5-14 所示。这种方式在保证了原先分配给消费者的分区不变的情况下，对剩下的分区进行了重新分配。

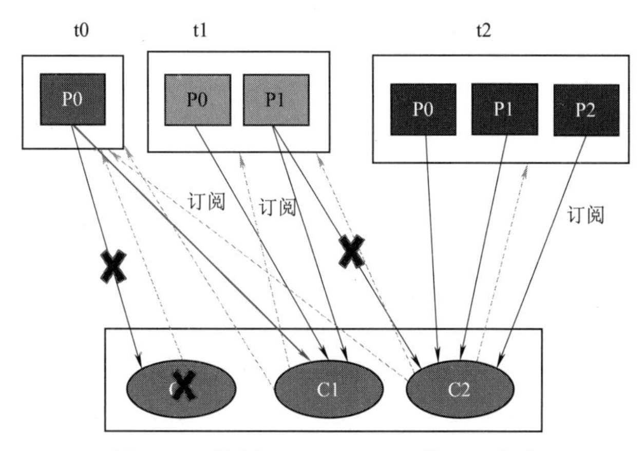

图 5-14　使用 StickyAssignor 的分配方式

消费者 C1 和 C2 使用 StickyAssignor 的分配方式分配情况分别如下：

（1）C1：主题 t0 中的分区 P0、主题 t1 中的分区 P0、主题 t1 中的分区 P1。

（2）C2：主题 t2 中的分区 P0、主题 t2 中的分区 P1、主题 t2 中的分区 P2。

在这种情况下，StickyAssignor 的分配方式保证了分配的均匀性，尽可能地维持了消费者原先分区不变的情况。

5.3.5　Kafka 的自定义分区策略

视 频

自定义分区步骤

当 Kafka 提供的分区策略不能满足要求时，可以自定义分区策略。自定义分区策略开发步骤如下：

（1）实现 PartitionAssignor 接口。实现 Kafka 自定义分区时需要记住包的全名，即 org.apache.kafka.clients.consumer.internals.PartitionAssignor。

（2）重写方法。需要重写的方法有四个，分别是 name、assign、Subscription 和 onAssignment。

（3）配置 partition.assignment.strategy。

下面举例说明这 4 个方法的重写方式。创建 PartionAssignor.java 文件重写这四个方法，相关代码如下：

```
1  package com.kafka.consumer;
2  import org.apache.kafka.clients.consumer.internals.PartitionAssignor;
3  import org.apache.kafka.common.Cluster;
4  import java.util.Map;
5  import java.util.Set;
6  public class PartionAssignor implements PartitionAssignor{
7      @Override
8      public Subscription subscription(Set<String> set) {
9          //添加用户信息
10         return null;
11     }
12     @Override
13     public Map<String,Assignment>assign(Cluster cluster,Map<String,Subscription>map){
14         return null;
```

```
15        }
16        @Override
17        public void onAssignment(Assignment assignment){
18        }
19        @Override
20        public String name(){
21            return null;
22        }
23    }
```

第 8 行代码 subscription(Set<String> set) 方法中的 set 表示所有消费者订阅主题的一个集合，该方法会输出一个 Subscription 对象。输出的对象实际上是 PartitionAssignor 接口中的两个内部类。内部类 Subscription 中包括订阅的主题 topics 和订阅用户的数据 userData（如用户的 IP 等）。因此，可以在该方法中添加用户信息，然后封装成 Subscription 对象。

第 20 行代码中的 name() 方法用于定义分区器的名字，只要保证自定义的分区器名称不重复即可。第 17 行代码中的 onAssignment(Assignment assignment) 方法中输入的是一个 Assignment 对象，该对象中封装了最终分配的结果，包含用户数据和主题分区信息。当消费者在接收到消费组的 Leader 分配消息后，该方法才会被调用。

视 频

自定义
分区演练

第 13 行代码中的 assign() 方法输入的是一个集合 cluster 和一个 Map，该集合可以理解为 Kafka 的源数据信息，可以通过集合获取想要的集群信息。Map 表示某个消费者订阅的信息。该方法的最终返回值是 Map，Map 表示某一个消费者分配的数据。

下面演示一个消费者分区策略。

具体操作步骤如下：

（1）创建 RandomAssignor.java 文件，通过继承方式自定义一个随机分配器。然后在 name() 方法中自定义随机分配器的名称，相关代码如下：

```
1  public String name() {
2      return "kafka_RadomAssignor";
3  }
```

第 2 行代码在 name() 方法中定义了随机分配器的名称为 kafka_RadomAssignor，只需保证自定义的名字不重复即可。

（2）定义 topicConsumers() 方法将消费者和主题的关系转换成主题和对应消费者的关系，相关代码如下：

```
1  public Map<String,List<String>>topicConsumers(Map<String,Subscription>consumerTopics){
2      HashMap<String,List<String>>topic_Consumers=new HashMap<>();
3      for(Map.Entry<String,Subscription> topic_Consumer:consumerTopics.entrySet()){
4          String consumer=topic_Consumer.getKey();
5          List<String> topics=topic_Consumer.getValue().topics();
6          for(String topic:topics){
7              put(topic_Consumers,topic,consumer);
8          }
9      }
10     return topic_Consumers;
11 }
```

topicConsumers() 方法的返回值是一个 Map，其中 Map 中的 key 是主题，类型为 String，List<String>

表示返回的消费者集合。该方法的输入参数是 Kafka 提供的 Map<String, Subscription> consumer Topics。第 3 行代码通过调用 entrySet() 方法遍历了集合。第 4 行代码调用 getKey() 方法获取 key 值，第 5 行代码调用 getValue() 方法获取 value 值，调用 topics() 方法获取所有主题。key 代表消费者，value 代表消费者订阅的所有主题。第 6 行代码对所有的主题进行了遍历，然后把每一个主题和它对应的所有消费者放入 Map。第 7 行代码 put() 方法中的 topic_Consumers 表示传递的 Map，topic 表示将主题不断地输入到 Map 中。如果消费者 consumer 已经订阅了主题，kafka 会将消费者加入对应的集合中。如果 Map 中没有对应的主题，会新建一个 List，然后把消费者添加到集合中。put() 方法是通过集成的类 AbstractPartitionAssignor 实现的。

（3）构建一个返回值的集合，相关代码如下：

```
1  Map<String,List<TopicPartition>>consumer_tps=new HashMap<>();
2  for(String consumer:consumerTopics.keySet()){
3      consumer_tps.put(consumer,new ArrayList<TopicPartition>());
4  }
```

第 1 行代码构建了一个 Map，consumer_tps 集合表示消费者和主题分区的对应关系。第 2 行代码通过 consumerTopics 调用 keySet() 方法获取所有消费者的集合，然后通过 for 语句遍历该集合。第 3 行代码通过 consumer_tps 调用 put() 方法，该方法中的 consumer 表示消费者，方法的返回值为 List 集合。

（4）获取主题和分区的对应关系，然后将分区分配给消费者，相关代码如下：

```
1  Map<String,List<String>>topic_consumers=topicConsumers(consumerTopics);
2  for(Map.Entry<String,List<String>>topic_consumer:topic_consumers.entrySet()){
3      String topic=topic_consumer.getKey();
4      List<String>consumers=topic_consumer.getValue();
5      Integer t_ps=topicPartions.get(topic);
6      if(t_ps==null){
7          continue;
8      }
9      List<TopicPartition>partitions=partitions(topic,t_ps);
10     for(TopicPartition partition:partitions){
11         int randomIndex=new Random().nextInt(consumers.size());
12         String rc=consumers.get(randomIndex);
13         consumer_tps.get(rc).add(partition);
14         System.out.println(rc+"=>"+partition+",index="+randomIndex);
15     }
16 }
```

第 3 行代码通过 topic_consumer 调用 getKey() 方法获取 key 值，即主题 topic。第 4 行代码通过调用 getValue() 方法获取主题下的所有消费者的集合。第 5 行代码通过 topicPartions 调用 get(topic) 获取主题和分区的对应关系 t_ps。第 6 行代码通过 if 语句判断如果主题下对应的分区数为 0，会返回空值。第 11 行代码通过随机数可以随机获取索引，索引不可以超出 consumers 集合的限制。第 12 行代码通过随机索引可以获取随机消费者 rc。第 13 行代码通过 get(rc) 获取随机消费者对应的集合，然后调用 add(partition) 将分区分配给消费者。

（5）复制 RunConsumer.java 文件，分别重命名为 AssignorConsumer1.java 和 AssignorConsumer2.java，创建两个消费者 C1 和 C2。在 Kafka 集群中新建主题 p16，并建立 3 个分区。消费者使用分配器之前需要在配置文件 ConfUtils.java 中进行配置，相关代码如下：

```
1  public static Properties assignorConsumerConf(){
2       Properties props=new Properties();
3       props.put(ConsumerConfig.BOOTSTRAP_SERVERS_CONFIG,"10.12.30.188:9092");
4       props.put(ConsumerConfig.KEY_DESERIALIZER_CLASS_CONFIG,StringDeserializer.
class.getName());
5       props.put(ConsumerConfig.VALUE_DESERIALIZER_CLASS_CONFIG,StringDeserializer.
class.getName());
6       props.put(ConsumerConfig.GROUP_ID_CONFIG,"assignor_07");
7       props.put(ConsumerConfig.AUTO_OFFSET_RESET_CONFIG,"latest");
8       props.put(ConsumerConfig.ENABLE_AUTO_COMMIT_CONFIG,true);
9       props.put(ConsumerConfig.PARTITION_ASSIGNMENT_STRATEGY_CONFIG,RandomAssignor.
class.getName());
10      return props;
11  }
```

第 6 行代码设置了消费组的名称，第 8 行代码设置提交方式为自动提交。第 9 行代码中的 PARTITION_ASSIGNMENT_STRATEGY_CONFIG 表示使用的分配策略。

（6）分别运行 AssignorConsumer1.java 文件和 AssignorConsumer2.java 文件，启动消费者 1 和消费者 2。只有消费者 1 时的执行结果如图 5-15 所示。

```
AssignorConsumer1
"C:\Program Files\Java\jdk1.8.0_144\bin\java.exe" ...
SLF4J: Failed to load class "org.slf4j.impl.StaticLoggerBinder".
SLF4J: Defaulting to no-operation (NOP) logger implementation
SLF4J: See http://www.slf4j.org/codes.html#StaticLoggerBinder for further details.
consumer-1-2bda09d7-ab9a-4718-8045-ad9066dcd0b5=>p16-0,index =0
consumer-1-2bda09d7-ab9a-4718-8045-ad9066dcd0b5=>p16-1,index =0
consumer-1-2bda09d7-ab9a-4718-8045-ad9066dcd0b5=>p16-2,index =0
```

图 5-15　消费者 1 的执行结果

当只有一个消费者时，Kafka 会将三个分区全部分配给该消费者。索引 index=0 表示只获取了一个消费者。同时启动两个消费者的运行结果如图 5-16 所示。从结果中可以看到分区 0 被分配给了一个消费者，分区 1 和分区 2 被分配给了另外一个消费者。

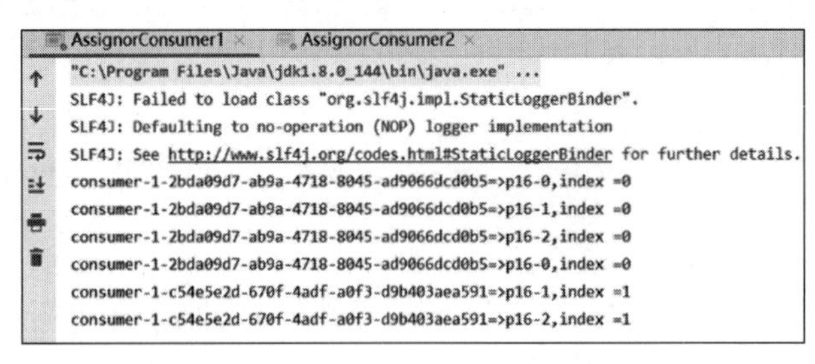

图 5-16　启动两个消费者的运行结果

运行 ProducerBase.java 文件，启动生产者向分区中发送数据，如图 5-17 所示。

```
七月 06, 2020 7:12:32 上午 com.kafka.producer.ProducerBase main
信息: kafka0
七月 06, 2020 7:12:33 上午 com.kafka.producer.ProducerBase main
信息: kafka1
七月 06, 2020 7:12:34 上午 com.kafka.producer.ProducerBase main
信息: kafka2
消息发送完成
```

图 5-17　生产者发送数据

消费者 2 消费了两条消息，如图 5-18 所示。消费者 2 获取了分区 1 和分区 2 中的数据。

```
七月 06, 2020 7:12:33 上午 com.kafka.comsumer.AssignorConsumer2 main
信息: topic = p16 , partion = 1,offset = 0 , value = K2_0
七月 06, 2020 7:12:34 上午 com.kafka.comsumer.AssignorConsumer2 main
信息: topic = p16 , partion = 2,offset = 0 , value = K2_2
```

图 5-18　消费者 2 消费消息的情况

消费者 1 消费了一条数据，即分区 0 中的数据，如图 5-19 所示。

```
七月 06, 2020 7:12:33 上午 com.kafka.comsumer.AssignorConsumer1 main
信息: topic = p16 , partion = 0,offset = 0 , value = K2_1
```

图 5-19　消费者 1 消费消息的情况

完整代码：

```
1  package com.kafka.consumer;
2  import org.apache.kafka.clients.consumer.internals.AbstractPartitionAssignor;
3  import org.apache.kafka.common.TopicPartition;
4  import java.util.*;
5  public class RandomAssignor extends AbstractPartitionAssignor {
6      /**
7      * 1.Topic->Consumers
8      * 2.Topic->Partions
9      * 3.Partions->TopicPartition
10     * 4.partions=>consuner
11     * @param topicPartions
12     * @param consumerTopics
13     * @return
14     */
15     @Override
16     public Map<String,List<TopicPartition>>assign(Map<String,Integer>topicPartions,
 Map<String,Subscription>consumerTopics){
17         //1.构建返回值
18         Map<String,List<TopicPartition>>consumer_tps=new HashMap<>();
19         for(String consumer:consumerTopics.keySet()){
20             consumer_tps.put(consumer,new ArrayList<TopicPartition>());
21         }
22         //2.获取主题
23         Map<String,List<String>>topic_consumers=topicConsumers(consumerTopics);
24         for(Map.Entry<String,List<String>>topic_consumer:topic_consumers.entrySet()){
25             String topic=topic_consumer.getKey();
26             List<String>consumers=topic_consumer.getValue();
27             //3.获取分区数
28             Integer t_ps=topicPartions.get(topic);
29             if(t_ps==null){
30                 continue;
31             }
32             List<TopicPartition>partitions=partitions(topic,t_ps);
33             //4.partions=>comsuner
34             for(TopicPartition partition:partitions){
35                 int randomIndex=new Random().nextInt(consumers.size());
36                 String rc=consumers.get(randomIndex);
37                 consumer_tps.get(rc).add(partition);
```

```
38                System.out.println(rc+"=>"+partition+",index="+randomIndex);
39            }
40        }
41        return consumer_tps;
42    }
43    /**
44    * Topic->Consumers
45    * @return Map<String,List<String></>></>
46    */
47    public Map<String,List<String>>topicConsumers(Map<String,Subscription>consumerTopics){
48        HashMap<String,List<String>>topic_Consumers=new HashMap<>();
49        for(Map.Entry<String,Subscription>topic_Consumer:consumerTopics.entrySet()){
50            String consumer=topic_Consumer.getKey();
51            List<String>topics=topic_Consumer.getValue().topics();
52            for(String topic:topics){
53                put(topic_Consumers,topic,consumer);
54            }
55        }
56        return topic_Consumers;
57    }
58    @Override
59    public String name(){
60        return "kafka_RadomAssignor";
61    }
62 }
```

小　　结

本章通过对 Kafka 特定位移消费的学习，掌握了位移重置的方法和指定偏移量的开发流程；通过对 Kafka 再均衡的学习，了解了再均衡的触发条件和监听器的作用；通过四种分区策略的学习，掌握了如何根据实际需求选择不同的分区策略以及自定义分区器的方法。

习　　题

一、填空题

1. Kakfa 通过________________方法可以从特定偏移量消费。

2. 再均衡是指________________从一个消费者转移到另一个消费者。

3. 假设消费组内有 3 个消费者（C0、C1 和 C2），它们都订阅了 3 个主题 t0、t1、t2 并且 3 个主题分别有 1、2 和 3 个分区。也就是说，整个消费组订阅了 t0p0、t1p0、t1p1、t2p0、t2p1、t2p2 和 t3pl 共 8 个分区。消费者 C0 订阅的主题 t0，消费者 C1 订阅的主题 t0 和 t1，消费者 C2 订阅的主题 t0、t1 和 t2，如果使用 RoundRobinAssi nor 分配策略。则消费者消费的分区为：

消费者 C0:________________

消费者 C1:________________

消费者 C2:________________

二、简答题

1. 简述消费者在关闭、崩溃或者遇到再次均衡时（如有新的消费组或订阅新主题），消费者的消费策略（从哪个偏移量开始消费）。

2. 简述 Kafka 发生再均衡的条件。

三、操作题

1. 开发 Kafka 的消费者，满足以下要求：

（1）消息为 PersonInfo，属性包含字符串类型 name，long 类型 id，字符串类型电话 tel。

（2）序列化方式使用 protobuf。

（3）要求正常情况，保证消息不能丢失和重复。

（4）发生再均衡，保证消息不能丢失。

（5）将偏移量维护在 MySQL 数据库中。

2. 实现 StickyAssignor 分区分配。

Kafka的日志与事务

学习目标

- 掌握Kafka的日志存储方式。
- 了解Kafka的可靠性设计原理。
- 掌握Kafka的幂等性。
- 掌握Kafka的事务。

本章首先学习Kafka日志存储的相关知识，主要有Kafka的四种日志管理方式和三种日志格式，然后介绍Kafka的可靠性机制，接着学习Kafka的消息语义和幂等性，最后学习Kafka事务相关知识。

视频

日志存储

6.1 Kafka日志存储

生产者向Kafka集群发送消息时，为了防止数据丢失，消息会以日志的方式存储在磁盘中。本节主要介绍Kafka日志存储的主要原理，内容包括日志存储、日志回滚、日志查找和日志清理以及三种日志格式的优缺点等。

6.1.1 Kafka的日志

日志就是将消息持久化到磁盘中的数据，这份数据的存储方式将会极大地影响其吞吐量和扩展性。Kafka的日志管理方式如下：

（1）日志存储。消息会以日志的方式存储在磁盘中，这里涉及两种存储方式的问题，第一，消息以何种格式存储在日志中；第二，日志文件又以何种方式存储在磁盘中。

（2）日志回滚。当消息不断地存储到日志文件中时，随着消息不断写入，日志文件会不断地增大。当日志文件达到一定的大小后，就需要将日志文件关闭了。当有新的数据需要写入时，会重新创建新的日志文件，这就是日志的回滚。关于日志回滚的条件将在后面进行介绍。

（3）日志查找。日志回滚之后，会存在很多日志文件。当消费者需要查找某一个数据的偏移量时，高效地从众多日志文件中查找数据信息是至关重要的。

（4）日志清理。随着日志文件的增多，Kafka会定期清理历史日志文件，以保证充足的磁盘存储空间。关于清理机制的内容将在后面进行介绍。

6.1.2 Kafka的日志格式

在设计Kafka的消息格式时，主要从功能和性能两方面考虑。在保证功能的前提下，使性能达到最优。如果消息格式设计的不完善，就会影响 Kafka 的功能和性能。

如果一条消息包含 a、b、c 三个属性，与使用对象的方式相比，使用 Kafka 的方式存储这三个属性所占的字节数更少。所以在处理大数据的场景时，其优越性十分显著。随着功能和性能的不断完善，Kafka 的日志格式版本也在不断更新，主要版本有 V0、V1 和 V2。下面分别介绍这三个版本。

1. Kafka 的 V0 格式

Kafka 的 V0 格式如图 6-1 所示。在 V0 格式中，Kafka 消息的偏移量 offset 使用 8 个字节表示，消息大小 message size 使用 4 个字节表示。crc32 表示校验位，保证消息在传输过程中不会被篡改。

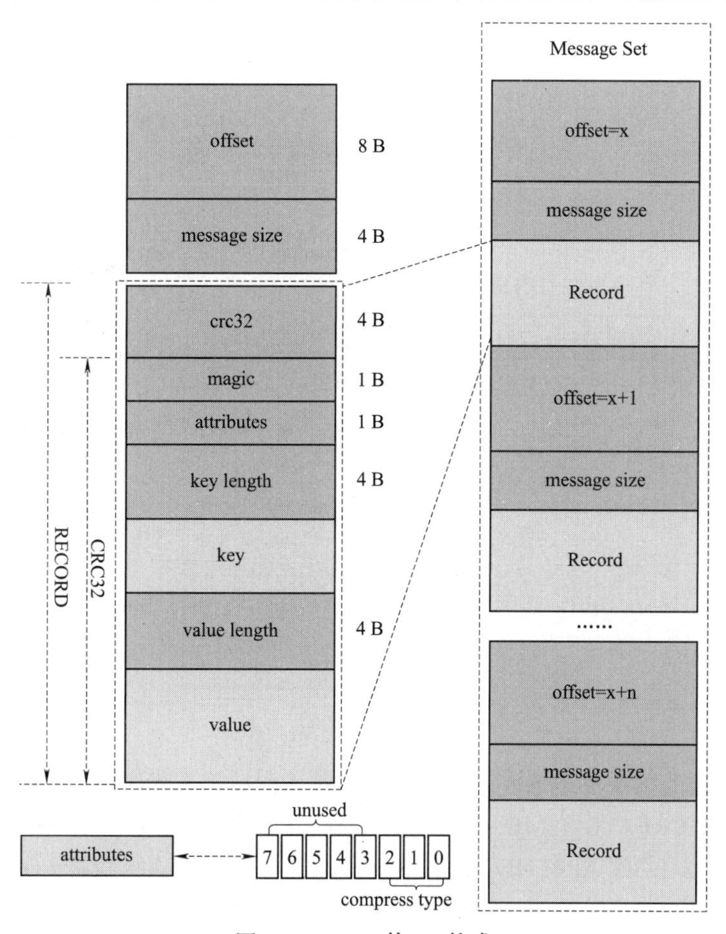

图 6-1　Kafka 的 V0 格式

如果 magic=0，则代表是 V0 格式；如果 magic=1，则代表是 V1 格式；如果 magic=2，则代表是 V2 格式。attributes 占 1 个字节，即 8 位，其中 5 位没有使用，使用 3 位表示压缩类型。key length 表示消息的长度，占用 4 个字节。如果没有消息，则 key length=-1。value length 表示消息值的长度，同样占用 4 个字节。如果消息值没有被传递，则 value length=-1。

Kafka 的消息写入都是以消息集 Message Set 的方式进行操作的。在 V0 版本的消息属性中，并没有时间戳的概念。在清理消息或者指定消费时间的时候，都会用到时间戳。在没有时间戳的情况下，消息以日志的方式存储时，日志文件在磁盘中就会存在修改时间。如果想要删除这个日志文件，需要依赖这个日志文件的时间。一旦通过命令改变日志文件后，这个时间就会改变。如果之后想要删除该日志文件，就会出现错误。

2. Kafka 的 V1 格式

针对 V0 存在的一些问题，V1 格式进行了一些改进。Kafka 的 V1 格式如图 6-2 所示。V1 格式最主要的改进就是增加了时间戳 timestamp，占用 8 个字节。

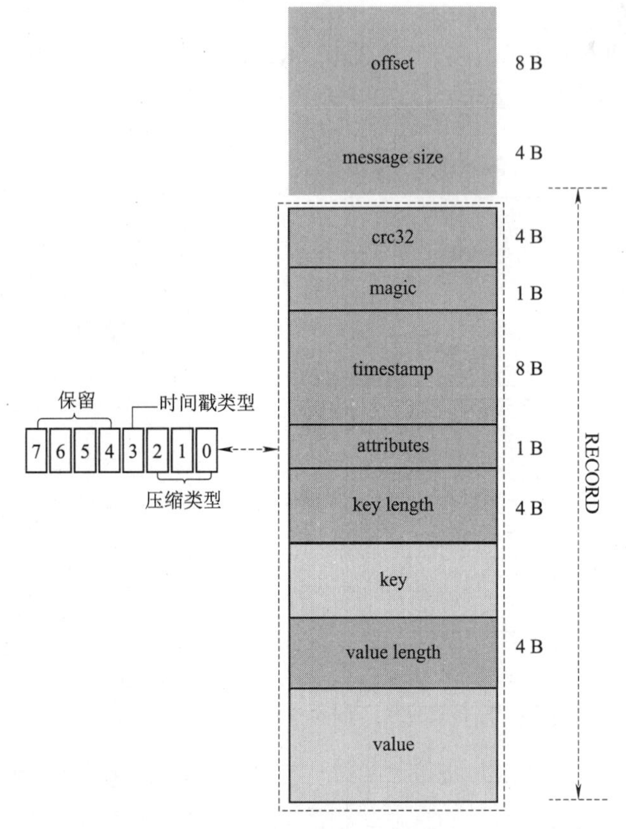

图 6-2　Kafka 的 V1 格式

attributes 属性字段的前 3 位还是表示压缩类型，第 4 位被用于指定时间戳类型。如果第 4 位为 0 表示 timestamp 类型为 CREATE_TIME，在创建消息时 CREATE_TIME 由生产者指定。如果第 4 位为 1 表示 timestamp 类型为 LOG_APPEND_TIME，在消息被发送到 broker 端时 LOG_APPEND_TIME 由 broker 指定。

3. Kafka 的 V2 格式

在 V0 和 V1 格式中，key length 和 value length 分别占用 4 个字节，这在一定程度上会造成存储空间的浪费。而在 V2 格式中，除了对属性作出了很大的改变之外，最主要的是不再使用消息集 Message Set 的方式，而是使用 RecordBatch 的方式，如图 6-3 所示。

RecordBatch 中最主要的改变就是将很多字段的大小通过 varint 来表示，这样 Kafka 可以根据具体的值来确定需要几个字节保存信息。在 V2 格式中，新增了时间戳增量 timestamp delta，这个时间戳会根据 RecordBatch 中的起始时间 first timestamp 产生一个差值。在这种情况下，差值占用的字节数要比之前 timestamp 占用的空间少。

如果想了解消息的属性或者想查看日志格式时，可以使用 /kafka-run-class.sh kafka.tools.DumpLog

Segments--files ./00000000000000000000.log --print-data-log 命令进行查看。

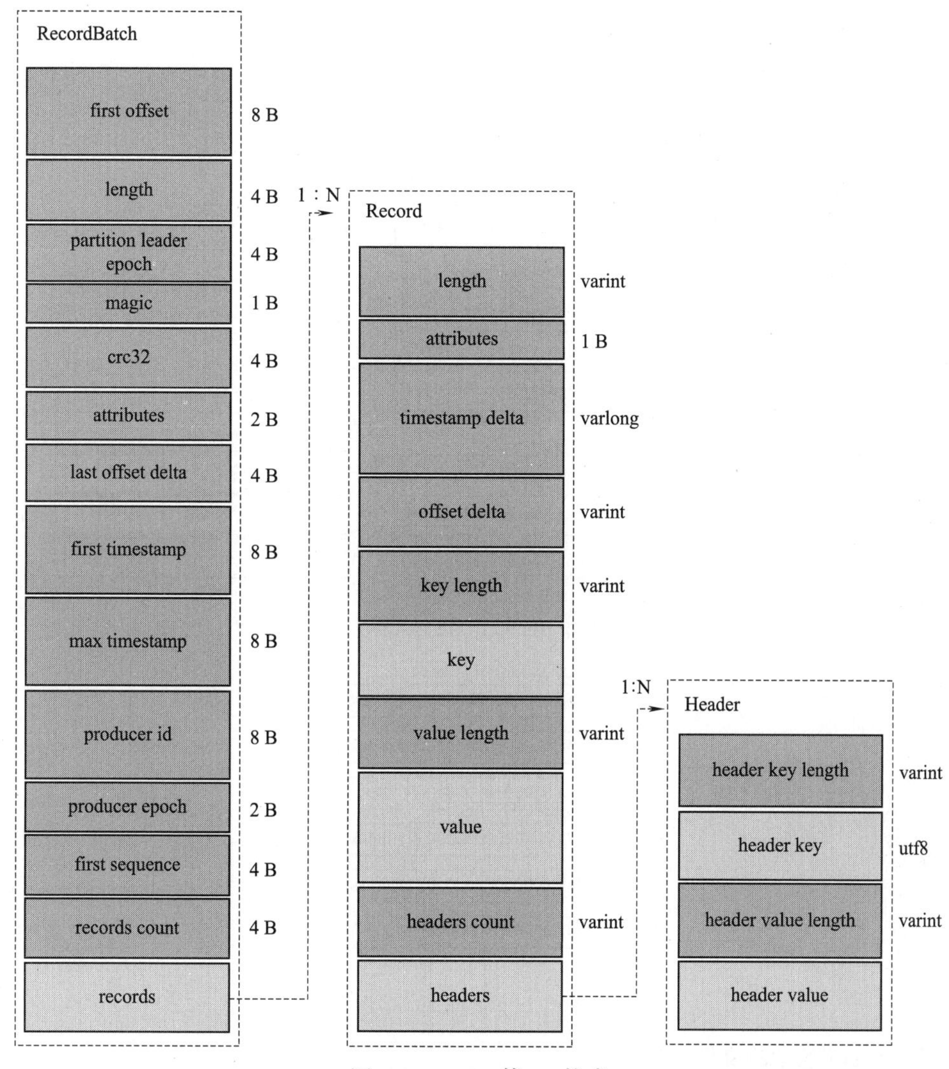

图 6-3　Kafka 的 V2 格式

6.1.3　日志文件的存储关系

Kafka 中的消息是以主题为单位进行归类的，各个主题之间彼此独立。每个主题又可以分为一个或多个分区，每个分区可以设置一个或多个副本，每个副本对应一个日志文件。日志文件的存储关系如图 6-4 所示。

日志文件又会被划分为很多个日志分段 LogSegment，这样有利于快速查找和删除数据。每个日志片段由日志文件、偏移量索引文件、时间戳索引文件和其他文件组成。其中日志文件用于存储实际的消息，为了快速地从大量的日志文件中查找消息，可以基于偏移量查找或者基于时间戳查找。

接下来了解一下日志文件名称的含义。

1. LogSegment 文件名

LogSegment 文件名由 20 位数字组成，可以存储起始偏移量，而且还会不断递增。从文件名可以了解上一个文件存储的消息数量以及当前文件的起始偏移量。LogSegment 文件名如图 6-5 所示。

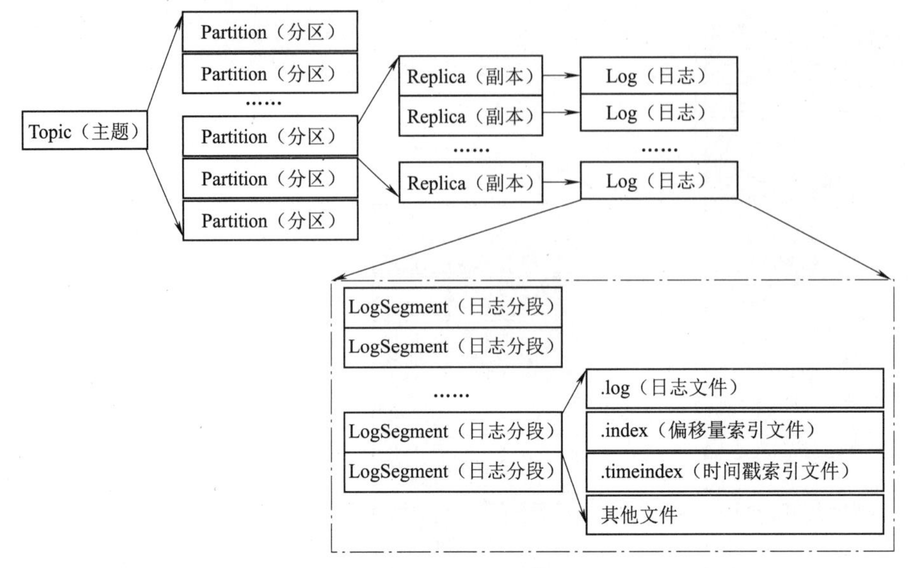

图 6-4　日志文件的存储关系

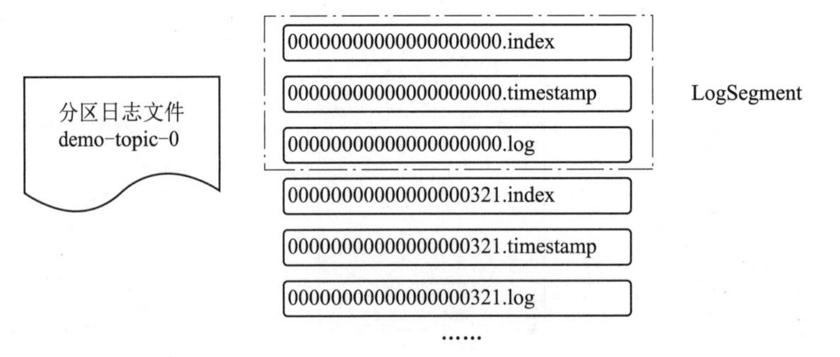

图 6-5　LogSegment 文件名

2. LogSegment 包含的文件

除了包含偏移量索引文件、时间戳索引文件和日志文件之外，还包含了快照文件、日志清理时临时文件、日志合并时的临时文件等，如图 6-6 所示。

类别	作用
.index	偏移量索引文件
.timestamp	时间戳索引文件
.log	日志文件
.snaphot	快照文件
.deleted	
.cleaned	日志清理时临时文件
.swap	Log Compaction 之后的临时文件
Leader-epoch-checkpoint	

图 6-6　LogSegment 包含的文件

查看分区 p2-3 中的日志文件，如图 6-7 所示。从图中可以看出该分区中有两个偏移量索引文件、一个日志文件和一个 leader 的检查点。

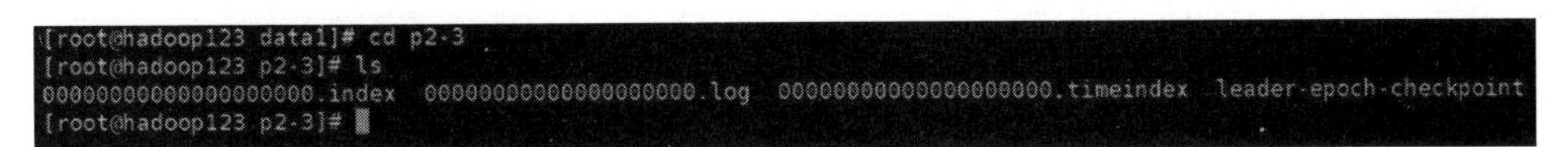

图 6-7　查看 LogSegment 文件

视频

日志回滚

6.1.4　Kafka 的日志回滚

Kafka 的日志回滚又称日志切分，简单来说就是把一个大的日志文件切分成不同的小文件。本节主要介绍日志回滚的目的、条件和日志回滚的相关参数。

1. Kafka 的日志回滚目的

随着消息地不断写入，日志文件也会不断地增大，Kafka 的日志回滚有两个目的，分别如下：

（1）日志删除。如果不进行日志切分，每一天的生产数据都会被存入同一个日志文件中。当想删除某一天的数据时，需要把整个日志文件删除才可以。按照实际的生产需求，如果进行日志切分的话，可以将每一天的生产数据切分为一个日志文件。这样在删除某一天的数据时，直接删除对应的日志文件即可。

（2）快速查找。为了提高查询性能，在查找某一条消息时，如果将日志文件进行切分，可以快速地定位和扫描查找的内容。

2. Kafka 的日志回滚条件

对日志文件进行切分之后，前面的文件是只读的，只有最后一个文件是可读可写的。由于 Kafka 是按照顺序读写文件的，所以只会在最后一个文件中添加消息。当达到某个条件后，最后一个文件会回滚。假设最后一个文件编号为 3，那么回滚后会产生新的 4 号文件，之前的 3 号文件就会变成只读文件，而 4 号文件就是最后一个文件，是可读可写的。一旦文件回滚，之前的文件不接受写入的消息，而可读可写的文件不接受日志清理操作，日志清理只针对历史文件。Kafka 的日志回滚条件如下：

（1）大小。如果基于大小回滚文件，那么文件的大小是固定的。

（2）时间。基于时间回滚文件时，可以以指定的时间划分文件。根据业务需求，假设前三天的数据量已经没有用了，这时可以以三天为单位进行数据的回滚。这样可以保证这三天的数据在同一个文件中，可以有效地清除无用数据。

3. Kafka 的日志回滚参数

Kafka 的日志回滚参数如表 6-1 所示。其中 log.roll.hours 和 log.roll.ms 是基于时间的参数，log.roll.hours 参数的单位是小时，log.roll.ms 参数的单位是毫秒。一般情况下，默认使用 log.roll.hours 参数，它的默认值是 168 小时，即日志默认 7 天回滚一次。如果这两个参数同时使用，那么 log.roll.ms 的优先级高于 log.roll.hours。

表 6-1　Kafka 的日志回滚参数

参数	描述	默认值
log.index.interval.bytes	添加一个条目到偏移索引的时间间隔	4 096
log.segment.bytes	单个日志文件的大小	1 073 741 824

续表

参数	描述	默认值
log.index.size.max.bytes	将偏移量映射到文件位置的索引大小	10 485 760
log.roll.hours	新日志段推出之前的最长时间（小时），次于 log.roll.ms 属性	168
log.roll.ms	推出新日志段之前的最大时间（以 ms 为单位）。如果未设置，则使用 log.roll.hours 中的值	

log.segment.bytes 参数表示单个日志文件的最大值，log.index.size.max.bytes 参数表示偏移量索引的最大值，以字节为单位，当偏移量索引达到该参数的指定大小时，就会进行回滚。LogSegment 的回滚除了满足 log.segment.bytes、log.index.size.max.bytes、log.roll.hours 和 log.roll.ms 条件之外，还有一个条件，即当追加消息的偏移量与当前日志片段的偏移量之差大于一个整数的最大值时，也会进行回滚。

索引文件起到查询的作用，在实际的生产中并不会为每一条消息单独建立索引，Kafka 会通过参数 log.index.interval.bytes 对部分数据建立索引。当索引的偏移量达到指定大小后，Kafka 就会建立一个索引。log.index.interval.bytes 参数指定的值越小，Kafka 建立的索引就越多，该参数决定了创建索引的数量（即索引密度）。

视 频

日志查找——偏移量

6.1.5 Kafka 的日志查找

日志查找有两种方式，分别是通过偏移量查找和通过时间戳查找。本节主要介绍这两种查找方式的具体流程。

1. Kafka 的日志索引

日志索引中的索引相当于一本书的目录，通过索引可以快速定位消息。Kafka 的索引文件是稀疏索引。如果为每一条消息建立一个索引就不是稀疏索引。Kafka 并不会为每一条消息建立一个索引，索引的密集程度由参数 log.index.interval.bytes 决定，log.index.interval.bytes 的值越大，索引越稀疏，即索引之间的间隔越大。Kafka 在时间和空间上做出了权衡，如果为每一条消息建立一个索引，那么这种方式的查询速度虽然是最快的，但是会浪费很多存储空间。Kafka 提供的两种日志索引方式分别如下：

（1）偏移量索引：在索引文件中通过偏移量查找消息的位置，然后通过消息的位置信息在对应的日志文件中找到指定的消息。

（2）时间戳索引：通过指定的时间戳找到对应的消息位置，然后在日志文件中找到对应的消息。

2. Kafka 的日志偏移量索引

Kafka 的日志偏移量索引涉及两个概念，分别是 relative Offset 和 position，下面分别介绍它们的具体含义。偏移量索引项格式如图 6-8 所示。日志的索引文件大小实际上都是 8 的整数倍。

relativeOffset 4 B	position 4 B

图 6-8　偏移量索引项格式

（1）relativeOffset：相对偏移量，表示消息相对于 baseOffset 的偏移量，占用 4 个字节，当前索引文件的文件名即为 baseOffset 的值。

（2）position：物理地址，也就是消息在日志分段文件中对应的物理位置，占用 4 个字节。

3．Kafka 的日志偏移量索引查找

Kafka 通过日志偏移量索引文件查找消息的过程如图 6-9 所示。假设需要查找 offset=6 的消息，Kafka 首先通过跳表的数据结构定位偏移量在哪一个索引文件中，索引文件中存储了 offset 和 position 的对应关系。从图 6-9 中可知，offset 为 6 对应的 position 就是 9807，那么对应到日志文件中就是 message6 这条消息。

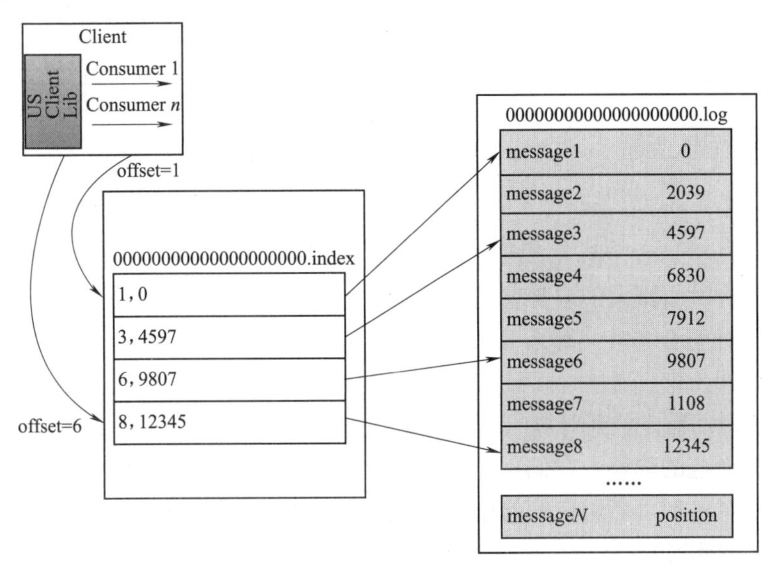

图 6-9　通过偏移量查找消息

Kafka 并没有为每一条消息都建立一个索引，假设需要查找 offset=4 的消息，Kafka 会根据偏移量定位到索引文件名不大于 4 的文件中，然后在文件中根据存储的索引再次定位。Kafka 会在小于 4 的偏移量中选择最接近 4 的那个偏移量，从图 6-9 中可以看到，偏移量为 3 符合这个条件，然后 Kafka 会定位到 offset=3 的位置。根据偏移量为 3 对应的位置 4597，在日志文件中会找到对应的 message3 消息。之后 Kafka 会从 4597 这个位置向下遍历，直到找到偏移量为 4 的这条消息为止。索引文件中的索引越稀疏，在日志文件中遍历的次数就越多。

视 频

日志查找——时间戳

根据上面的介绍，Kafka 通过日志偏移量索引文件查找消息的步骤如下：

（1）根据跳表找到偏移量对应的索引文件。

（2）通过索引文件中的索引定位到对应的位置。

（3）根据位置在日志文件中查找对应的消息。

4．Kafka 的日志时间戳索引

通过时间戳查找索引文件和通过索引查找索引文件的步骤相似，时间戳索引项格式如图 6-10 所示。Kafka 通过时间戳查找索引文件会涉及 timestamp 和 relativeOffset，关于它们的描述，分别如下：

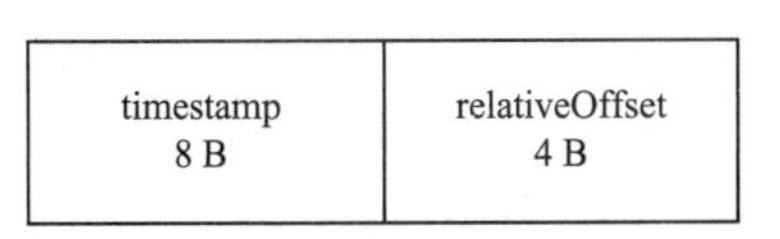

图 6-10　时间戳索引项格式

（1）timestamp：当前日志分段最大时间戳，占用 8 字节。

（2）relativeOffset：时间戳所对应的消息相对偏移量，占用 4 字节。

根据 timestamp 和 relativeOffset 占用的字节数可以知道，时间戳索引的大小是 12 的整数倍。

5．Kafka 的日志时间戳索引查找

通过时间戳索引查找消息如图 6-11 所示。假设指定 1563349553454 这个时间戳查找消息，将这个

时间戳与每一个文件的最大时间戳对比。

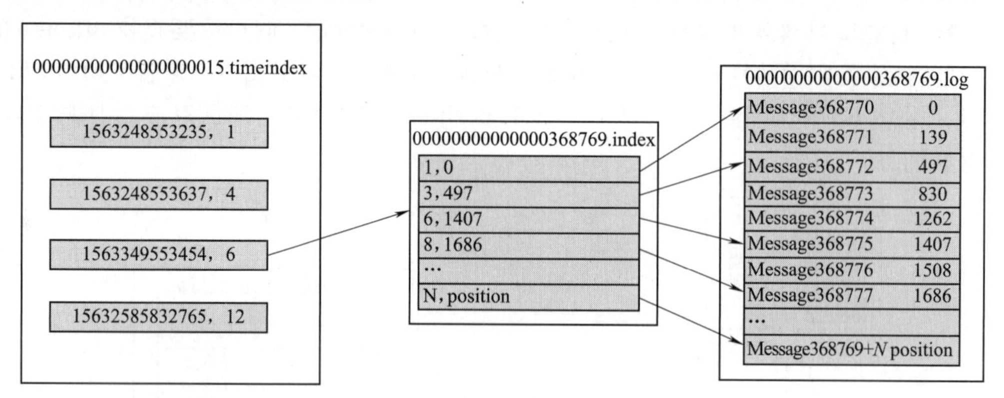

图 6-11 通过时间戳查找消息

如果文件中的最大时间戳大于需要查找的这个时间戳，Kafka 就会定位到这个时间戳索引文件中。如果查找的第一个文件符合条件，那么 Kafka 不会再继续向下寻找，否则会继续向下寻找，直到找到符合条件的时间戳文件为止。通过时间戳查找消息的步骤如下：

（1）通过指定的时间戳定位到对应的时间戳索引文件中。

（2）根据时间戳对应的偏移量在偏移量索引文件中找到对应的偏移量，这里会使用二分查找的方法。通过 1563349553454 时间戳对应的偏移量 6 在偏移量索引文件中会找到对应的偏移量。

（3）根据偏移量找到对应的位置。

（4）通过位置在日志文件中查找指定的消息。

时间戳分为两种：第一，消息产生时的时间 CreateTime，无法保证这个创建时间递增；第二，发送到 broker 的时间，即日志时间 LogAppendTime，可以保证时间递增。

视 频

日志清理

如果在时间戳索引文件中追加的时间戳比文件中的最大时间戳小，那么 Kafka 不会将这个时间戳追加到文件中。

6.1.6 Kafka 的日志清理

Kafka 的日志中实际上存储了很多业务消息，随着业务不断增大，日志文件中存储的消息也会随之增多。但是由于存储空间有限，当存储的业务消息达到了存储的上限，新的业务消息会无法有效存储，这时 Kafka 会出现异常情况。为了保证新数据的有效写入，需要定期对不需要的数据进行清理。

1. Kafka 的日志清理方式

Kafka 中有两种方式对数据进行清理，分别如下：

（1）日志删除：将无用的数据完全清除。

（2）日志压缩：将日志中的消息进行合并。

如何选择这两种日志清理方式取决于 log.cleanup.policy 参数，该参数提供了两种清除策略，分别是 compact 和 delete，默认值为 delete。log.cleanup.policy 参数的类型是 list（集合），可以同时配置两种清除策略，中间用逗号分隔即可。

2. Kafka 的日志删除

Kafka 的日志删除可以基于以下三种方式：

（1）时间。假设有两个日志文件分别是 1 号和 2 号，日志文件会以 1 天为一个周期进行删除。当产生 2 号文件时，1 号文件就会被删除。基于时间的方式由 log.retention.{hours|minutes|ms} 参数控制，该参数有三个时间单位，默认单位是 hours，默认值是 168 小时，即 7 天。按照默认配置，日志文件保存 7 天之后就会被删除。如果同时配置了 hours、minutes 和 ms，那么 ms 的优先级最高，其次是 minutes 和 hours。另外，还需要注意两点：第一，在进行日志删除的时候并不是基于日志文件的创建时间，而是基于日志文件中的最大时间戳；第二，日志文件不会立刻被删除，而是通过后台线程定期地删除日志文件。需要删除的日志文件会带有 delete 标签，后台线程会定期检查日志文件并对这些带有 delete 标签的日志文件进行删除。后台线程通过 file.delete.delay.ms 参数设置定期检查的期限，默认值为 60 000 ms，即 1 min。

（2）日志大小。Kafka 通过 log.retention.bytes 参数设置保留日志文件的大小。当日志文件超过该参数指定的大小后，会删除超过的部分。log.retention.bytes 参数表示所有日志文件的大小，而不是单个日志文件的大小。该参数的默认值为 -1，表示不设定保留日志文件的大小，即永远不基于日志大小删除文件。

（3）起始偏移量。假设需要删除起始偏移量为 700 的日志文件，Kafka 会将这个偏移量与每一个日志分段文件的起始偏移量进行比较，然后根据某个分段日志的下一个分段日志文件的起始偏移量进行判断。如果下一个分段日志的起始偏移量小于 700，就会删除该文件，如果大于 700，则不会删除。

3. Kafka 的日志压缩

假设注册的账号带有 key 值，并且经过 Kafka，然后存入数据库和其他文件系统，这时账号会有一个 id 和密码。如果该账号修改了三次密码，那么只有第三次数据是有效的，前两次数据是冗余的，即无效数据。针对这种情况，Kafka 提供了日志压缩策略。Kafka 中的消息格式为（K,V），Kafka 会将 K 值相同的消息压缩，只保留最新的数据。

Kafka 的日志压缩如图 6-12 所示。日志压缩前有 3 条带有 K1 的数据，日志压缩后，只保留了最新的 K1 数据，其他消息也是如此。

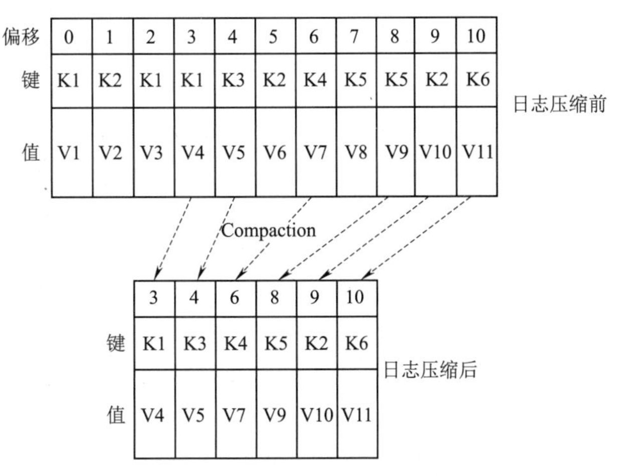

图 6-12　Kafka 的日志压缩

使用参数 log.cleanup.policy 指定日志清理方式为日志压缩后，还需要将 log.cleaner.enable 参数设置为 true，目前 Kafka 的最新版本默认此参数的值为 true。使用 log.cleaner.min.compaction.lag.ms 参数可以控制最小的压缩间隔。

6.2 Kafka 的可靠性

视 频

基本概念

简单地说，Kafka 的可靠性就是系统的容载能力。当系统出现异常情况时，可以保证系统的可用性，使系统能够继续对外提供服务。本节主要介绍 Kafka 的 LEO 和 HW 的更新机制。

6.2.1 Kafka 的可靠性机制

假设由于硬件设备的原因，导致文件 file1 中保存的重要数据丢失，可以通过备份解决这类问题。但是，如何保证两份数据的实时一致性是一个难点，这里介绍两种保持数据一致性的方式。

（1）双写。在写入数据时，需要同时向两个文件写入数据。只有两个文件的数据都写入成功，才会认为这两个数据是一致的。

（2）副本。将数据写入文件 file1 后，file1 再将数据同步到它的副本中，并且这两个文件不在同一台机器上。

与双写的方式相比，使用副本的方式性能更高一些，Kafka 选择使用副本的方式保证数据的一致性。为了实现 Kafka 的可靠性机制，需要了解一些相关的概念。

（1）Ack：通过指定不同的值（-1、0 和 all）对可靠性和性能做出了折中的选择。如果配置越可靠，则性能越低。使用 Ack 可以配置三种不同的方式，第一，只需要将消息 m 发送到 Leader 中即可，并不会确认数据是否持久化到日志文件中，这种方式的性能最好，但是数据是最不可靠的。第二，只要将消息 m 写入到 Leader 下面的日志文件中即可，并不会确保数据是否写入副本中，这种方式的缺点是一旦 Leader 出现问题，可能会导致副本中的数据与 Leader 中的不一致。在使用 Ack 配置的第二种方式时，当将消息写入 Leader 后，Leader 会把消息持久化到日志文件中，此时 Follower1 会向 Leader 发送同步数据的请求，如果 Leader 在向 Follower1 同步数据时，Follower2 也发送了同步数据的请求，Leader 同样会向 Follower2 同步数据。在这种场景下，Follower1 和 Follower2 中的数据与 Leader 中的数据就会不一致。Leader 和副本中的数据不一致有三种情况。第一，Leader 写入的数据大于 Follower 同步数据的速度；第二，由于 GC 的原因，影响 Follower 同步数据的速度；第三，在新增副本的情况下，Follower 同步数据的速度也会落后于 Leader。使用 Ack 配置的第三种方式为：当写入消息时，只有将消息分别同步到 Leader 和 Follower 对应的日志文件中，才认为消息写入成功。这种方式数据的可靠性最好，但是性能最差。

（2）ISR/AR：AR 表示所有副本的集合。假设一份数据有三个副本，分别是 L1、f1 和 f2，L1 中有 5 条数据（1,2,3,4,5），f1 中有 3 条数据（1,2,3），f2 中有 5 条数据（1,2,3,4,5），那么 AR=（L1，f1，f2），ISR=（L1，f2）。由于 f1 没有完整的同步数据，因此 f1 称为失效副本，这种副本无法提供服务，并且失效副本不能参加 Leader 的选举。Kafka 根据时间判断 Leader 和副本是否同步，如果 Follower 在指定的时间内一直保持与 Leader 的通信，那么 Kafka 就会判定 Leader 和 Follower 是同步的，否则，判定不同步，Kafka 会将这个 Follower 从 ISR 中移除。在一开始进行同步时，AR 清单和 ISR 清单中的信息是一致的。

（3）HW：副本最新提交的偏移量。假设 HW 的值为 7，那么消费者只能消费到偏移量为 7 的位置，即在 HW 之前的数据消费者都可以消费。

（4）LEO：已经同步到日志文件中的数据的下一个位置。假设已经向 Leader 中写入了 5 条数据（偏移量为 0,1,2,3,4），并且持久化到了日志文件中。这时，LEO 的值就是 5。如果同步到 f1 中的数据偏移量为 0,1,2，那么 f1 中的 LEO 就是 3。

Kafka 的 HW 与 LEO 的关系如图 6-13 所示。HW（High watermark）决定了消费者可以消费到的消息，LEO（Log end offset）决定了同步数据的下一个位置。所有的副本都有 HW 和 LEO 的概念。

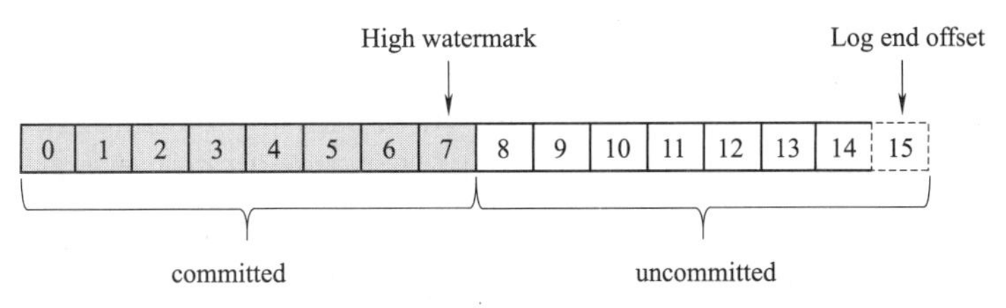

图 6-13　HW 与 LEO 的关系

6.2.2　LEO 和 HW 的更新机制

视 频

LEO 和 HW 更新

LEO 和 HW 的更新需要区分 Leader 和 Follower，这两者上的更新情况并不一样。本节主要介绍 LEO 的更新机制以及 Leader 和 Follower 中 HW 的更新机制。

1. Kafka 的 LEO 更新机制

LEO 的更新机制与日志有关，当消息被提交到日志文件后，LEO 的值会增加。假设 Leader 当前的 LEO 为 5，此时向 Leader 发送了三条消息，只有两条消息被写入了日志文件，那么 LEO 就会变成 7。如果三条消息全部写入，那么 LEO 就会变成 8。Kafka 的 LEO 更新情况分别如下：

（1）Leader 副本自身的 LEO 值更新：在 Producer 消息发送过来时，即 Leader 副本当前最新存储的消息位移位置 +1。假设生产者向 Leader 发送消息 m，Leader 把消息 m 写入日志文件后，Leader 中的 LEO 会增加 1。

（2）Follower 副本自身的 LEO 值更新：从 Leader 副本中 fetch（获取）到消息并写到本地日志文件时，即 Follower 副本当前同步 Leader 副本最新的消息位移位置 +1。假设 f1 副本向 Leader 发送同步消息 m 的请求，Leader 收到请求后会将消息 m 发送到 f1，此时 f1 中的 LEO 并不会加 1。当 f1 将消息 m 写入对应的日志文件后，f1 的 LEO 才会增加 1。

（3）Leader 副本中的 remote LEO 值更新：每次 Follower 副本发送 fetch 请求都会包含 Follower 当前 LEO 值，Leader 拿到该值就会尝试更新 remote LEO 值。Leader 会存储所有副本的 LEO 值，Leader 中存储的 LEO 更新的时间是每次 Follower 向 Leader 发送 fetch 请求时。Leader 存储副本的 LEO 值的原因是保证数据的可靠性。

2. Kafka 的 Leader 的 HW 更新机制

HW 由 LEO 的最小值决定，Leader 的 HW 更新时机如下：

（1）Producer 向 Leader 副本写入消息时：在消息写入时会更新 Leader LEO 值，因此需要再检查是否需要更新 HW 值。

（2）Leader 处理 Follower 的 fetch 请求时：Follower 的 fetch 请求会携带 LEO 值，Leader 会根据这个值更新对应的 remote LEO 值，同时也需要检查是否需要更新 HW 值。

3. Kafka 的 Follower 的 HW 更新机制

Follower 更新 HW 发生在其更新 LEO 之后，每次 Follower 的 fetch 响应体都会包含 Leader 的 HW 值，然后比较当前 LEO 值，取最小的作为新的 HW 值。当 Follower 从 Leader 中 fetch（获取）完数据后，Follower 会将数据写入日志文件中，这样 Follower 的 LEO 才会更新。同时，Follower 会获取

Leader 当前的 HW，然后 Follower 会在 Leader 的 HW 和自身的 LEO 之间取最小值，作为 Follower 的 HW。

6.2.3 Kafka 的 HW 与 LEO 更新流程

生产者将消息写入 Leader 后，Leader 会继续将消息写入日志文件中。Follower 向 Leader 请求数据的时候会将自身的 LEO 发送给 Leader，然后 Leader 会根据 Follower 发送的这个 LEO 进行远程更新。更新之后，Leader 会将自身的 HW 返回给 Follower，之后 Follower 会将返回的数据写入它的日志文件中，并更新 LEO。Follower 会在 Leader 返回的 HW 和自身的 LEO 之间取最小值作为自己的 HW。

HW 与 LEO 的更新流程如图 6-14 所示。假设最初 Leader 和 Follower 中没有数据，当 Follower 向 Leader 请求数据时，Leader 会更新 remote LEO 值。由于 Follower 中的 LEO=0，所以 Leader 中的 remote LEO 值也为 0。

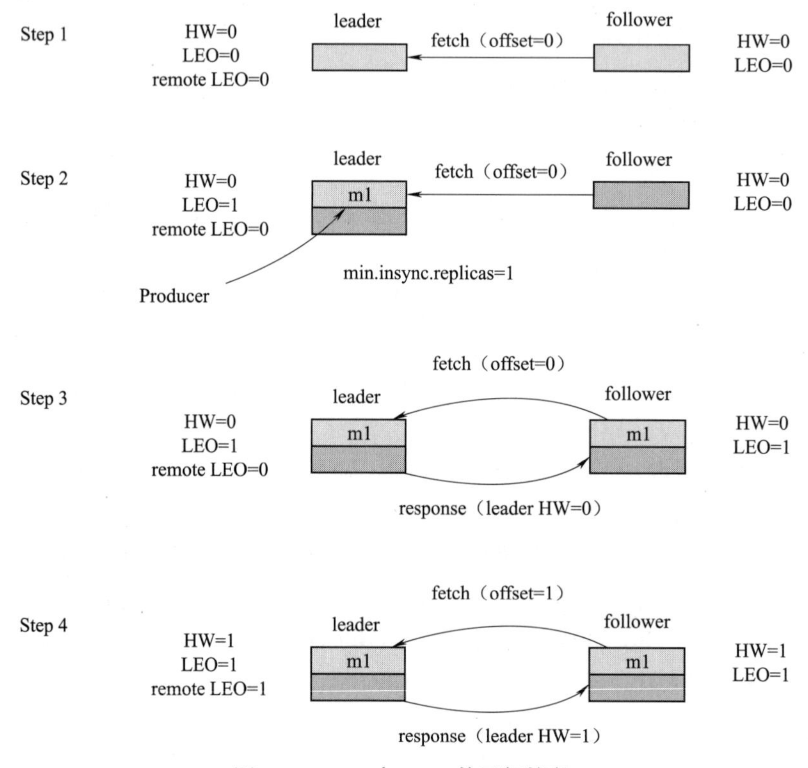

图 6-14　HW 与 LEO 的更新流程

假设生产者向 Leader 中发送了数据 m1，Leader 将数据成功写入日志文件后，其自身的 LEO 会加 1，即 LEO=1。此时，Leader 会更新自身的 HW，这个 HW 由 Leader 的 LEO 和 remote LEO 的最小值决定，即 Leader 的 HW=0。当 Follower 向 Leader 发送 fetch 请求后，由于 Follower 的 LEO 为 0，所以 Leader 中的 HW 更新后仍然是 0。Leader 会将消息传给 Follower，并且传递自己的 HW。Follower 获取数据后，会更新 LEO，此时 Follower 的 LEO 为 1，Follower 的 HW 会从自身的 LEO（LEO 值为 1）和 Leader 的 HW（HW 值为 0）中取最小值，即 Follower 的 HW=0。之后 Follower 再次向 Leader 发送 fetch 请求，并且将自身 LEO=1 的信息传送给 Leader。这时，Leader 会更新 remote LEO 的值，更新后的值为 1。Leader 的 HW 更新后，其值也为 1。Leader 将自身的 HW=1 的信息返回给 Follower 后，由于并没有新的消息写入，所以 Follower 的日志文件不会增加数据。Follower 的 LEO 仍然为 1，更新的 HW 为 1。

从上述的更新流程中，可以总结如下三点：

（1）LEO 的更新时机与数据是否写入日志文件有关。

（2）HW 的更新时机与 LEO 的更新时机有关，取所有 LEO 的最小值。

（3）Follower 在发送 fetch 请求时会传递自己的 LEO 信息，Leader 在返回数据时会传递自己的 HW 信息。

6.3 Kafka 的幂等性

Producer 在生产发送消息时，难免会重复发送消息，而引入幂等性后，重复发送只会生成一条有效的消息。这样可以保证生产者发送的消息不会丢失也不会重复。

视 频

消息语义

6.3.1 Kafka 的消息语义

Kafka 中有三种消息语义，分别如下：

（1）at most once：至多一次。消息可能会丢失，但绝对不会重复传输。

（2）at least once：至少一次。消息绝不会丢失，但可能会重复传输。

（3）exactly once：恰好一次或精确一次。每条消息肯定会被传输一次且仅传输一次。

从数据的角度来说对应了三种场景，即数据的丢失、数据的重复和数据既无丢失也无重复。可以从性能和数据安全方面考虑这三种场景的选择。从性能方面考虑，恰好一次的性能最差，其次是至少一次，然后是至多一次。从数据安全的角度考虑，恰好一次的数据一致性最好，其次是至少一次，最后是至多一次。在实际的业务中会在性能和数据安全之间做出权衡。这三种场景并无好坏之分，与数据库的事务类似。

Kafka 的消息语义可以从生产者和消费者两个角度考虑。

1. Kafka 的生产者消息语义

Kafka 的生产者消息语义如图 6-15 所示。生产者中的 Ack 设置为 0 表示只负责发送消息，并不会确保 Kafka 是否接收了消息，相当于至多一次的消息语义。Ack 设置为 all 表示确保所有副本写入消息，Ack 设置为 1 表示只确认写入 Leader 中的数据。如果设置 Ack 为 1 或 all，生产者发送消息到 broker 后，broker 会将数据持久化到日志文件中。然后 broker 会向生产者返回 Ack 响应。如果在返回 Ack 的时候发生了异常，那么生产者会根据 retry 的配置重新发送这条消息到 broker，然后 broker 又向日志文件中存储了相同的消息。假设 broke 第二次成功向生产者返回 Ack 响应，那么对于客户端来说，只成功接收了一次消息。对于 Kafka 来说，实际存储了两次消息。这样会造成数据的重复，相当于至少一次消息语义。Kafka 通过 retry 实现了至少一次的消息语义。

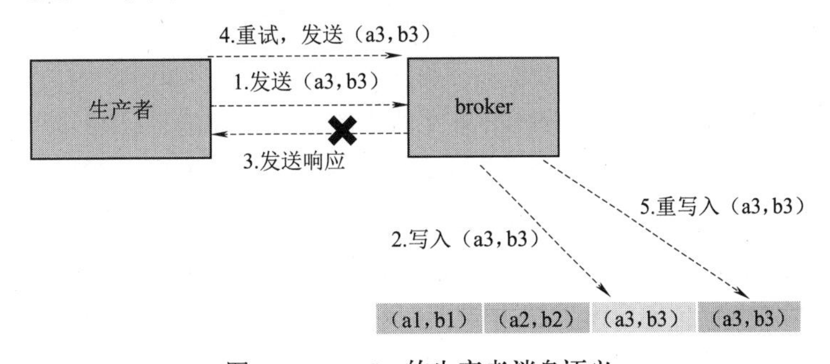

图 6-15 Kafka 的生产者消息语义

2. Kafka 的消费者消息语义

Kafka 的消费者消息语义实际上是由业务逻辑代码实现的，如图 6-16 所示。假设 Kafka 的消费者在消费消息的时候，首先进行业务逻辑处理，然后将数据插入数据库。当消费者向 Kafka 提交偏移量时出现了异常，Kafka 并没有接收到提交请求。这时，消费者会重新从 Kafka 读取消息，并重新对消息进行处理，这种情况会造成消息的重复消费，对应至少一次的消息语义。

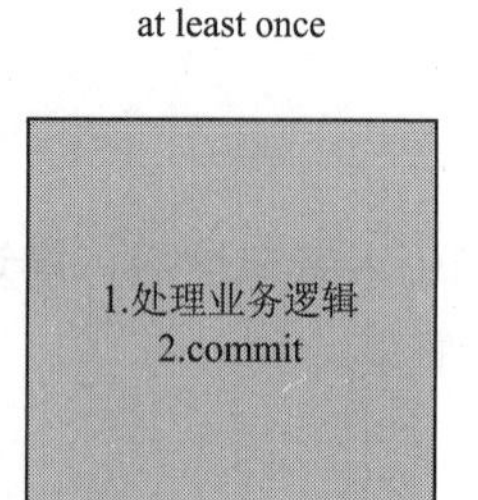

图 6-16　Kafka 的消费者消息语义

假设当前提交消息的偏移量为 110，下一次消费消息的偏移量为 111。在对已提交的消息进行业务处理时，假设由于异常情况数据库中只存入了 2 条数据，那么剩下的消息副本将无法存入数据库中。而消费者下一次读取消息的偏移量为 111，这就会造成中间这些数据的丢失，对应至多一次消息语义。

消息语义完全由控制偏移量的逻辑决定。比如精准一次需要控制偏移量，可以将偏移量在外部进行存储。Kafka 的这三种语义对于生产者来说，默认提供的是至多一次和至少一次，在之前的 Kafka 版本中并没有提供精确一次。对于消费者来说完全由业务逻辑来控制这三个语义。如果生产者想实现精确一次的消息语义，就需要了解幂等性的相关内容。

视频

幂等性

6.3.2　Kafka 的幂等性原理

Kafka 的幂等性是指对接口的多次调用所产生的结果和调用一次的结果是相同的。在配置 Kafka 的幂等性时将 enable.idempotence 参数设置为 true 即可。为了实现精确消息语义，Kafka 引入了幂等性。Kafka 幂等性原理如下：

（1）每个 Producer 会话的唯一标识 pid。通过 pid、主题分区以及消息的 id 可以决定是否为同一条记录。

（2）序列号（sequence number）。Producer 发送的每条消息（更准确地说是每一个消息批次，即 ProducerBatch）都会带有此序列号，从 0 开始单调递增。Broker 根据它来判断写入的消息是否可接受。

假设生产者的 pid=23，向 Kafka 的主题 0 分区 1 中发送一条消息，并且消息的 id 为 0，即 seq=0。这时 Kafka 会将消息写入日志文件，同时也会将 pid 和 seq 的相关信息写入日志文件。如果 Kafka 向生产者返回响应信息时失败了，那么同一个生产者会重新向 Kafka 发送同一条消息，并且会将消息发送到相同的主题分区中。这时，broker 通过日志文件中的记录获知消息已经被写入了，那么 Kafka 会拒绝写入相同的消息。这样就避免了重复消费或者重复获取消息。幂等性的原理如图 6-17 所示。

关于幂等性的原理还需要注意以下三点：

（1）通过 pid、主题分区以及消息的 id 只能保证在同一个主题分区下的消息不重复。

（2）不同生产者并不能保证幂等性。只有同一个生产者在某一个分区下才可以保证幂等性。

（3）在 pid 和主题分区一致的前提下，如果向 broker 发送的 id 小于或等于 broker 维护的 id，那么 broker 会拒绝接收。当消息的 id 等于 broker 维护的 id+1 时，broker 才会接收。如果消息的 id 大于 broker 维护的 id+1 时，会抛出异常。

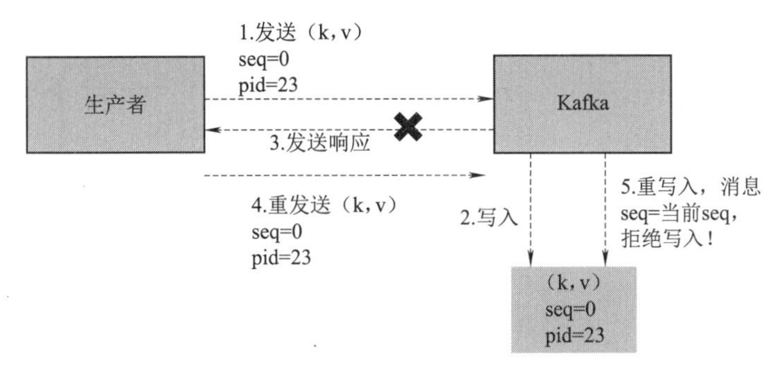

图 6-17　幂等性的原理

6.4 Kafka 的事务

本节主要学习 Kafka 引入事务的原因以及通过事务可以解决什么样的问题，主要内容包括生产者和消费者分别引入事务的情况以及消费者和生产者共存的场景下引入事务的情况。另外，还需要了解 Kafka 事务的开发流程。

视频

事务原理

6.4.1 Kafka 的事务概念

Kafka 的事务指保证消息的原子性操作。原子性是指一些操作要么都成功要么都失败，不会出现部分成功或者部分失败的场景。Kafka 在事务上有如下应用：

（1）Producer：生产者引入事务。

（2）Consumer：消费者引入事务。

（3）Consumer-Transform-Producer：消费者和生产者共存的场景下引入事务。

下面分别介绍它们是如何使用事务的以及事务可以解决的问题。

1. 生产者引入事务

在幂等性存在的情况下，生产者为何要引入事务？生产者向主题分区下发送消息时，由于幂等性和 pid、主题分区以及消息的 id 有关，这就决定了同一个生产者只有在某一个分区下才可以保证幂等性。如果生产者向两个不同主题下的分区发送消息，要求消息 m1 和 m2 同时发送成功或失败，这时幂等性会失效，因为幂等性无法维护不同主题下分区之间的关系。生产者引入事务的目的有两点：

（1）实现跨生产者会话的消息幂等发送。假设生产者 P1 提供了一个事务 id=1，生产者 P2 的事务 id 也是 1，这时生产者 P1 不会继续工作。

（2）跨生产者会话的事务恢复。如果生产者 P1 在发送消息的过程中宕机了，那么新的生产者 P2 可以维护之前 P1 的事务，保证事务的提交或中止。

2. 生产者事务的开发流程

生产者启动事务需要配置 transaction.id 属性，如果事务 id 不同，表示生产者处理的事务是不同的。生产者事务的开发流程如下：

（1）配置参数：配置事务 id。如果没有配置事务 id，相当于没有启动事务。

（2）创建生产者。

（3）初始化事务。

（4）启动事务。

（5）业务逻辑处理。

（6）提交事务。

（7）异常回滚事务。

生产者事务的开发流程和数据库事务的开发流程非常相似，数据库事务的开发流程如下：

（1）将事务设置为手工提交。

（2）启动事务。

（3）业务逻辑处理。

（4）提交事务。

（5）异常回滚事务。

视频

事务隔离界别

3. 消费者的事务配置

如果生产者使用了事务，消费者需要配置 isolation.level 参数才能读取数据。isolation.level 用于设置事务的隔离级别，对于 Kafka 来说，有如下两种隔离级别：

（1）read_committed：表示 Kafka 可以读取已提交的数据，而读不到未提交的数据。

（2）read_uncommitted：表示 Kafka 可以读取未提交的数据，是 isolation.level 的默认值。

假设生产者 P1 启动了事务 A 并向 Kafka 集群发送了消息 m，之后提交数据。如果消费者配置的事务隔离级别为 read_committed，在正常消费的前提下，消费者可以读取消息 m。如果生产者 P1 在提交数据时出现了异常情况（没有执行 commit 操作），那么消费者不能读取到消息 m。如果消费者配置的事务隔离级别为 read_uncommitted，那么消费者会读取到消息 m。

视频

事务案例

下面演示一个事务在生产者应用中的案例。

具体操作步骤如下：

（1）初始化事务，相关代码如下：

```
1  producer.initTransactions();
2  producer.beginTransaction();
```

第 1 行代码生产者 producer 调用 initTransactions() 方法初始化了一个事务。第 2 行代码调用 beginTransaction() 方法启动事务。

（2）业务处理逻辑，相关代码如下：

```
1  try{
2      for(int i=0;i<5;i++){
3          String info="TrxD_"+i;
4  //      if(i==3){
5  //          throw new Myexception("送消息异常: "+info);
6  //      }
7          producer.send(new ProducerRecord<String,String>("trx1",i%3,"key"+i,info));
8          System.out.println(info);
9          TimeUnit.SECONDS.sleep(1);
10     }
```

```
11        producer.commitTransaction();
12    }catch(Exception e){
13       producer.abortTransaction();
14       System.out.println(e.getMessage());
15    }finally{
16       producer.close();
17    }
```

第 7 行代码设置消息的泛型为字符串，并指定了主题、分区、key 和 value。第 11 行代码通过生产者 producer 调用 commitTransaction() 方法提交事务。第 13 行代码如果出现异常可以调用 abortTransaction() 方法回滚事务。

（3）在配置文件 ConfUtils.java 中配置事务，相关代码如下：

```
1  public static Properties initTrxConf(){
2       Properties props=new Properties();
3       props.put(ProducerConfig.BOOTSTRAP_SERVERS_CONFIG,"10.12.30.188:9092");
4       props.put(ProducerConfig.KEY_SERIALIZER_CLASS_CONFIG,"org.apache.kafka.common.
serialization.StringSerializer");
5       props.put(ProducerConfig.VALUE_SERIALIZER_CLASS_CONFIG,"org.apache.kafka.common.
serialization.StringSerializer");
6      props.put(ProducerConfig.TRANSACTIONAL_ID_CONFIG,"8");
7      props.put(ProducerConfig.ENABLE_IDEMPOTENCE_CONFIG,true);
8      return props;
9  }
```

第 6 行代码使用 TRANSACTIONAL_ID_CONFIG 参数设置事务的 id 为 8。第 7 行代码使用 ENABLE_IDEMPOTENCE_CONFIG 参数设置提交方式为 true，表示手动提交。

（4）自定义异常，相关代码如下：

```
1  class Myexception extends Exception{
2      public Myexception(){
3          super();
4      }
5      public Myexception(String message){
6          super(message);
7      }
8  }
```

第 1 行代码自定义异常 Myexception 并继承 Exception。第 3 行代码在构造函数 Myexception() 中调用了父类的方法。第 6 行代码通过父类的方法传递参数 message。

（5）复制 RunConsumer.java 文件，并重命名为 TrxConsumer.java，创建并启动消费者。在配置文件 ConfUtils.java 中设置消费组的 id 为 trx_1，相关代码如下：

```
props.put(ConsumerConfig.GROUP_ID_CONFIG,"trx_1");
```

运行 TrxConsumer.java 文件，启动消费者。在没有事务的情况下，运行 ProducerTrascation.java 文件启动生产者发送消息。生产者发送消息如图 6-18 所示。从执行结果可以看出，生产者成功发送了 3 条消息，在发送 noTrx_3 消息的时候发生了异常，并且打印了异常消息。

消费者可以成功消费到 3 条消息，如图 6-19 所示。

```
TrxConsumer ×    ProducerTrascation (1) ×
"C:\Program Files\Java\jdk1.8.0_144\bin\java.exe" ...
SLF4J: Failed to load class "org.slf4j.impl.StaticLoggerBinder".
SLF4J: Defaulting to no-operation (NOP) logger implementation
SLF4J: See http://www.slf4j.org/codes.html#StaticLoggerBinder for further details.
noTrx_0
noTrx_1
noTrx_2
发送消息异常 : noTrx_3

Process finished with exit code 0
```

图 6-18　生产者发送消息

```
TrxConsumer ×    ProducerTrascation (1) ×
"C:\Program Files\Java\jdk1.8.0_144\bin\java.exe" ...
SLF4J: Failed to load class "org.slf4j.impl.StaticLoggerBinder".
SLF4J: Defaulting to no-operation (NOP) logger implementation
SLF4J: See http://www.slf4j.org/codes.html#StaticLoggerBinder for further details.
七月 19, 2020 10:52:14 下午 com.kafka.trascation.TrxConsumer main
信息: topic = trx1 , partion = 0,offset = 0 , value = noTrx_0
七月 19, 2020 10:52:15 下午 com.kafka.trascation.TrxConsumer main
信息: topic = trx1 , partion = 1,offset = 0 , value = noTrx_1
七月 19, 2020 10:52:16 下午 com.kafka.trascation.TrxConsumer main
信息: topic = trx1 , partion = 2,offset = 0 , value = noTrx_2
```

图 6-19　消费者消费消息

（6）在配置文件 ConfUtils.java 中修改消费者的事务隔离级别，相关代码如下：

```
props.put(ConsumerConfig.ISOLATION_LEVEL_CONFIG,"read_committed");
```

运行 TrxConsumer.java 文件重新启动消费者，再次查看消费情况，如图 6-20 所示。

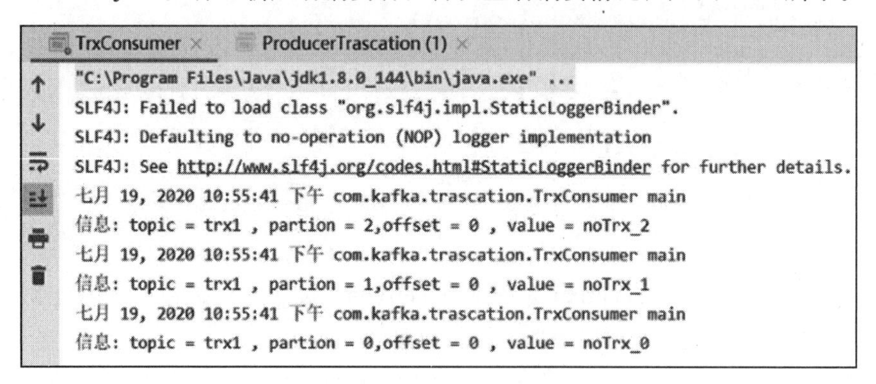

```
TrxConsumer ×    ProducerTrascation (1) ×
"C:\Program Files\Java\jdk1.8.0_144\bin\java.exe" ...
SLF4J: Failed to load class "org.slf4j.impl.StaticLoggerBinder".
SLF4J: Defaulting to no-operation (NOP) logger implementation
SLF4J: See http://www.slf4j.org/codes.html#StaticLoggerBinder for further details.
七月 19, 2020 10:55:41 下午 com.kafka.trascation.TrxConsumer main
信息: topic = trx1 , partion = 2,offset = 0 , value = noTrx_2
七月 19, 2020 10:55:41 下午 com.kafka.trascation.TrxConsumer main
信息: topic = trx1 , partion = 1,offset = 0 , value = noTrx_1
七月 19, 2020 10:55:41 下午 com.kafka.trascation.TrxConsumer main
信息: topic = trx1 , partion = 0,offset = 0 , value = noTrx_0
```

图 6-20　重新启动后的消费情况

从图 6-20 可知，消费者消费了 3 条消息。这时在生产者中启动事务，运行 ProducerTrascation.java 文件重新发送 3 条消息，如图 6-21 所示。

但是由于在发送第 4 条消息时抛出了异常，事务并没有提交而是调用了 abortTransaction() 方法进行了回滚。消费者并不会消费到生产者重新发送的消息，这是由于消费者设置了 read_committed 隔离级别，消费者只会读到已提交的数据，并不会读到未提交的数据。

如果取消生产者抛出异常的行为，而是正常发送消息，消费者会发送 5 条消息，如图 6-22 所示。

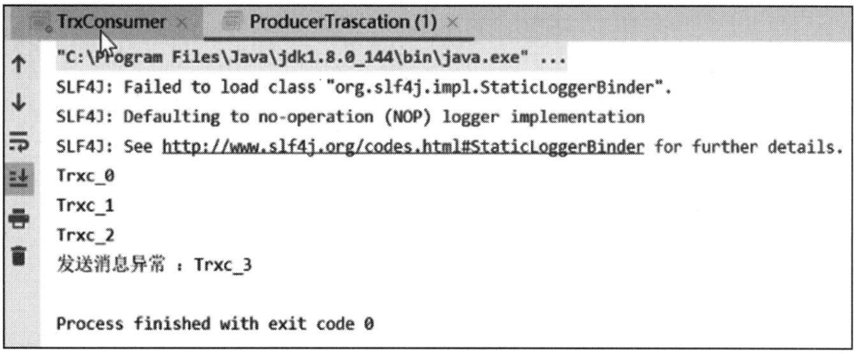

```
TrxConsumer × ProducerTrascation (1) ×
"C:\Program Files\Java\jdk1.8.0_144\bin\java.exe" ...
SLF4J: Failed to load class "org.slf4j.impl.StaticLoggerBinder".
SLF4J: Defaulting to no-operation (NOP) logger implementation
SLF4J: See http://www.slf4j.org/codes.html#StaticLoggerBinder for further details.
Trxc_0
Trxc_1
Trxc_2
发送消息异常 : Trxc_3

Process finished with exit code 0
```

图 6-21　生产者重新发送消息

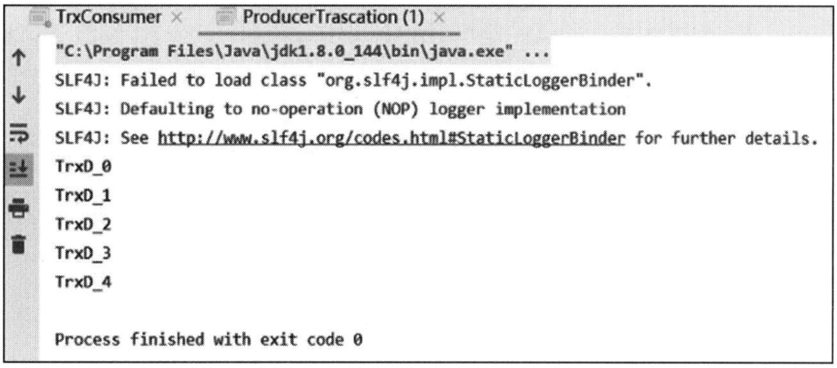

```
TrxConsumer × ProducerTrascation (1) ×
"C:\Program Files\Java\jdk1.8.0_144\bin\java.exe" ...
SLF4J: Failed to load class "org.slf4j.impl.StaticLoggerBinder".
SLF4J: Defaulting to no-operation (NOP) logger implementation
SLF4J: See http://www.slf4j.org/codes.html#StaticLoggerBinder for further details.
TrxD_0
TrxD_1
TrxD_2
TrxD_3
TrxD_4

Process finished with exit code 0
```

图 6-22　生产者正常发送消息

消费者可以正常消费到这 5 条消息，如图 6-23 所示。当消息发送完毕后，生产者会调用 commitTransaction() 方法提交消息，所以消费者可以成功读取这 5 条消息。

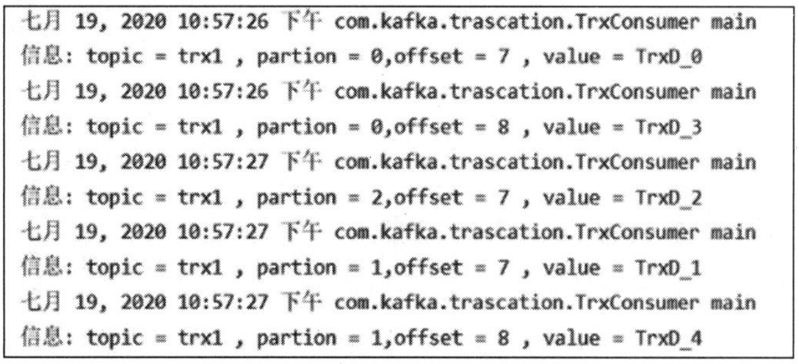

```
七月 19, 2020 10:57:26 下午 com.kafka.trascation.TrxConsumer main
信息: topic = trx1 , partion = 0,offset = 7 , value = TrxD_0
七月 19, 2020 10:57:26 下午 com.kafka.trascation.TrxConsumer main
信息: topic = trx1 , partion = 0,offset = 8 , value = TrxD_3
七月 19, 2020 10:57:27 下午 com.kafka.trascation.TrxConsumer main
信息: topic = trx1 , partion = 2,offset = 7 , value = TrxD_2
七月 19, 2020 10:57:27 下午 com.kafka.trascation.TrxConsumer main
信息: topic = trx1 , partion = 1,offset = 7 , value = TrxD_1
七月 19, 2020 10:57:27 下午 com.kafka.trascation.TrxConsumer main
信息: topic = trx1 , partion = 1,offset = 8 , value = TrxD_4
```

图 6-23　消费者成功消费消息

完整代码：

```
1  package com.kafka.trascation;
2  import com.kafka.ConfUtils;
3  import org.apache.kafka.clients.producer.KafkaProducer;
4  import org.apache.kafka.clients.producer.ProducerRecord;
5  import java.util.Properties;
6  import java.util.concurrent.TimeUnit;
7  public class ProducerTrascation{
8      public static void main(String[]args)throws InterruptedException{
```

```
9          Properties properties=ConfUtils.initTrxConf();
10         KafkaProducer<String,String>kafkaProducer=new KafkaProducer<>(properties);
11         proTrx(kafkaProducer);
12     }
13     public static void proTrx(KafkaProducer<String,String>producer) throws InterruptedException{
14         //1.初始化事务
15         producer.initTransactions();
16         producer.beginTransaction();
17         try{
18             //2.业务
19             for(int i=0;i<5;i++){
20                 String info="TrxD_"+i;
21 //              if(i==3){
22 //                  throw new Myexception("发送消息异常: "+info);
23 //              }
24                 producer.send(new ProducerRecord<String,String>("trx1",i%3,"key"+i,info));
25                 System.out.println(info);
26                 TimeUnit.SECONDS.sleep(1);
27             }
28             //3.事务提交
29             producer.commitTransaction();
30         }catch(Exception e){
31             producer.abortTransaction();
32             System.out.println(e.getMessage());
33         }finally {
34             producer.close();
35         }
36     }
37 }
38 class Myexception extends Exception{
39     public Myexception(){
40         super();
41     }
42     public Myexception(String message){
43         super(message);
44     }
45 }
```

视 频

生产者-消费者事务

6.4.2 生产者和消费者并存的事务场景

前面已经介绍了生产者的事务场景和消费者的事务场景，下面介绍 Consume-Transform-Producer（消费消息和生产消息并存）的事务场景，这种场景通常会出现在流处理中。假设在 Kafka 集群中，有两个主题 T1 和 T2 分别对应不同的业务数据。消费者对不同主题中的业务数据进行整合处理之后，会把处理结果发送到 Kafka 集群的另一个主题 T3 中。这种情况实际上就是消费者和生产者并存的场景。

当消费者把不同主题中的数据消费整合时，此时对应的是消费者。当消费者将整合后的消息发送到 Kafka 集群时，对应的是生产者。在之前没有事务的情况下，处理流程为：

（1）消费者先消费消息然后处理数据 m。

（2）之后消费者作为生产者发送数据 m 到 Kafka 集群。

消费消息和发送数据必须维护在同一个事务中，这样可以确保两者都成功或都失败。关于生产者和消费者并存的事务场景实现的原理可以参考如下地址中的文章。

```
https://cwiki.apache.org/confluence/display/KAFKA/KIP-98+-+Exactly+Once+
Delivery+and+Transactional+Messaging
```

下面演示一个 consume-transform-produce 模式的事务应用案例。

具体操作步骤如下：

（1）生产者负责启动事务，相关代码如下：

```
1  producer.initTransactions();
2  producer.beginTransaction();
```

第 1 行代码生产者调用 initTransactions() 方法初始化事务。第 2 行代码调用 beginTransaction() 方法启动事务。

（2）消费者消费消息后，进行业务处理逻辑，相关代码如下：

```
1  try{
2       Map<TopicPartition, OffsetAndMetadata> commits=new HashMap<>();
3       for(ConsumerRecord record : records){
4           System.out.printf("处理消息........");
5           commits.put(new TopicPartition(record.topic(),record.partition()),new
OffsetAndMetadata(record.offset()));
6           Future<RecordMetadata> metadataFuture=producer.send(new ProducerRecord<>
("topic",record.value()+"kafka"));
7       }
8       producer.sendOffsetsToTransaction(commits,"group01");
9       producer.commitTransaction();
10 }catch(Exception e){
11      e.printStackTrace();
12      producer.abortTransaction();
13 }finally{
14      consumer.close();
15      producer.close();
16 }
```

第 2 行代码中的 commits 记录了已处理的主题分区中的偏移量。第 4 行代码对消息记录进行处理。第 5 行代码将处理完的结果放入集合 commits 中。第 6 行代码使用生产者将处理过的数据发送到另外一个主题中。第 8 行代码使用生产者调用 sendOffsetsToTransaction() 方法提交偏移量。第 9 行代码调用 commitTransaction() 方法提交事务。如果发生异常，将会回滚事务。

完整代码：

```
1  package com.kafka.trasaction;
2  import org.apache.kafka.clients.consumer.ConsumerRecord;
3  import org.apache.kafka.clients.consumer.ConsumerRecords;
4  import org.apache.kafka.clients.consumer.KafkaConsumer;
5  import org.apache.kafka.clients.consumer.OffsetAndMetadata;
6  import org.apache.kafka.clients.producer.KafkaProducer;
7  import org.apache.kafka.clients.producer.ProducerRecord;
8  import org.apache.kafka.clients.producer.RecordMetadata;
9  import org.apache.kafka.common.TopicPartition;
```

```
10  import java.util.HashMap;
11  import java.util.Map;
12  import java.util.concurrent.Future;
13  public class ConsumerTraProducer{
14      public static void conTrxpro(KafkaProducer<String,String>producer,KafkaConsumer
 <String,String> consumer)throws InterruptedException{
15          //1.初始化事务
16          producer.initTransactions();
17          producer.beginTransaction();
18          while(true){
19              //1.消费消息
20              ConsumerRecords<String,String>records=consumer.poll(500);
21              //业务逻辑
22              try{
23                  Map<TopicPartition,OffsetAndMetadata>commits=new HashMap<>();
24                  for(ConsumerRecord record : records){
25                      //处理消息
26                      System.out.printf("处理消息........");
27                      /记录提交的偏移量
28                      commits.put(new TopicPartition(record.topic(),record.partition()),
 new OffsetAndMetadata(record.offset()));
29                      //产生新消息
30                      Future<RecordMetadata>metadataFuture=producer.send(new
 ProducerRecord<>("topic",record.value()+"kafka"));
31                  }
32                  //提交偏移量
33                  producer.sendOffsetsToTransaction(commits,"group01");
34                  //事务提交
35                  producer.commitTransaction();
36              }catch(Exception e){
37                  e.printStackTrace();
38                  producer.abortTransaction();
39              }finally{
40                  consumer.close();
41                  producer.close();
42              }
43          }
44      }
45  }
```

小　　结

本章通过学习 Kafka 日志，我们掌握了 Kafka 的日志存储、日志回滚、日志查找和日志清理的工作机制；通过学习 Kafka 的可靠性，我们掌握了 LEO 和 HW 的更新机制；通过学习幂等性，我们了解了三种消息语义和幂等性的原理；通过学习 Kafka 事务，我们掌握了 Kafka 引入事务的原因以及事务的应用场景。

习　　题

一、填空题

1. Kakfa 日志文件通过__________和__________手段保证快速查询。

2. Kafka 的日志可按照________________和________________条件进行回滚。

3. Kafka 的清理策略分为________________和________________。

4. Kafka________________保证可靠性。

二、简答题

1. 简述日志消息的查找流程（偏移量索引文件），如查找偏移量为 30 的消息。

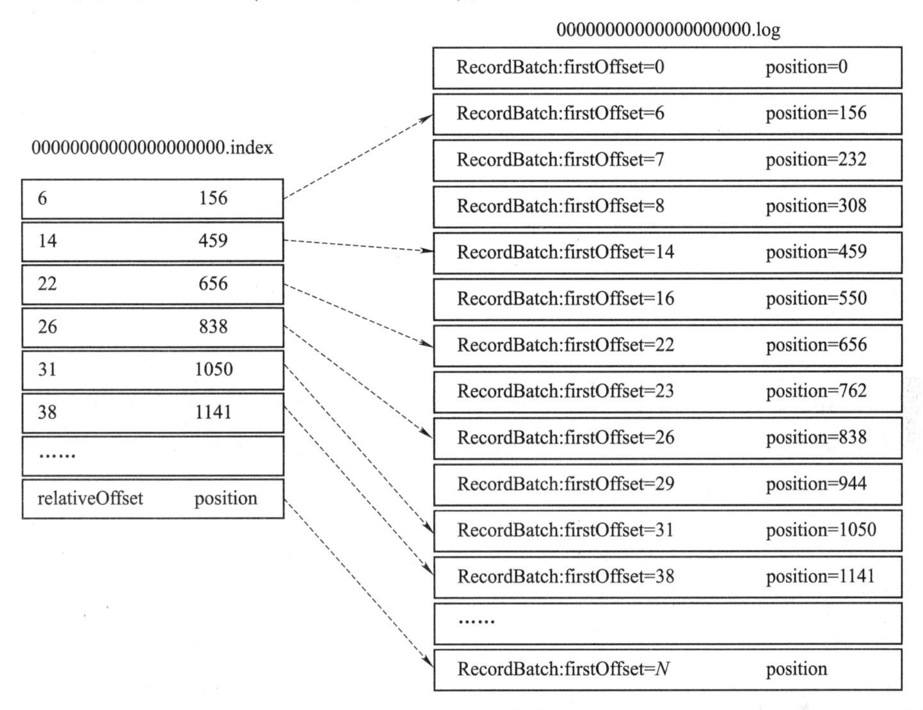

2. 简述 Kafka 的幂等性实现原理，并具体说明，如消息确认返回时出现网络异常（可结合图描述）。

3. Kafka 既然幂等性实现，为什么要引入事务？

第 7 章

Spark 基础

学习目标

视 频

课程目标

- 掌握 Spark 的基本术语和运行原理。
- 掌握 Spark 的 RDD 编程。
- 掌握 SparkStreaming 的编程。

本章主要通过 WordCount 案例学习 Spark 的相关知识。首先介绍 Spark 的基础知识，主要包括 Spark 的应用场景、RDD 编程思想、Spark 基本术语的概念和区别、Spark 的运行原理和源码编译等内容。然后介绍 SparkStreaming 的基础知识，通过 RDD 的学习，可以快速理解 SparkStreaming 的编程思想。最后通过连接数据库的案例学习，介绍如何将数据写入 MySQL 数据库。

7.1 Spark 基础知识

视 频

Spark RDD 和算子

本节主要介绍五个知识点，第一，了解 Spark 的应用，包括机器学习、数据处理、图计算等；第二，学习 Spark 的基本术语和设计理念；第三，学习 Spark 的运行原理；第四，学习如何编写 Spark 程序；第五，学习 Spark 的运行方式，即如何在分布式集群中运行 Spark 程序。另外，还会学习如何编译 Spark 的源代码，主要有两个目的：第一，在生产中需要处理一些实际问题，有时需要修改源代码；第二，由于版本的问题，本书选用的是 Spark 2.4.3 版本、Scala 2.1.1 版本、Kafka 2.1.2 版本，所以读者需要自己针对不同的版本编译一套 Spark。通过学习本节内容，可了解 Spark 的运行理念和编程思想。

7.1.1 Spark 应用

Spark 的应用场景如图 7-1 所示。Spark SQL 和 Hive 类似，可以用于数据分析。SparkStreaming 可以用于流计算，比如实时分析和处理。MLlib (machine learning) 主要用于机器学习。GraphX (graph) 可以用于图计算。

在机器学习领域会用到图计算，它对于机器学习来说有两个作用。第一，提供数据属性。机器学习在训练模型时，需要数据的支持，比如监督模型。假设数据中有 name、age 等属性，这些数据需要放入机器模型中进行训练，但是直接使用这些属性训练机器模型效果并不理想。这时就需要利用图计算制作一些衍生属性达到机器模型的训练效果。图计算的这种作用广泛应用于风控领域和防欺诈领域，比如根据模型评估一个人是否有欺诈风险，将得出的概率提交给业务部门，业务部分再根据模型分析结果和自身经验重新评估这个人的风险大小。第二，图计算本身具有的很多算法也可以用作机器学习。

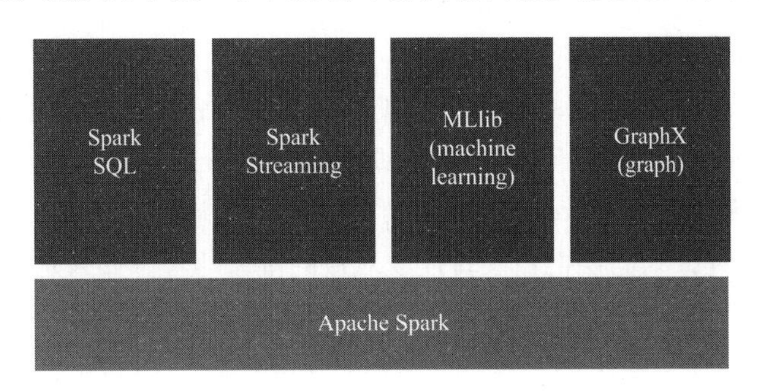

图 7-1　Spark 的应用场景

组件越多，维护成本就越高，包括组件之间的兼容性、版本的升级。人们期望用最少的框架解决更多的应用问题，而 Spark 正好满足这一特点，Spark 框架可以实现很多功能，这也是 Spark 受欢迎的原因。

7.1.2　Spark 的核心抽象

下面了解一下 Spark 的基本术语。所有 Spark 编程都基于 RDD、DataFrame 和 DataSet 这三个方面。RDD 最早出现于 Spark 1.0，DataFrame 出现于 Spark 1.3，DataSet 出现于 Spark 1.6。只要理解了 RDD 编程，DataFrame 和 DataSet 编程自然就明白了。

（1）RDD（Resiliennt Distributed Datasets，弹性分布式数据集）是 Spark 提供的最重要的抽象概念。Spark 编程需要读入数据，即需要输入，也会将数据输出到常规的数据库中。无论读入的是什么类型的数据，Spark 都会转换成 RDD。在 Spark 内部是基于 RDD 执行计算操作的，最终将 RDD 作为输出对象传输到 HDFS，转换成实际的输出源能接收的数据。Spark Core、SparkStreaming、MLlib、GraphX 这些方向的编程本质上都是基于 RDD 编程，都需要将输入源转换成 RDD，然后通过大量计算再将 RDD 输出。这种机制类似于计算机，对于计算机来说，不论输入的是图像、数字还是视频，在计算机内部都会转换成二进制的 0 和 1。在输出时通过输出设备对 0 和 1 进行解析，并最终呈现给用户可视化的图片或视频等数据。

（2）DataFrame 和 RDD 类似，也是一个分布式数据集。如果是 Spark SQL 编程，无论输入源是什么类型都会转换成 DataFrame，然后在 Spark SQL 内部使用 DataFrame 执行运算操作。最后将 DataFrame 转换成实际输出源能接收的数据。

（3）DataSet 整合了 DataFrame，可以理解为 DataFrame 是 DataSet 的特例，DataSet 在之前的基础上进行了优化。为了实现统一的入口，使用的都是基于 DataSet 的编程，但本质上都是 RDD，只是对 RDD 进行了一些封装。

下面介绍这三者之间的区别。假设有一个 Person 对象，对于 RDD 来说，Person 对象中存储的都是关于 Person 的数据，RDD 并不了解 Person 对象中具体包含的数据。如果将数据转换成 DataFrame，它会提供数据的详细结构信息，比如 Person 对象中包含的 Name、Age 等属性。使得 Spark SQL 可以清楚地知道该数据集中包含哪些列，每列的名称和类型各是什么。DataFrame 呈现出数据的结构信息就是 schema。可以简单地理解为 DataFrame 是在 RDD 的基础上增加了 schema。DataSet 中可以存储任何数据类型，这个数据类型可以是 Person 也可以是 String。当 DataSet 存储的是 Row 时，就相当于

DataFrame，即 Dataset[Row]=DataFrame。

7.1.3 Spark 的核心抽象与各组件关系

Spark 的核心抽象与各组件的关系如图 7-2 所示。Spark Core 基于 RDD，对应的上层应用包括 GraphX 图计算、MLlib 机器学习等。Spark SQL 基于 DataFrame 和 DataSet，对应的上层应用就是 Spark SQL。SparkStreaming 基于 DStream，对应的上层应用是流计算，DStream 的本质就是基于 RDD 编程。对于不同的应用编程，只需要把输入转换成对应的抽象即可。如果是流计算，就会把输入转换成 DStream，然后进行一些相关的计算。如果是 Spark SQL，则会把输入转换成 DataSet，并进行 SQL 编程。

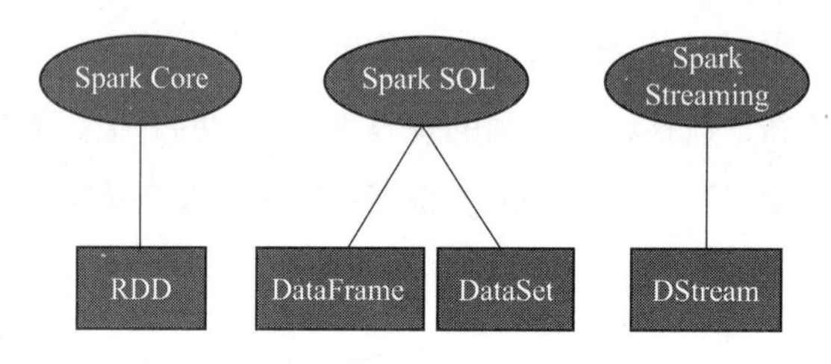

图 7-2　Spark 的核心抽象与各组件的关系

下面介绍 RDD 的相关内容，并理解 RDD 编程的思想。

1. 理解 RDD

可以把 RDD 理解为分布式数组。假设文件 A 中包含 1、2、3、2 四个数字，将文件中的数字全部乘以 2，则文件 A 中的数字就变成了 2、4、6、4，然后再统计每一个数字的个数。接着将统计出来的数字个数输出到另外一个文件 B 中。如果把 RDD 作为一个数组，首先需要将文件 A 中的数据（输入源）转化成 RDD。然后将文件 A 中的第一个数字 1 放入 RDD 中，作为数组的第一个元素，记作 R(0)。第二个元素就是 R(1)，依次是 R(2) 和 R(3)。数组所有的元素乘以 2 之后，数据仍然是 RDD，统计个数时也是 RDD。如果数据量庞大的话，可以将多个数据放入同一个机器中执行。通过这种对文件分割的操作，可以单独将每一部分数据放入一个机器中，相当于进行了分布式计算。基于 RDD 的编程，每一步都在进行 RDD 计算。在内部转换时，文件首先转换成 RDD1（第一个 RDD），然后转换成 RDD2（第 2 个 RDD），之后依次进行转换。

2. 理解 RDD 算子

接下来解释一下文件如何转换成 RDD。文件转换成 RDD 是通过函数完成的，这里的函数就是 RDD 算子，即文件想要转化成 RDD 需要算子的计算。RDD 算子主要分为 Transformation 和 Action 两类。

（1）Transformation：转换算子。文件转换成 RDD 就是转换算子，即转换成了 RDD1。将 RDD1 乘以 2 转换成 RDD2，也是转换算子。

（2）Action：行为算子。将 RDD2 存储到一个文件中就是行为算子。

这两种算子的区别：Spark 需要最终结果的时候触发的就是行为算子。Spark 是一个懒运算的框架，转换算子并不会进行真正的运算，只会记住操作之间的依赖关系。只有遇到行为算子的时候，才会触发操作开始提交作业。

在实际使用过程中，算子类似于 API，比如 Scala 中有 map 等，这些都可以称为算子。算子可以理解为一个函数，是实现某种操作的功能。

7.1.4 理解 RDD 编程

下面以 Spark 中一个简单的入门案例来理解 RDD 编程，如图 7-3 所示。已知文件 spark.txt 中有 6 行数据，需要统计该文件中单词的数量并将统计结果输出到另一个文件中。下面先理解框架，再解释其中的具体细节。首先将输入源转换成 RDD；接着根据不同的业务要求，使用算子对 RDD 进行转换；最后将满足要求的 RDD 输出并利用算子转换成文件或其他形式。

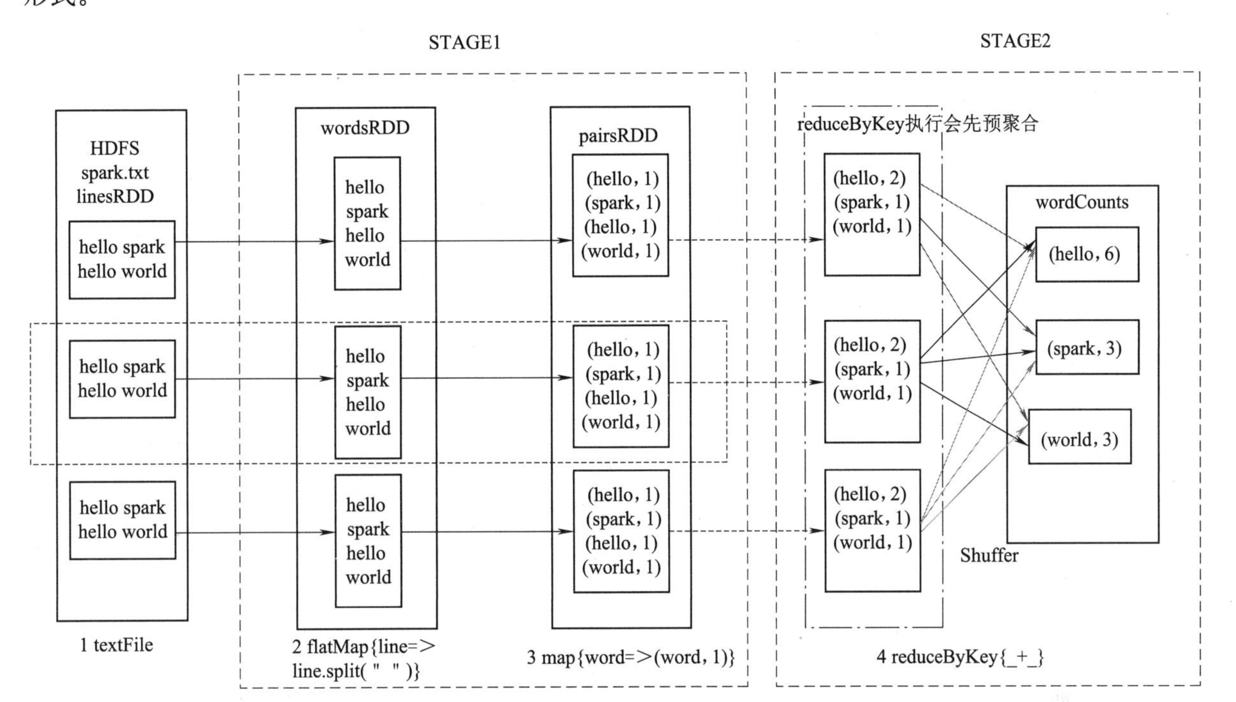

图 7-3 RDD 编程的流程

图 7-3 中的 textFile 算子可以将文件类型的输入源转换成 RDD，使文件的第一行内容转换成 RDD 的第一个元素，然后依次进行转换。算子会对 RDD 的每一个元素进行操作，在图 7-3 中算子会将每一个单词提取出来并计算它的个数，比如单词 hello 对应（hello，1），单词 spark 对应（spark，1）。之后再对相同单词的 value 相加，就是每一个单词实际的总数，比如 hello 就是（hello，2）。由于 spark.txt 文件中的内容被分割成了不同的部分，因此最后输出的单词数量会加上其他被分割的部分，比如 hello 就是（hello，6）。被分割的其他部分在各自的机器中处理的流程都是相同的。这种分布式编程和单机编程一样简单，这也是 Spark 编程的优势。

flatMap 算子将原来 RDD 中的每个元素通过函数转换为新的元素，并将生成的 RDD 每个集合中的元素合并为一个集合。flatMap 算子可以将 textFile 算子得到的整行数据转换成类似数组的形式并进行扁平化处理。比如先将 hello spark 这一行数据转换成数组形式 [hello,spark]，然后再执行 flat 操作把 RDD 中的数组元素进行扁平化处理，将 [hello,spark] 转换成 hello 和 spark 两行数据。

map 算子再对每一行的单词进行统计，得出每个单词的数量。比如统计 hello 的单词数量，得出（hello，1）这种形式。之后再使用 reduceByKey 算子把具有相同 key 的 value 进行求和。比如对相同单词的数量进行求和，得出（hello，2）。reduceByKey 算子会先在本地进行求和，再进行分布式求和，把每一个机器中得到的结果进行汇总。在本地进行求和可以减少网络传输，在进行分布式聚合的时候，会把相同的 key 传输到同一台机器上进行运算，具体传输到哪一台机器中和 key 有关。比如将带有 hello 的数据传输到同一台机器中，最终得出（hello，6）。

下面使用本地模式编写 WordCount。

（1）RDD。

（2）DataSet。

完整代码：

```
1  package com.spark
2  import org.apache.log4j.{Level, Logger}
3  import org.apache.spark.{SparkConf, SparkContext}
4  object wordcount {
5      def main(args: Array[String]): Unit = {
6              Logger.getLogger("org").setLevel(Level.ERROR)
7              val conf = new SparkConf().setAppName("wordcountrdd").setMaster("local[2]");
8              val sc = new SparkContext(conf)
9              val inputrdd_lines = sc.textFile("C://Users//CGZ/IdeaProjects//kafkastream//
data//words")
10   //        tra
11             val out = inputrdd_lines.flatMap(_.split(",")).map((_, 1)).reduceByKey(_ + _);
12   //        out.map{
13   //        x=>println("KEY="+x._2+",v="+x._2)
14   //        }
15   //        action
16   //        out.foreach(println)
17             out.saveAsTextFile(args(1))
18         }
19   }
```

具体操作步骤如下：

（1）新建 wordcount.scala 文件，将输入源转换成 RDD，相关代码如下：

```
1  val conf = new SparkConf().setAppName("wordcountrdd").setMaster("local[2]");
2  val sc = new SparkContext(conf)
3  val inputrdd_lines = sc.textFile("C://Users//CGZ/IdeaProjects//kafkastream//
data//words")
```

第 1 行代码在不使用默认设置的情况下传递 SparkConf。setAppName("wordcountrdd") 表示自定义应用的名称是 wordcountrdd，这个应用名不可以重复。setMaster() 可以指定运行的 Master，如果想将应用运行在其他机器上，就需要指定其他 Spark 集群的 IP 地址。第 2 行代码通过 SparkContext() 传递 SparkConf，将输入源转换成 RDD。第 3 行代码通过 textFile 算子将获取的 RDD 内容转换成整行数据。

（2）通过转换算子切分数据，然后调用行为算子并输出结果，相关代码如下：

```
1  val out = inputrdd_lines.flatMap(_.split(",")).map((_, 1)).reduceByKey(_ + _);
2  out.foreach(println)
```

第 1 行代码使用 flatMap 算子将文件中的整行数据以逗号进行分隔，通过 map((_, 1)) 将数据再转换成 (K,V) 的形式，接着再用 reduceByKey(_ + _) 求和，最终将每一行的 RDD 元素输出。第 2 行代码中的 foreach 是行为算子，用于打印结果并不会将结果输出到文本中。

新建 data 目录并在该目录下新建一个文本文件 words，用于测试输出结果。words 文件中的内容如下：

```
hello,spark
hello,kafka
hello,hadoop
```

运行 wordcount.scala 文件，统计结果如图 7-4 所示。

```
20/09/19 11:58:09 INFO ShuffleBlockFetcherIterator: Started 0 remote fetches in 14 ms
20/09/19 11:58:09 INFO ShuffleBlockFetcherIterator: Started 0 remote fetches in 14 ms
(hello,3)
(spark,1)
(kafka,1)
(hadoop,1)
```

图 7-4　统计结果

从输出结果可知，hello 字符有 3 个，spark、kafka、hadoop 这三个字符分别有 1 个，是正确的统计结果。

（3）调用转换算子继续转换 RDD，相关代码如下：

```
1  Logger.getLogger("org").setLevel(Level.ERROR)
2  out.map{
3      x=>println("KEY="+x._2+",v="+x._2)
4  }
```

第 1 行代码用于将日志级别设置为 ERROR，这样不会输出过多的日志信息。第 2~4 行代码调用转换算子 map 继续输出 Key 和 Value 的值。再次调用 map 算子的输出结果，如图 7-5 所示。

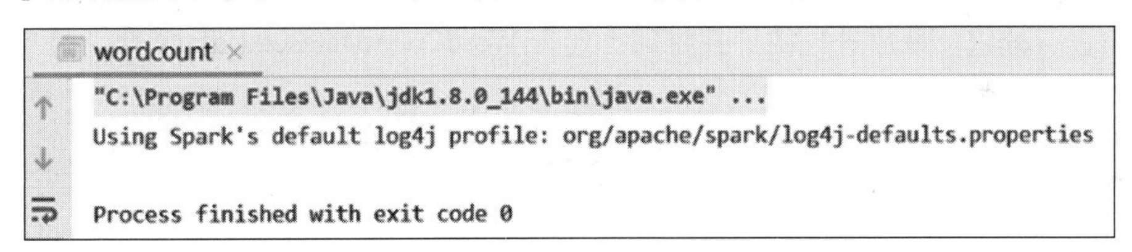

图 7-5　再次调用 map 算子的输出结果

从图 7-5 中可以看出，程序已经运行结束，但是并没有输出任何结果。这是因为程序中调用的是转换算子，并没有真正地进行运算。

（4）将输出结果放入文件中，相关代码如下：

```
out.saveAsTextFile(args(1))
```

调用 saveAsTextFile 算子可以将输出结果保存到指定的文件中。输出到不同的位置需要使用对应的算子。

（5）创建 WordCountDataset.scala 文件用于 DataSet 编程，相关代码如下：

```
1  package com.spark
2  import org.apache.log4j.{Level, Logger}
3  import org.apache.spark.sql.{Dataset, SparkSession}
4  object WordCountDataset {
5      def main(args: Array[String]): Unit = {
6          Logger.getLogger("org").setLevel(Level.ERROR)
```

```
 7          val spark: SparkSession = SparkSession.builder()
 8             .appName("WordCount")
 9             .master("local[1]")
10             .getOrCreate()
11          //（从某处）读取数据，返回 Dataset，这也是一个 Transformation
12          val  lines:  Dataset[String]  =  spark.read.textFile("C://Users//CGZ//
  Desktop///kafka//kafka视频 //kafka07//data/wordcount.txt")
13          println("---------- 打印 Dataset----------")
14          lines.show()
15          //添加隐式转换
16          import spark.implicits._
17          //整理数据切分压平
18          //Dataset 只有一列，默认列名为 value
19          val words: Dataset[String] = lines.flatMap(_.split(","))
20          println("---------- 打印切分压平之后的 Dataset----------")
21          words.show()
22          //注册视图
23          val groupedWords = words.groupByKey(_.toLowerCase)
24          val counts = groupedWords.count()
25          println("----------wordcount 统计 ----------")
26          counts.show()
27          spark.stop()
28      }
29  }
```

第 7 行代码将 SparkContext 等内容封装到 SparkSession 中，同样可以获取应用名、作业运行的集群等。第 12 行中的 textFile 算子用于读取文件，然后将文件中的数据转换成 DataSet，文件中的每一行数据都是字符串。第 13 行代码用于打印 DataSet。第 23 行代码中的 groupByKey 算子将具有相同 Key 的字符串进行分组，最后进行统计并打印。运行 WordCountDataset.scala 文件，最后的统计结果如图 7-6 所示。

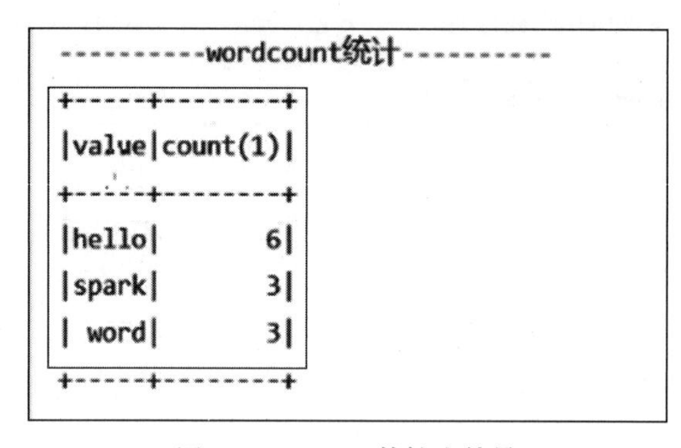
```
----------wordcount统计----------
+-----+--------+
|value|count(1)|
+-----+--------+
|hello|       6|
|spark|       3|
| word|       3|
+-----+--------+
```

图 7-6　DataSet 的输出结果

图 7-6 的统计结果分为 value 和 count，与 RDD 的输出结果相比，DataSet 多了 schema。

视频

Spark 的术语

7.1.5　Spark 的术语

通过前面的学习，已经了解了如何在本机中运行 Spark 程序。下面介绍如何将本机中的应用提交到远程的 Spark 集群中。在学习相关知识之前，先来了解一下 Spark 的相关术语。

（1）Application：应用。基于 Spark 构建的应用程序，由一个或多个 Job 组成。

（2）Job：作业。由一个或多个 Stage 组成的一次计算作业。

（3）Stage：阶段。一个 Job 会被拆分成很多任务，每组任务被称为 Stage。

（4）Task：任务。被送到某个 Executor 上的工作单元。

（5）Driver：驱动。一个 Spark 作业运行时会启动一个 Driver 进程，也是作业的主进程，负责作业的解析、生成 Stage，并调度 Task 到 Executor 中。

（6）Executor：执行器。分布在工作节点上，执行作业接收 Driver 命令加载和运行 Task。

以数学科目为例，Application 相当于数学，Job 相当于数学科目的上下册，在每一个上下册中包含了很多章节，这相当于 Stage。每一章又包含了很多不同的小节，这里的小节相当于 Task。这些术语的关系大致是 Application 包含 Job，Job 中又包含很多 Stage，而 Stage 中又包含了很多 Task。对于 Spark 来说，Task 是运行在 Spark 中的最小单元。实际上，Spark 执行的是一个个具体的任务（Task）。

7.1.6 Spark 的运行原理

Spark 的运行原理如图 7-7 所示。当提交程序到 Spark 集群上时，Spark 会认为该程序是一个 Application（应用），并会为该应用分配资源。Job 依据 Action 算子进行划分，在划分的时候，每遇到一个 Action 算子就认为在此之前的部分都属于一个 Job。从图 7-7 中可以看到划分了两个 Job，即 Job1 和 Job2。Stage 根据算子的宽窄依赖进行划分，当遇到 Shuffle 时，认为算子是宽依赖。在发生分区混洗时，可以将该算子认为是 Shuffle 算子。

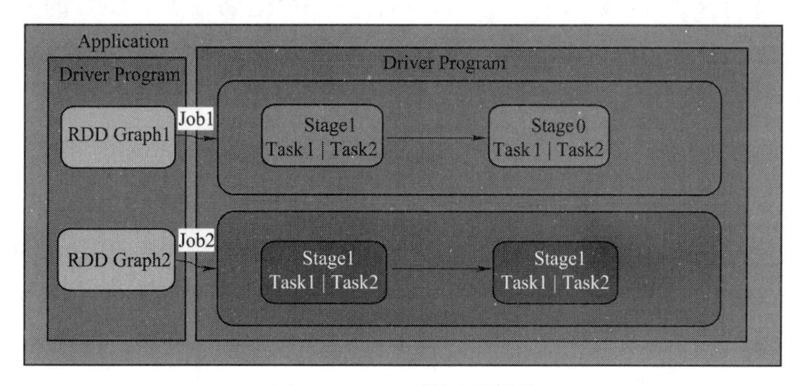

图 7-7 Spark 的运行原理

当子分区和父分区是一对一的关系时，一般认为是窄依赖。Spark 会将文件分为不同的分区，然后将不同的分区进行分布式运算。比如在有 10 个分区和两台机器的情况下，一台机器会运行 5 个分区的数据。已知有 3 个分区 P0、P1 和 P2，通过 map 操作并乘以 2 后，仍然是 3 个分区。这种子分区和父分区是一一对应的关系，并没有改变原有分区数，遇到这种算子就认为是窄依赖。如果通过算子将 P0 和 P1 合并后变成了 P0，P2 变成了 P1，这种多个父分区只对应一个子分区的情况，同样认为是窄依赖。这两种情况下都不会划分 Stage。父分区和子分区是一对多的关系时，认为是宽依赖，遇到这种算子会划分 Stage。

当完成 Stage 的划分之后，每一个 Stage 实际上可以分为多个 Task（任务）并行执行。假设 RDD1 有两个分区 P0 和 P1，这两个分区中分别包含了数字 1 和 2。经过 map 算子加 1 操作后，分区中的数字分别是 2 和 3，变成了 RDD2。通过 Action 算子将 RDD2 存储到文件中。这里分区之间一一对应是窄依赖，两个分区分别对应两个任务，每个任务根据算子负责执行对应分区中的数据。任务的并发度由 CPU 的核数决定，一般情况下，一个核运行一个任务。

7.1.7 WordCount 任务划分

下面以 WordCount 为例进行任务的划分，整个 Application 的执行情况如图 7-8 所示。图 7-8 中的两个 Stage 分别对应图 7-9 中的 STAGE1 和 STAGE2。

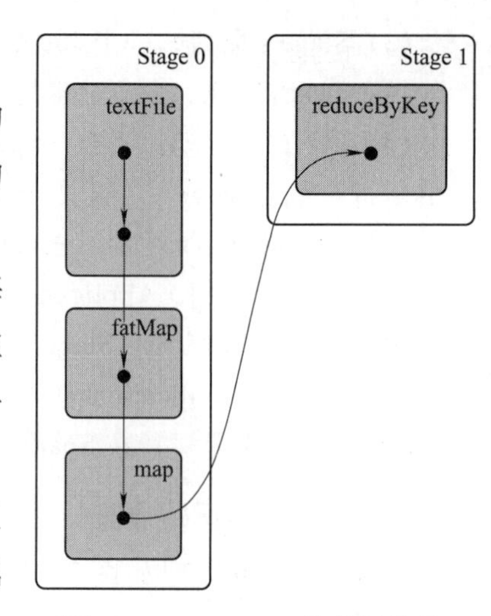

图 7-8 Application 的执行情况

Stage 划分如图 7-9 所示。将文件划分成 3 个不同的部分，每一个部分就是一个分区，总共有 3 个分区，即 P0、P1 和 P2。在 STAGE1 中进行切分之后，分区数并没有改变，此时分区是一对一的关系。

当执行 reduceByKey 时，父分区中的数据被分配到了多个分区中，即父分区和子分区是一对多的关系。这种 reduceByKey 算子属于 Shuffle 算子，同时将此过程分为两个 Stage。只有把第一个 Stage 中的任务执行完毕，才可以开始执行下一个 Stage 的任务。在第一个 Stage 中是三个任务并行执行，每一个任务就是一个 Task。总之，Task 是 Spark 运行的最小单位，而一个 Task 对应一个分区。一台机器上到底可以并行运行多少任务取决于 CPU 的核数。

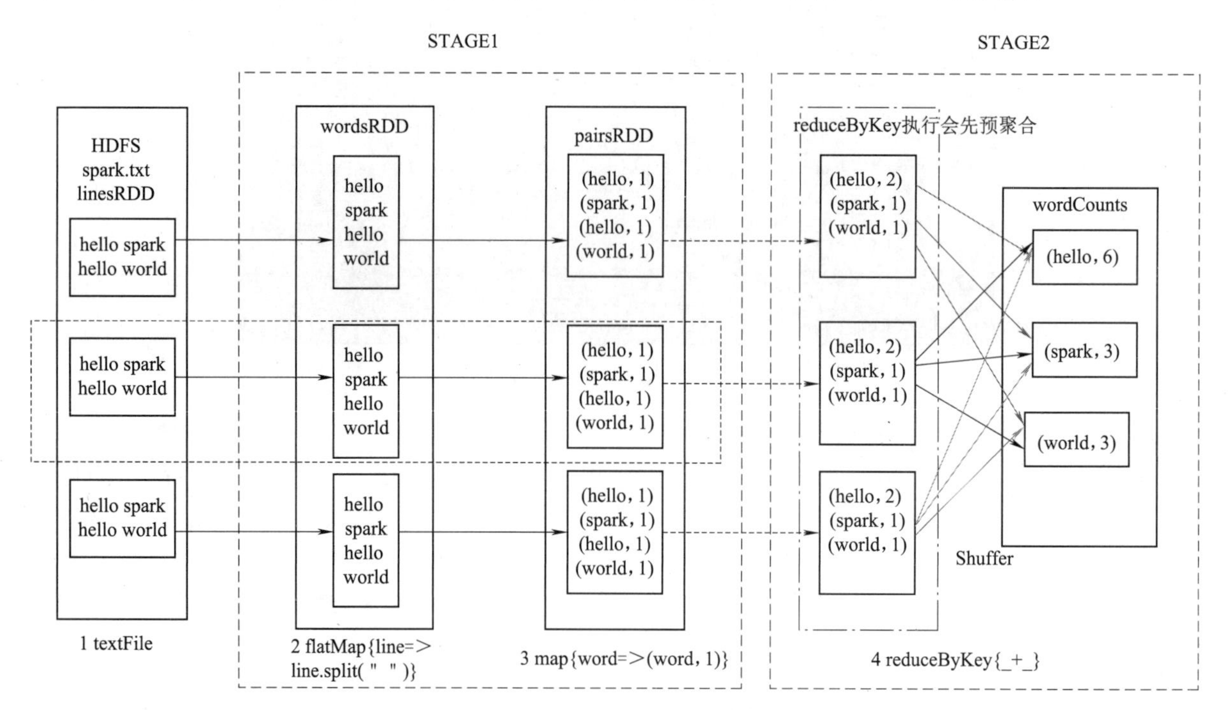

图 7-9 Stage 划分

7.1.8 Spark 的运行架构

接下来介绍如何在客户端将应用提交到 Spark 集群中运行，Spark 的运行架构如图 7-10 所示。以 WordCount 为例来学习整个运行流程，从图 7-10 中可以看到 Spark 的运行架构主要分为三部分，即 Driver Program（驱动程序）、Cluster Manager（集群管理器）和 Worker Node（Worker

节点）。其中，Worker 节点中运行的是 Executor（执行器）。

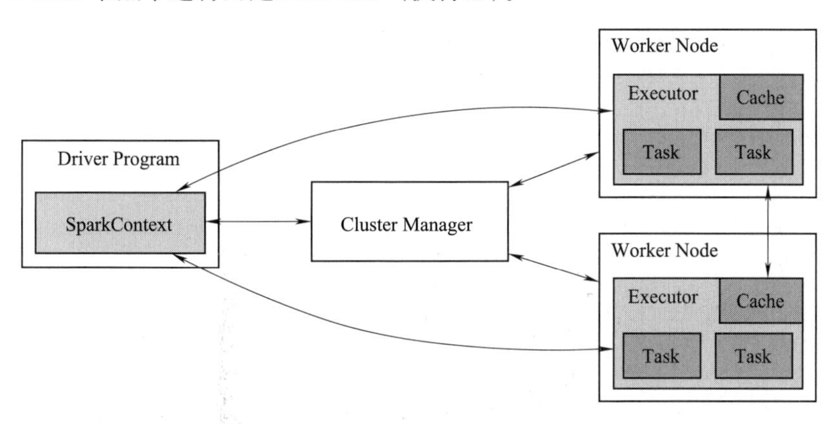

图 7-10　Spark 的运行架构

在 WordCount 程序中需要 main 方法才能执行，在 main 方法中包括 map、flatmap、reduceByKey 等算子。Driver Program 的第一个作用是负责调用应用的 main 方法；第二个作用是执行程序并转换成 DAG（有向无环图），在转换成 DAG 时实际上就是将应用转换成 Job 再转换成 Stage，之后再转换成 Task；第三个作用是负责物理执行，即完成转换后才开始真正执行程序；第四个作用是负责任务的调度和分配，Driver Program 会根据就近原则尽量减少网络传输。一个 Task 对应一个分区，如果一个文件只在一个分区中执行，表示这个任务只会分配到一个节点中。如果将该文件分布在两个分区中执行，就会通过两个任务分配到不同的节点中执行，即并行执行。

Driver Program 的主要作用是调用应用程序并转换成多个可执行的 Task，最终提交给集群，以及负责任务的调度。

Cluster Manager（集群管理器）主要负责资源的申请和调度，以及启动 Executor（执行器）。Executor 内部类似线程池，当提交多个任务时，Executor 会通过线程池启用多个线程执行任务。Executor 主要负责启用多线程执行任务，并使用 Cache 缓存 RDD。

Driver Program 默认运行在本机程序中，还有一种运行模式是将 Driver Program 运行到集群中的某一个节点，这种模式称为 Cluster 运行方式。第二种运行模式由 Cluster Manager 负责启动 Driver。第一种是运行在客户端 Client 中，第二种运行在 Worker 节点上。Driver Program 运行在不同的位置会有不同的组件负责启动它。

Cluster Manager 有三种运行方式，第一种是独立集群模式，主节点是 master，对应 Worker Node；第二种是运行在 yarn 上，Resource Manager 负责资源的分配和调度；第三种是运行在 mesos 中，这是一个资源调度的框架。最常用的是第二种，运行在 yarn 上。这是因为一个大数据集群在生产中不可能只运行 Spark 一个程序，还会运行 Hadoop 等相关的组件。

通过上面的介绍，对 Spark 的运行方式总结如下：

（1）运行在本地 Local 中。

（2）运行在集群中。在集群模式中分为三种情况，第一是独立集群；第二是运行在 yarn 上；第三是运行在 mesos 中。

将客户端程序提交到远程集群时，需要执行 ./spark-submit 命令。

下面举个例子，以集群方式提交 WordCount 应用。

完整代码：

```
1  package com.spark
2  import org.apache.log4j.{Level, Logger}
3  import org.apache.spark.{SparkConf, SparkContext}
4  object wordcount {
5      def main(args: Array[String]): Unit = {
6          Logger.getLogger("org").setLevel(Level.ERROR)
7          val conf = new SparkConf().setAppName("wordcountrdd").setMaster("spark://
   hadoop123:7077");
8          val sc = new SparkContext(conf)
9          val inputrdd_lines = sc.textFile("hdfs://10.12.30.188:9000/data.txt")
10         //tra
11         val out = inputrdd_lines.flatMap(_.split(",")).map((_, 1)).reduceByKey(_ + _);
12         out.saveAsTextFile( “hdfs://10.12.30.188:9000/out” )
13     }
14 }
```

具体操作步骤如下：

（1）指定程序可以提交到的独立集群，相关代码如下：

```
val conf = new SparkConf().setAppName("wordcountrdd").setMaster("spark://
hadoop123:7077");
```

在 setMaster 中指定独立集群地址为 spark://hadoop123:7077，相关程序将会提交到这里。

（2）指定读取的文件路径，相关代码如下：

```
val inputrdd_lines = sc.textFile("hdfs://10.12.30.188:9000/data.txt")
```

在实际生产中不会使用本地文件，往往会把数据存储到 HDFS 中。因此，在 textFile 中指定 hdfs://10.12.30.188:9000/data.txt 路径读取文件。

（3）指定输出目录，相关代码如下：

```
out.saveAsTextFile("hdfs://10.12.30.188:9000/out")
```

将最后的结果输出到 HDFS 的指定目录下，hdfs://10.12.30.188:9000/out 就是指定的输出目录。

（4）执行 bin/spark-submit --master spark://hadoop123:7077 --class com.spark.wordcount /home/shf/runjar/stream-1.0-SNAPSHOT.jar 命令提交程序到集群。其中，使用 --master 参数可以指定集群为 spark://hadoop123:7077，使用 --class 参数可以指定要运行的类为 com.spark.wordcount，/home/shf/runjar/stream-1.0-SNAPSHOT.jar 是要运行的 jar 包。

进入 HDFS 指定的 out 目录下可以看到两个分区文件，如图 7-11 所示。两个分区对应两个任务，在对应的分区文件中可以看到不同的输出数据。

```
[root@hadoop123 spark-2.4.3-bin-hadoop2.7]# hadoop fs -ls /
Found 2 items
-rw-r--r--   1 root supergroup         35 2020-09-19 19:04 /data.txt
drwxr-xr-x   - root supergroup          0 2020-09-19 21:53 /out
[root@hadoop123 spark-2.4.3-bin-hadoop2.7]# hadoop fs -ls /out
Found 3 items
-rw-r--r--   3 root supergroup          0 2020-09-19 21:53 /out/_SUCCESS
-rw-r--r--   3 root supergroup         29 2020-09-19 21:53 /out/part-00000
-rw-r--r--   3 root supergroup         10 2020-09-19 21:53 /out/part-00001
[root@hadoop123 spark-2.4.3-bin-hadoop2.7]# hadoop fs -cat /out/part-00000
(word,1)
(hello,3)
(kafka,1)
[root@hadoop123 spark-2.4.3-bin-hadoop2.7]# hadoop fs -cat /out/part-00001
(spark,1)
```

图 7-11　查看输出数据

7.1.9 Spark 的下载

学习编译 Spark 程序的源代码有两个目的，第一，当对源代码进行修改后需要知道如何编译；第二，目前 Spark 提供的版本和实际生产中的版本可能存在不一致的情况，这也需要手动进行编译。

Spark 的下载地址为 http://spark.apache.org/downloads.html，Spark 2.4.3 版本的下载列表如图 7-12 所示。在 Spark 的各种下载版本中，spark-2.4.3-bin-hadoop2.7.tgz 是基于 Scala 2.11 进行编译的，spark-2.4.3-bin-without-hadoop-scala-2.12.tgz 基于 Scala 2.12 进行编译。

Index of /dist/spark/spark-2.4.3

Name	Last modified	Size	Description
Parent Directory		-	
SparkR_2.4.3.tar.gz	2019-05-01 05:57	310K	
SparkR_2.4.3.tar.gz.asc	2019-05-01 05:57	819	
SparkR_2.4.3.tar.gz.sha512	2019-05-01 05:57	207	
pyspark-2.4.3.tar.gz	2019-05-01 05:57	206M	
pyspark-2.4.3.tar.gz.asc	2019-05-01 05:57	819	
pyspark-2.4.3.tar.gz.sha512	2019-05-01 05:57	210	
spark-2.4.3-bin-hadoop2.6.tgz	2019-05-01 05:57	217M	
spark-2.4.3-bin-hadoop2.6.tgz.asc	2019-05-01 05:57	819	
spark-2.4.3-bin-hadoop2.6.tgz.sha512	2019-05-01 05:57	268	
spark-2.4.3-bin-hadoop2.7.tgz	2019-05-01 05:57	219M	
spark-2.4.3-bin-hadoop2.7.tgz.asc	2019-05-01 05:57	819	
spark-2.4.3-bin-hadoop2.7.tgz.sha512	2019-05-01 05:57	268	
spark-2.4.3-bin-without-hadoop-scala-2.12.tgz	2019-05-01 05:57	135M	
spark-2.4.3-bin-without-hadoop-scala-2.12.tgz.asc	2019-05-01 05:57	819	
spark-2.4.3-bin-without-hadoop-scala-2.12.tgz.sha512	2019-05-01 05:57	193	
spark-2.4.3-bin-without-hadoop.tgz	2019-05-01 05:57	156M	
spark-2.4.3-bin-without-hadoop.tgz.asc	2019-05-01 05:57	819	
spark-2.4.3-bin-without-hadoop.tgz.sha512	2019-05-01 05:57	288	
spark-2.4.3.tgz	2019-05-01 05:57	15M	
spark-2.4.3.tgz.asc	2019-05-01 05:57	819	
spark-2.4.3.tgz.sha512	2019-05-01 05:57	195	

图 7-12　Spark 下载列表

如果 Hadoop 的版本是 2.7，Scala 的版本是 2.11，可以使用 spark-2.4.3-bin-hadoop2.7.tgz 包。如果 Scala 的版本是 2.12，Hadoop 的版本是 2.7，可以同时下载 spark-2.4.3-bin-hadoop2.7.tgz 包和 spark-2.4.3-bin-without-hadoop-scala-2.12.tgz 包，然后将 spark-2.4.3-bin-without-hadoop-scala-2.12.tgz 包中关于 Scala 2.12 的包替换到 spark-2.4.3-bin-hadoop2.7.tgz 包中。最简便的方式是在下载列表中下载源代码，即下载 spark-2.4.3.tgz。下载好源代码之后，可以基于 Hadoop 和 Scala 的版本进行编译。

7.1.10 Spark 的源码编译

在 Hadoop 版本是 2.7.7 和 Scala 版本是 2.12 的前提下进行源码编译。在编译时会用到的脚本是 ./dev/make-distribution.sh。默认情况下，Scala 是基于 2.11 进行编译的。在修改 Scala 版本时，可以通过手动的方式将 pom.xml 文件中涉及 Scala 和 Hadoop 版本的内容修改为自己的版本。但是这种手动的方式会涉及很多文件，修改量很大。通过 change-scala-version.sh 脚本可以自动修改多个文件中的版本，如图 7-13 所示。执行该脚本文件将原本的 Scala 2.11 版本修改成了 Scala 2.12 版本。

```
[root@hadoop123 spark]# ./dev/change-scala-version.sh 2.12
./dev/../launcher/pom.xml
./dev/../mllib-local/pom.xml
./dev/../examples/pom.xml
./dev/../repl/pom.xml
./dev/../sql/hive-thriftserver/pom.xml
./dev/../sql/catalyst/pom.xml
./dev/../sql/core/pom.xml
./dev/../sql/hive/pom.xml
./dev/../pom.xml
./dev/../tools/pom.xml
./dev/../graphx/pom.xml
./dev/../resource-managers/kubernetes/integration-tests/pom.xml
./dev/../resource-managers/kubernetes/core/pom.xml
./dev/../resource-managers/mesos/pom.xml
./dev/../resource-managers/yarn/pom.xml
./dev/../streaming/pom.xml
./dev/../external/kinesis-asl/pom.xml
./dev/../external/flume/pom.xml
./dev/../external/docker-integration-tests/pom.xml
./dev/../external/kafka-0-8/pom.xml
./dev/../external/kafka-0-10-sql/pom.xml
./dev/../external/kafka-0-8-assembly/pom.xml
./dev/../external/kafka-0-10/pom.xml
./dev/../external/spark-ganglia-lgpl/pom.xml
./dev/../external/flume-sink/pom.xml
./dev/../external/kafka-0-10-assembly/pom.xml
./dev/../external/avro/pom.xml
./dev/../external/kinesis-asl-assembly/pom.xml
./dev/../external/flume-assembly/pom.xml
./dev/../assembly/pom.xml
./dev/../core/pom.xml
./dev/../hadoop-cloud/pom.xml
./dev/../mllib/pom.xml
./dev/../common/network-common/pom.xml
./dev/../common/network-shuffle/pom.xml
./dev/../common/network-yarn/pom.xml
./dev/../common/tags/pom.xml
./dev/../common/unsafe/pom.xml
./dev/../common/kvstore/pom.xml
./dev/../common/sketch/pom.xml
./dev/../docs/_plugins/copy_api_dirs.rb
[root@hadoop123 spark]#
```

图 7-13 自动修改 Scala 版本

make-distribution.sh 脚本可以编译分布式的 Spark。当修改完 Scala 版本后，如果只是阅读和编译源码，可以执行 mvn clean package 命令进行编译。如果想将编译后的源码打包成 tgz 包，则需要使用 make-distribution.sh 脚本。使用 ./dev/make-distribution.sh 命令执行该脚本时，可以使用 --name 参数指定包的名称，使用 --tgz 参数可以决定打包的类型。编译源代码的过程如图 7-14 所示。

```
[root@hadoop123 spark]# ./dev/make-distribution.sh --name hadoop2.7_scala2.12  --tgz  -Phadoop-2.7 -Dhadoop
.version=2.7.7
+++ dirname ./dev/make-distribution.sh
++ cd ./dev/..
++ pwd
+ SPARK_HOME=/home/shf/cdh/spark
+ DISTDIR=/home/shf/cdh/spark/dist
+ MAKE_TGZ=false
+ MAKE_PIP=false
+ MAKE_R=false
+ NAME=none
+ MVN=/home/shf/cdh/spark/build/mvn
+ ((  5  ))
+ case $1 in
+ NAME=hadoop2.7_scala2.12
+ shift
+ shift
+ ((  3  ))
+ case $1 in
+ MAKE_TGZ=true
```

图 7-14 编译源代码

编译成功后会在指定的目录下生成 tgz 包，如图 7-15 所示。

```
[root@hadoop123 spark]# ls
appveyor.yml     data          launcher         NOTICE-binary      sbin
assembly         dev           LICENSE          pom.xml            scalastyle-config.xml
bin              dist          LICENSE-binary   project            spark-2.4.3-bin-hadoop2.7_scala2.12.tgz
build            docs          licenses         python             sql
common           examples      licenses-binary  R                  streaming
conf             external      mllib            README.md          target
CONTRIBUTING.md  graphx        mllib-local      repl               tools
core             hadoop-cloud  NOTICE           resource-managers
[root@hadoop123 spark]#
```

图 7-15 生成 tgz 包

7.2 SparkStreaming

本节主要学习 Spark 在流式计算中的应用，主要包括三点。第一，SparkStreaming 的运行原理，它本质上基于 RDD；第二，演示入门案例，介绍 SparkStreaming 如何从 Socket 中不断地读取数据；第三，演示案例，介绍 SparkStreaming 将读取的数据写入 MySQL。在学习 SparkStreaming 时需要注意的是编程思想，而不是内层具体的内容。

7.2.1 SparkStreaming 基础

SparkStreaming 是流处理框架，以微批代替真正的流处理。在 SparkStreaming 中可以指定时间窗口，比如指定的时间为 2 s，数据将会每 2 s 处理一次，分批进行处理。时间窗口设置的越小越接近实时性。如果延迟要求在 100 ms 以上，可以选择 SparkStreaming。如果要求低延迟，会选择 flink 框架，flink 可以处理实时流和批处理。

1. SparkStreaming 输入 / 输出源

SparkStreaming 的输入 / 输出源如图 7-16 所示。输入源有 Kafka、Flume、HDFS/S3、Kinesis、Twitter 等，输出源有 HDFS、Databases、Dashboards 等。

图 7-16 SparkStreaming 的输入 / 输出源

2. SparkStreaming 原理

在进行 Spark 编程时，Spark 的运算基于 RDD，即无论是什么类型的输入源，都要转换成 RDD。SparkStreaming 的抽象是 DStream(离散流)，本质是 RDD 编程。SparkStreaming 的原理如图 7-17 所示。

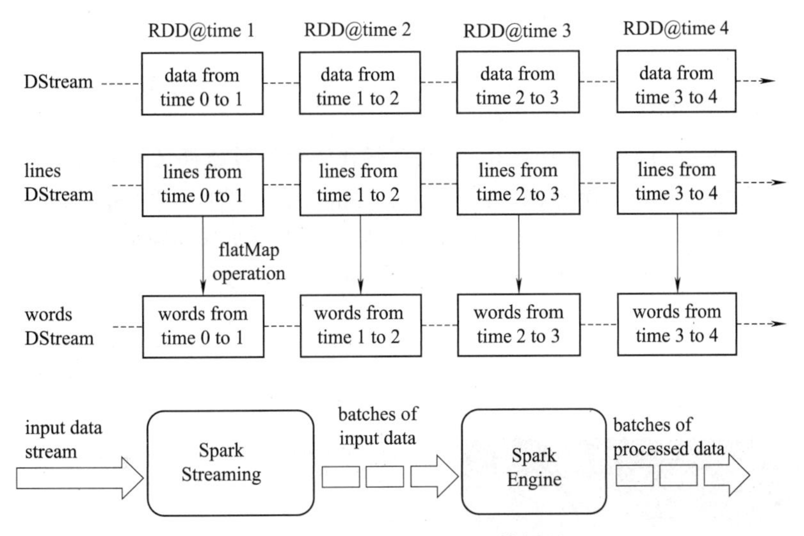

图 7-17 SparkStreaming 的原理

DStream 可以看作多个 RDD 流，每一个离散流使用的算子都是相同的。在时间窗口中，以 1 s 为单位作为一个 RDD 进行编程处理。

下面用 SparkStreaming 编写 WordCount：时间窗口 5 s。

完整代码：

```
1  package com.spark
2  import java.sql.DriverManager
3  import com.typesafe.config.{Config, ConfigFactory}
4  import org.apache.log4j.{Level, Logger}
5  import org.apache.spark.SparkConf
6  import org.apache.spark.streaming.{Seconds, StreamingContext}
7  object StreamingMysql {
8      Logger.getLogger("org").setLevel(Level.ERROR)
9      def main(args: Array[String]): Unit = {
10     val sparkConf=new SparkConf().setAppName("streaming").setMaster("local[2]")
11         val ssc = new StreamingContext(sparkConf, Seconds(5))
12         val lines = ssc.socketTextStream("10.12.30.188", 9998)
13         val result = lines.flatMap(_.split(" ")).map((_, 1)).reduceByKey(_+_)
14         result.print()
15         ssc.start()
16         ssc.awaitTermination()
17     }
18 }
```

具体操作步骤如下：

（1）创建 Streaming.scala 文件，使用 StreamingContext 和 socketTextStream 传递数据，相关代码如下：

```
1    val ssc = new StreamingContext(sparkConf, Seconds(5))
2    val lines = ssc.socketTextStream("10.12.30.188", 9998)
```

第 1 行代码 Seconds 返回的是一个 Duration 对象，Seconds(5) 表示每 5 s 统计一次。第 2 行代码使用 socketTextStream 传递地址和端口号。

（2）启动和等待完成任务，相关代码如下：

```
1  ssc.start()
2  ssc.awaitTermination()
```

第 1 行代码用于真正启动 SparkStreaming，第 2 行代码用于等待任务的完成。

（3）使用 nc 命令向 Socket 发送数据，运行 Streaming.scala 文件，使 SparkStreaming 连接 Socket。如果不发送数据的话，将不会统计到数据，也可以输入多行想要发送的数据，如图 7-18 所示。

发送 hello spark 和 hello a 两行数据，将会统计到两个 hello 字符，一个 spark 字符和一个 a 字符，如图 7-19 所示。

图 7-18　发送数据

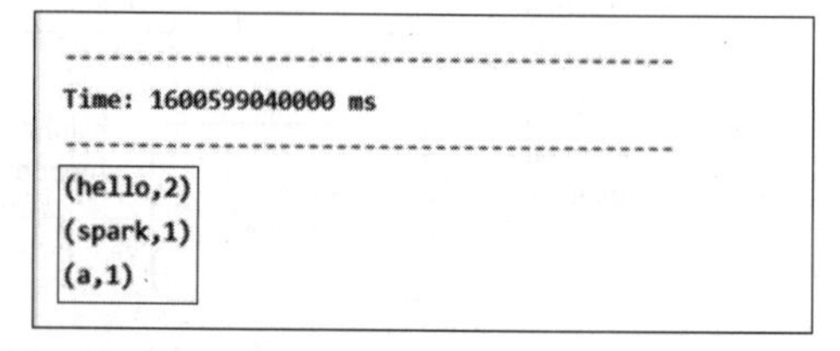

图 7-19　统计结果

7.2.2 Scala 连接 MySQL

视 频

Scala 连接 MySQL

下面学习如何通过 Scala 连接 MySQL，连接方式和 Java 相同。首先需要 MySQL 的连接器 mysql-connector，然后需要使用 Property 工具类。Property 可以用于封装连接 MySQL 的属性。Scala 连接 MySQL 需要几个常用的属性，相关代码如下：

```
1  db.url="jdbc:mysql://ip:3306/test?&useSSL=false&serverTimezone=
UTC&characterEncoding=utf-8"
2  db.driver="com.mysql.cj.jdbc.Driver"
3  db.user="root"
4  db.password="Root123456!"
```

第 1 行代码用于指定连接 MySQL 的协议 jdbc、IP 地址、端口号 3306、数据库名称 test 等。第 2 行代码通过 db.driver 指定驱动，如果 MySQL 是 5.0 版本，在指定驱动时不需要指定 com.mysql.cj.jdbc.Driver 中的 cj。如果 MySQL 是 8.0 及以上版本，需要指定驱动为 com.mysql.cj.jdbc.Driver。第 3 行代码用于指定用户名，第 4 行代码用于指定密码。

下面用 SparkStreaming 编写 WordCount。

（1）时间窗口 10 s。

（2）统计信息实时存入 MySQL。

具体操作步骤如下：

（1）创建 StreamingMysql.scala 文件，对每一个分区分别建立数据库连接，相关代码如下：

```
1  result.foreachRDD { rdd =>
2      rdd.foreachPartition { partitionOfRecords =>
3          val connection = createConnection()
4          partitionOfRecords.foreach(record => {
5              var sql = "insert into sparktest(word,count) values('" + record._1 + "'," +
record._2 + ")"
6              connection.createStatement().execute(sql)
7          })
8          connection.close()
9      }
10 }
```

第 1 行代码中的 result 是从SparkStreaming 中得到的统计结果，通过 foreachRDD 遍历统计结果并对每一个 RDD 进行操作。第 2 行代码中的 foreachPartition 用于获取每一个分区并对每一个分区建立数据库连接。如果是对 RDD 中的每一个元素建立数据库连接，那么性能会很差。第 4 行代码用于对分区中的记录进行操作。

（2）在数据库中创建表 sparktest，如图 7-20 所示。

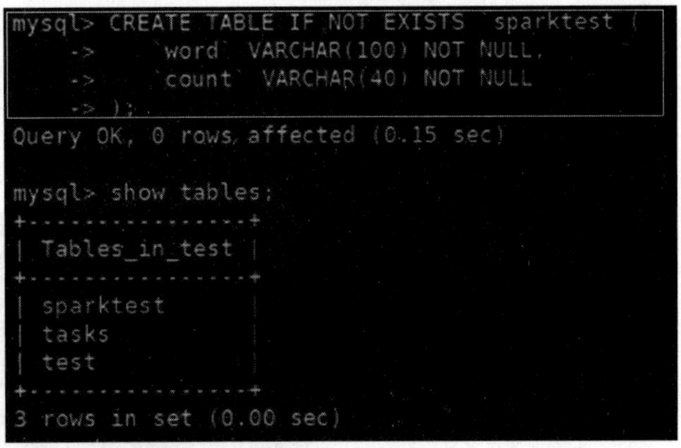

```
mysql> CREATE TABLE IF NOT EXISTS `sparktest`(
    ->     `word` VARCHAR(100) NOT NULL,
    ->     `count` VARCHAR(40) NOT NULL
    -> );
Query OK, 0 rows affected (0.15 sec)

mysql> show tables;
+----------------+
| Tables_in_test |
+----------------+
| sparktest      |
| tasks          |
| test           |
+----------------+
3 rows in set (0.00 sec)
```

图 7-20　创建表

（3）创建连接，相关代码如下：

```
1  def createConnection() = {
2      val config2: Config = ConfigFactory.load()
3      val driver=config2.getString("db.driver");
4      Class.forName(driver)
5      val url=config2.getString("db.url");
6      val user=config2.getString("db.user");
7      val pswd=config2.getString("db.password");
8      println(s"url=$url,user=$user,pswd=$pswd")
9      DriverManager.getConnection(url,user,pswd)
10 }
```

第 2 行代码通过 Config 获取属性，以 ConfigFactory.load() 的方式加载配置文件时，默认会加载 resources 文件夹下的 application.conf 配置文件。如果更改了该配置文件的名称，则不可以使用 ConfigFactory.load() 的方式加载该配置文件。

（4）使用 nc 命令向 Socket 发送数据，运行 StreamingMysql.scala 文件。发送 hello sparl 和 hello hadoop 两行数据，如图 7-21 所示。

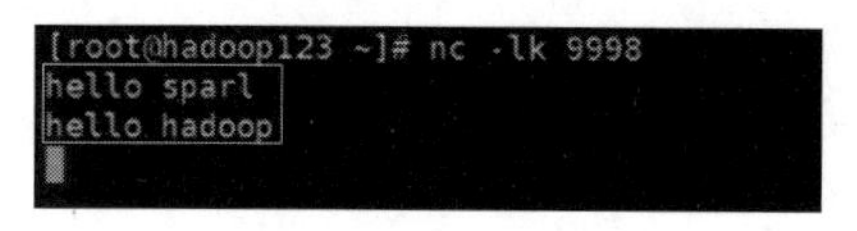

图 7-21　发送数据

窗口会每 10 s 统计一次，两行数据的统计结果如图 7-22 所示。每 10 s 会统计一行数据，比如第一行的 hello sparl 对应的统计结果就是（hello,1）和（sparl,1）。

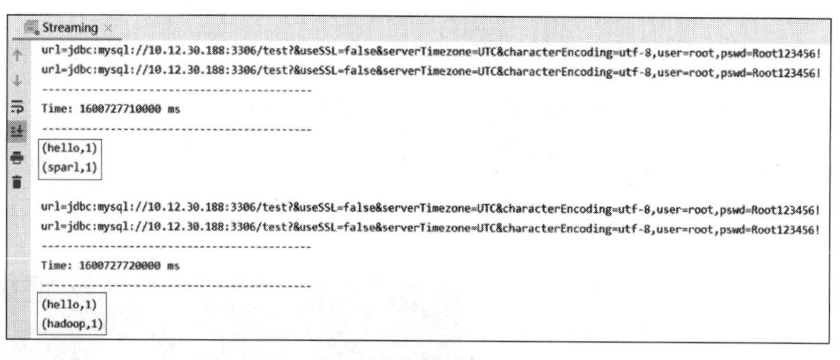

图 7-22　统计结果

查看表中的数据验证是否入库，如图 7-23 所示。表 sparktest 中分别记录了两个 10 s 统计的结果。

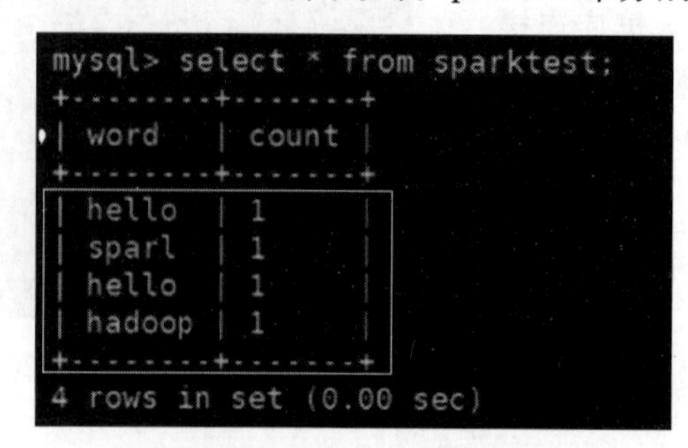

图 7-23　查看表中的数据

（5）批量提交数据，相关代码如下：

```
1  result.foreachRDD(rdd=>{
2      rdd.foreachPartition( iter =>{
3          val conn = createConnection()
4          val statement = conn.prepareStatement(s"insert into sparktest2(word, count) values
(?, ?)")
5          //关闭自动提交
6          conn.setAutoCommit(false);
7          iter.foreach( record =>{
8             statement.setString(1, record._1)
9             statement.setInt(2, record._2)
10            //添加到一个批次
11            statement.addBatch()
12         })
13         //批量提交该分区所有数据
14         statement.executeBatch()
15         conn.commit()
16         // 关闭资源
17         statement.close()
18         conn.close()
19     })
20 })
```

第 4 行代码通过 prepareStatement 进行批量提交数据。这种方式还需要对每一个分区建立连接。第 6 行代码表示提交方式为手动提交，这样可以保证每一批数据是原子性操作。第 7 行代码用于执行遍历操作，第 11 行代码会将遍历过的数据添加到一个批次中。第 14 行代码通过 executeBatch() 批量提交该分区中的所有数据。

完整代码：

```
1  package com.spark
2  import java.sql.{Connection, DriverManager, ResultSet}
3  import com.typesafe.config.{Config, ConfigFactory}
4  import org.apache.kafka.clients.consumer.ConsumerRecord
5  import org.apache.kafka.common.TopicPartition
6  import org.apache.kafka.common.serialization.StringDeserializer
7  import org.apache.log4j.{Level, Logger}
8  import org.apache.spark.SparkConf
9  import org.apache.spark.streaming.dstream.InputDStream
10 import org.apache.spark.streaming.kafka010._
11 import org.apache.spark.streaming.{Seconds, StreamingContext}
12 import scala.collection.mutable
13 object Streaming {
14     Logger.getLogger("org").setLevel(Level.ERROR)
15     def main(args: Array[String]): Unit = {
16    val sparkConf = new SparkConf().setAppName("ForeachRDDApp").setMaster("local[2]")
17        val ssc = new StreamingContext(sparkConf, Seconds(10))
18        val lines = ssc.socketTextStream("10.12.30.188", 9998)
19        val result = lines.flatMap(_.split(" ")).map((_, 1)).reduceByKey(_+_)
20        result.print()
21        //1
22        result.foreachRDD { rdd =>
23          rdd.foreachPartition { partitionOfRecords =>
```

```
24              // ConnectionPool is a static, lazily initialized pool of connections
25              val connection = createConnection()
26              partitionOfRecords.foreach(record => {
27                  var sql = "insert into sparktest(word,count) values('" + record._1
  + "'," + record._2 + ")"
28                  connection.createStatement().execute(sql)
29              })
30              connection.close()
31            }
32          }
33          //2
34  //   result.foreachRDD(rdd=>{
35  //    rdd.foreachPartition( iter =>{
36  //      val conn = createConnection()
37   //      val statement = conn.prepareStatement(s"insert into sparktest2(word,
   count) values (?, ?)")
38          //关闭自动提交
39  //      conn.setAutoCommit(false);
40  //      iter.foreach( record =>{
41  //          statement.setString(1, record._1)
42  //          statement.setInt(2, record._2)
43  //          //添加到一个批次
44  //          statement.addBatch()
45  //      })
46          //批量提交该分区所有数据
47  //      statement.executeBatch()
48  //      conn.commit()
49  //      //关闭资源
50  //      statement.close()
51  //      conn.close()
52  //    })
53  //   })
54      ssc.start()
55      ssc.awaitTermination()
56    }
57    def createConnection() = {
58      val config2: Config = ConfigFactory.load()
59      val driver=config2.getString("db.driver");
60      Class.forName(driver)
61      val url=config2.getString("db.url");
62      val user=config2.getString("db.user”);
63      val pswd=config2.getString("db.password");
64      println(s"url=$url,user=$user,pswd=$pswd”)
65      DriverManager.getConnection(url,user,pswd)
66    }
67  }
```

小　　结

本章主要围绕 WordCount 程序展开介绍 Spark 的相关知识。通过 Spark 的基础学习，掌握了 RDD 编程。了解了输入源如何转换成 RDD，而 RDD 又如何通过中间的算子最终转换成输出源。通过对 Spark 运行原理的学习，深入了解了 Application、Job、Stage 和 Task 之间的区别。通过对 SparkStreaming 的学习，掌握了 SparkStreaming 的编程模型。通过入门案例的学习，掌握了如何将数据写入 MySQL 数据库中。

视 频

课程总结

习　　题

一、填空题

1. SparkCore 的核心抽象是________________。
2. SparkSql 的核心抽象是________________。
3. SparkStreaming 的核心抽象是________________。
4. Spark 的 RDD 算子分为________________和________________。
5. Spark 的集群管理器有________________、________________和________________。
6. SarkStreaming 的批量大小由________________决定。

二、简答题

1. 简述 Application、Job、Stage、Task、Driver 作用和它们之间的关系（可画图）。
2. 简述 Spark 的 action 算子和 Transformation 区别。
3. 简述 Spark 并行运行的 Task 的决定因素。
4. 简述 Spark 的 cache 和 pesist 的区别。
5. 简述 RDD 宽依赖和窄依赖。

三、操作题

Spark 实现 TopN（spark 的 RDD 或 SparkSql 任选）。

```
a 23
b 10
C 88
a 22
b 67
c 29
a 66
b 33
C 39
a 11
b 44
c 26
```

实现结果：

(1)

+---+--------+

|key| value|

```
+---+--------+
|   b|[67, 44]|
|   a|[66, 23]|
|   c|[88, 39]|
+---+--------+
```

(2)

```
+---+-----+
|key|value|
+---+-----+
|   b|    67|
|   b|    44|
|   a|    66|
|   a|    23|
|   c|    88|
|   c|    39|
+---+-----+
```

第8章 Kafka与Spark的集成及应用

学习目标

- 掌握Kafka与SparkStreaming的集成方法。
- 掌握Kafka与StructStreaming的集成方法。
- 了解Kafka在实时推荐系统中的应用。

本章主要介绍Kafka和Spark的集成以及应用。首先介绍Kafka与SparkStreaming的集成方式和SparkStreaming获取Kafka数据的方式，然后对比学习SparkStreaming和StructrStreaming之间的相同点和不同点，最后介绍StructrStreaming集成Kafka的注意事项。

8.1 Kafka集成SparkStreaming

本节主要介绍Kafka与SparkStreaming的集成，包括两种集成方式、获取Kafka数据的两种方式和实现原理以及特点。另外，还会介绍SparkStreaming如何实现Kafka的精准一次消费语义。

视频

Kafka与Spark-Streaming

8.1.1 Kafka与SparkStreaming的集成方式

Kafka与SparkStreaming有两种集成方式，分别是spark-streaming-kafka-0-8和spark-streaming-kafka-0-10，集成方式的具体要求如图8-1所示。集成指南地址为http://spark.apache.org/docs/2.4.3/streaming-kafka-integration.html。

	spark-streaming-kafka-0-8	spark-streaming-kafka-0-10
Broker Version	0.8.2.1 or higher	0.10.0 or higher
Api Stability	Stable	Experimental
Language Support	Scala, Java, Python	Scala, Java
Receiver DStream	Yes	No
Direct DStream	Yes	Yes
SSL / TLS Support	No	Yes
Offset Commit Api	No	Yes
Dynamic Topic Subscription	No	Yes

图8-1 集成方式

从图 8-1 可知，spark-streaming-kafka-0-10 支持 Offset Commit API（偏移量提交 API）和 Dynamic Topic Subscription（动态主题订阅），这两个功能会经常用到。由于 spark-streaming-kafka-0-8 版本不支持这两个功能，所以需要手动编写相关的代码实现这两个功能。这里推荐使用 spark-streaming-kafka-0-10 版本。

8.1.2 SparkStreaming 获取 Kafka 数据的方式

SparkStreaming 有两种获取 Kafka 数据的方式，分别是 Receiver 和 Direct。下面介绍这两种方式的实现原理和特点。

1. Receiver 的方式

通过 Receiver 的方式获取 Kafka 的数据如图 8-2 所示。SparkStreaming 要想从 Kafka 中获取数据，先要启动一个数据接收器 Receiver，接收器会占用一个 Core。Receiver 通过 Kafka 的高级 API（High Level API）从 Kafka 中获取数据。High Level API 是对低级 API 的封装，它的优点是编程简单，不需要维护偏移量，Kafka 会自动维护到 zookeeper。但是这种高级 API 的缺点也很明显，即容易丢失数据，无法实现精准一次消费。

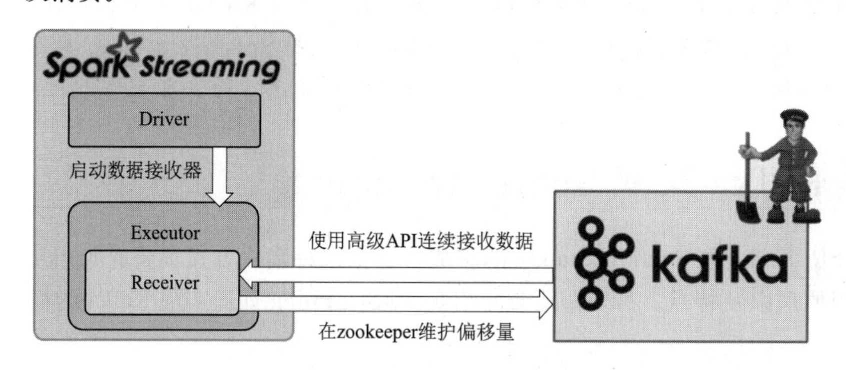

图 8-2 Receiver 的方式获取 Kafka 数据

Receiver 接收到数据后，会将数据复制到其他执行器中，还有一部分数据会放置到内存中。如果 Driver 出现异常，内存中的数据会丢失。Kafka 为了防止数据丢失，引进了 Wal。在更新 Kafka 偏移量之前，Receiver 除了会将数据复制到 Kafka 之外，还会通过 Wal 的方式写入 HDFS。这样可以保证在内存数据丢失的情况下，通过 Wal 也可以重新获取数据。不过，Wal 的方式会导致性能下降，造成数据冗余，而且还是无法实现精准一次消费。假设 Receiver 在接收数据时的速度是 10 Mbit/s，处理数据的速度是 5 Mbit/s，就会容易在内存中堆积数据，产生 OOM，这也是生产中容易遇到的问题。

Kafka 中的分区和 Receiver 之间并不是一对一的关系。Receiver 处理分区的数量由 block interval（块间隔）和 batch interval（批量间隔）两个参数决定。如果 block interval=500 ms（每 500 ms 的数据会生成一个块），batch interval=10 s，通过 10 s/500 ms 可以得到 20 个块，那么一个 Receiver 就会对应 20 个分区，这种方式的分区是不可控的。因为不清楚每秒的数据大约是多少，所以很难通过增加 Receiver 的方式设置分区之间的比例。由于不需要手动维护偏移量，所以编程简单。

2. Direct 的方式

基于 Receiver 方式的缺点，Kafka 提出了通过 Direct 的方式获取 Kafka 数据，如图 8-3 所示。这种方式会先通过更新偏移量来确定应该从哪里开始消费，并不需要启动 Receiver，节省了部分资源。而且 Direct 方式的并行度更好，即一个 Executor 对应一个 Kafka 中的分区。这种方式使用的是低级

API，通过手动维护偏移量可以实现精准一次消费。

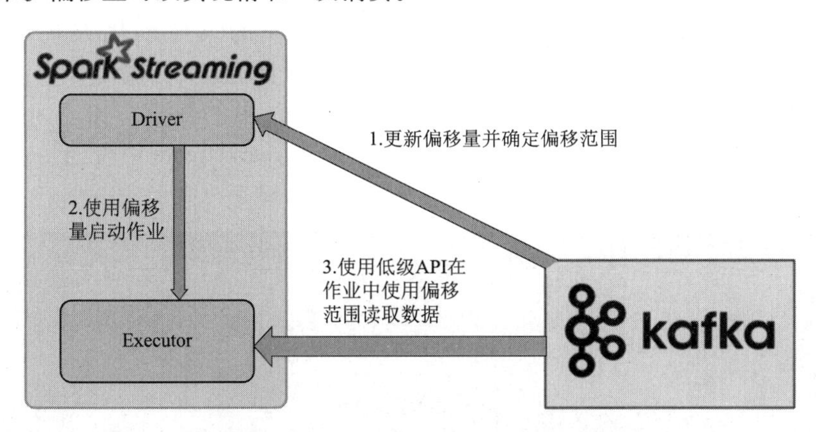

图 8-3　Direct 的方式获取 Kafka 数据

下面举例说明如何用 SparkStreaming 实时读取 Kafka 数据。

具体操作步骤如下：

（1）新建 KafkaStreaming.scala 文件，创建输入源，相关代码如下：

```
1   val kafkaDStream: InputDStream[ConsumerRecord[String, String]] =KafkaUtils.
    createDirectStream[String, String](
2       ssc,
3       //数据本地性策略
4       LocationStrategies.PreferConsistent,
5       //指定要订阅的 topic
6       ConsumerStrategies.Subscribe[String, String](topic, kafkaParams)
7    )
```

第 1 行代码使用 KafkaUtils 调用 createDirectStream 可以创建一个 Direct 流，传递 StreamingContext、LocationStrategy（本地策略）和 ConsumerStrategy（消费策略）。第 6 行代码通过 Subscribe 实现动态分配分区策略。

（2）创建 StreamingContext 对象，相关代码如下：

```
1  val sparkConf = new SparkConf()
2    .setAppName("KafkaDirect10")
3    .setMaster("local[5]")
4  val ssc = new StreamingContext(sparkConf, Seconds(5))
```

第 2 行代码中的应用名是必须要设置的，第 3 行代码设置运行方式为 local[5]，第 4 行代码用于传递 sparkConf 和时间窗口。

（3）使用 Direct 接收 Kafka 数据，相关代码如下：

```
1  val topic = Set("sparkstream")
2  val kafkaParams = Map(
3    "bootstrap.servers" -> "10.12.30.188:9092",
4    "key.deserializer" -> classOf[StringDeserializer],
5    "value.deserializer" -> classOf[StringDeserializer],
6    "auto.offset.reset" -> "latest",
7    "group.id" -> "streaming",
8    "enable.auto.commit" -> "true"
9  )
```

第 1 行代码用于构建主题，第 2~9 行代码用于构建 Kafka 的参数，包括 bootstrap.servers、key.deserializer（key 的反序列化方式）、value.deserializer（value 的反序列化方式）、auto.offset.reset（偏移量设置）、group.id（消费组）、enable.auto.commit（设置自动提交方式）。

（4）运行 KafkaStreaming.scala 文件开始消费 Kafka 主题中的数据。由于 sparkstream 主题是新创建的，所以该主题中还没有任何数据，还需要向主题 sparkstream 中发送一些数据，如图 8-4 所示。

```
[root@hadoop123 kafka]# bin/kafka-console-producer.sh --broker-list hadoop123:9092 --topic sparkstream
>hello
>kafka
>aa
>d
>
>f
>
>r
>
>r
>t
>t
>y
>u
>^C[root@hadoop123 kafka]#
```

图 8-4　发送数据

获取数据后，只会打印该数据的值，如图 8-5 所示。

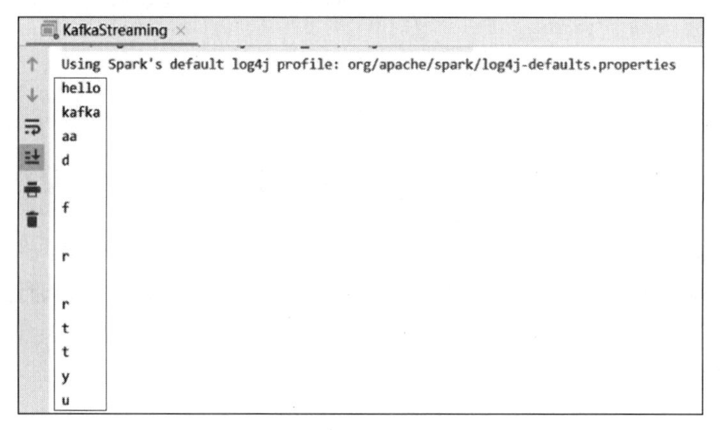

图 8-5　消费数据

完整代码：

```
1  package com.spark
2  import org.apache.kafka.clients.consumer.ConsumerRecord
3  import org.apache.kafka.common.serialization.StringDeserializer
4  import org.apache.log4j.{Level, Logger}
5  import org.apache.spark.SparkConf
6  import org.apache.spark.rdd.RDD
7  import org.apache.spark.streaming.{Seconds, StreamingContext}
8  import org.apache.spark.streaming.dstream.InputDStream
9  import org.apache.spark.streaming.kafka010._
10 object KafkaStreaming {
11     def main(args: Array[String]): Unit = {
12         Logger.getLogger("org").setLevel(Level.ERROR)
13         //1.创建 StreamingContext 对象
14         val sparkConf = new SparkConf()
```

```
15             .setAppName("KafkaDirect10")
16             .setMaster("local[5]")
17         val ssc = new StreamingContext(sparkConf, Seconds(5))
18         //2.使用 direct 接收 kafka 数据
19         //准备配置
20         val topic = Set("sparkstream")
21         val kafkaParams = Map(
22           "bootstrap.servers" -> "10.12.30.188:9092",
23           "key.deserializer" -> classOf[StringDeserializer],
24           "value.deserializer" -> classOf[StringDeserializer],
25           "auto.offset.reset" -> "latest",
26           "group.id" -> "streaming",
27           "enable.auto.commit" -> "true"
28         )
29         val kafkaDStream: InputDStream[ConsumerRecord[String, String]] =KafkaUtils.
  createDirectStream[String, String](
30             ssc,
31             //数据本地性策略
32             LocationStrategies.PreferConsistent,
33             //指定要订阅的 topic
34             ConsumerStrategies.Subscribe[String, String](topic, kafkaParams)
35       )
36         //3.对数据进行处理
37         kafkaDStream.foreachRDD(rdd => {
38             //获取消息内容
39             val dataRDD: RDD[String] = rdd.map(_.value())
40             //打印
41             dataRDD.foreach(line => {
42                 println(line)
43             })
44         })
45         //4.开启流式计算
46         ssc.start()
47         ssc.awaitTermination()
48     }
49  }
```

8.1.3 SparkStreaming 与 Kafka 的集成

视 频

消费语义

下面介绍 SparkStreaming 整合 Kafka 消费语义的问题。消费者消费 Kafka 数据有三种方式，分别是至多一次消费、至少一次消费和精准一次消费。至多一次消费有可能导致数据的丢失，至少一次消费会导致数据的重复，精准一次消费可以保证数据的零丢失。之前在实现 Kafka 消费者时，使用的是 Kafka 原生的 API 实现了这三种语义。下面将会使用 Spark 的 API 实现消费者，后期也可以使用 Flink 的 API 或者其他框架的 API。无论使用的是哪一种 API，都是 Kafka 的消费者。实现这三种语义的思路是相同的，只是 API 不同而已。三种语义之间没有好坏之分，只与应用场景有关。

1. Kafka 的精准一次消费语义

要想实现精准一次消费，需要手动维护偏移量，可以将偏移量维护到数据库和 Kafka 中。在使用 Kafka 原生 API 开发时，偏移量可以维护到 Kafka 内部的主题和外部的存储系统（如 HDFS、MySQL 等）中。

2. Storing Offsets

实际上，SparkStreaming 如果作为一个特定的消费者，也会维护到 Kafka 内部的主题 Kafka itself 和外部的存储系统 own data store 这两种语义。只是在开发时使用的是 Spark 的 API。接下来主要介绍 Checkpoints，它表示会将偏移量维护到一个检查点中，这也是 SparkStreaming 特有的一个概念。在 Spark 中，这三种维护方式的优缺点分别如下：

（1）Checkpoints：检查点。SparkStreaming 为了维护稳定运行，当应用出现异常情况时，需要从上次运行的位置（检查点）读取数据继续执行。将 offset 存到 Checkpoints 中，方便下次读取数据继续执行业务，与数据库中的日志类似。Checkpoints 有两个缺点，第一，如果 offset 特别频繁地维护到 Checkpoints 中，会产生很多 Checkpoints 文件。而这些文件往往会存储到 HDFS 中，造成 HDFS 中的小文件特别多。Namenode 在维护这些小文件的源数据信息时会产生很大的压力。第二，Checkpoints 除了可以维护偏移量之外，还会将应用程序先序列化为二进制文件再进行维护。在实际生产中，我们的业务需求会经常发生变化。因此，应用程序的二进制文件也需要不断地进行修改。当遇到新的二进制文件时，会产生反序列化问题，对读取造成困难。因为在序列化时产生的是一个新的二进制文件，而在进行反序列化时却是旧文件。虽然将旧文件删除可以解决这个问题，但是之前存储在该文件中的 offset 也会丢失，就无法从 offset 中继续消费。根据 Kafka 的配置，只能从头开始消费或者消费最新的数据。一般在生产中不会使用 Checkpoints 方式维护 Kafka 的偏移量。

（2）Kafka itself：这种方式很难实现精准消费语义。假设将偏移量维护到了 Kafka 内部的 _consumer_offsets 主题中。第一步，首先需要从内部主题中获取偏移量，确定开始消费的位置；第二步，根据偏移量在 Kafka 中读取数据；第三步，根据读取的数据进行业务处理；第四步，将业务处理的结果存储到数据库中；第五步，将 offset 提交到 Kafka 的内部主题中。如果在第四步和第五步中间出现了异常，可能会造成数据的重复。如果存储的数据带有主键，就没有影响。如果将第四步和第五步交换顺序，即先提交 offset 再存储业务逻辑，会造成数据的丢失。

（3）own data store：如果想保证精准消费，需要将业务处理的结果和提交 offset 这两个操作放入同一个事务中。Kafka 和外部系统属于两种不同的系统，要想将操作放入同一个事务中，需要自己实现分布式事务或框架，但是这种方式的开发难度比较大。

3. own data store 流程

own data store 的流程如图 8-6 所示。第一步，到存储偏移量的位置读取指定的 offset；第二步，从 Kafka 中获取数据；第三步，处理业务逻辑并存储结果（process and store results）；第四步，提交 offset（commit offsets）。从图 8-6 中可以看到，第三步和第四步在同一个事务中。

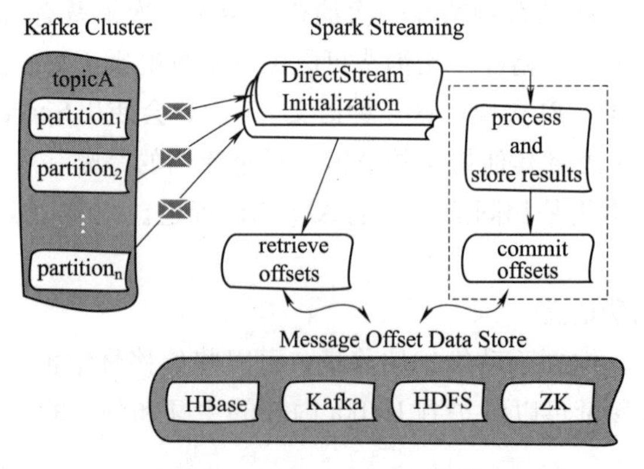

图 8-6　own data store 流程

将两个操作放入同一个事务的前提是存储系统支持事务的操作。偏移量的维护不是由 commit offsets 这一操作决定的，而是由业务决定。后续会以 MySQL 为例，介绍精准消费的操作。

视 频

OffsetToMysql 代码讲解

下面举例完成以下操作。

（1）手动维护 offset，存入 MySQL，实现精准语义。

（2）手动维护 offset，存入 Kafka。

具体操作步骤如下：

（1）创建 OffsetToMysql.scala 文件，通过手动维护 offset，存入 MySQL 来实现精准语义，相关代码如下：

```
1  package com.spark
2  import java.sql.DriverManager
3  import com.spark.Streaming.createConnection
4  import com.typesafe.config.{Config, ConfigFactory}
5  import org.apache.kafka.clients.consumer.ConsumerRecord
6  import org.apache.kafka.common.TopicPartition
7  import org.apache.kafka.common.serialization.StringDeserializer
8  import org.apache.log4j.{Level, Logger}
9  import org.apache.spark.SparkConf
10 import org.apache.spark.streaming.dstream.DStream
11 import org.apache.spark.streaming.kafka010.{ConsumerStrategies, HasOffsetRanges,
KafkaUtils, LocationStrategies, OffsetRange}
12 import org.apache.spark.streaming.{Seconds, StreamingContext}
13 import scalikejdbc.{ConnectionPool, DB, SQL}
14 import org.apache.spark.streaming.kafka010._
15 /**
16  * 1.获取数据转成 Dstream
17  * (1) 从数据库查询消费的 offset
18  * (2) 利用 offset 构建 kafkastream
19  * 2.业务处理
20  * rdd 转换
21  * 3.存储处理结果和提交偏移量，维护在一个事务
22  * begion
23  * 存储
24  * 提交偏移量
25  * commit
26 */
27 object OffsetToMysql {
28   def main(args: Array[String]): Unit = {
29     Logger.getLogger("org").setLevel(Level.ERROR)
30     val topic = offsetMysql"
31     val topics = Set("offsetMysql")
32     val group = "s1"
33     val partion = 0
34     val offset = 0
35     //Kafka 配置
36     val kafkaParams = Map(
37       "bootstrap.servers" -> "10.12.30.188:9092",
38       "key.deserializer" -> classOf[StringDeserializer],
39       "value.deserializer" -> classOf[StringDeserializer],
40       "auto.offset.reset" -> "latest",
41       "group.id" -> group,
42       "enable.auto.commit" -> "false"
```

```
43      )
44      //创建连接
45      val config2: Config = ConfigFactory.load()
46      val driver = config2.getString("db.driver");
47      Class.forName(driver)
48      val url = config2.getString("db.url");
49      val user = config2.getString("db.user");
50      val pswd = config2.getString("db.password");
51      println(s"url=$url,user=$user,pswd=$pswd")
52      ConnectionPool.singleton(url, user, pswd)
53      //构建 Offsets
54      var fromOffsets: Map[TopicPartition, Long] = Map()
55      //查询偏移量 from mysql
56      fromOffsets = DB.readOnly(implicit session => {
57           SQL("select * from kafka_offset where topic = ? and groupid= ?").
   bind(topic, group).map(rs => {
58             new TopicPartition(rs.string("topic"), rs.int("partitions")) -> rs.long("offset")
59       }).list().apply().toMap
60       })
61       if (fromOffsets.isEmpty) {
62           fromOffsets = Map(new TopicPartition(topic, partion) -> offset)
63        }
64        for (elem <- fromOffsets) {
65          println(s"tp=${elem._1},offset=${elem._2} from mysql")
66        }
67        val conf = new SparkConf().setAppName("kafkaoffset").setMaster("local[2]")
68        val ssc = new StreamingContext(conf, Seconds(10))
69        //构建 streaming
70        val sourceDStream: DStream[ConsumerRecord[String, String]] = KafkaUtils.
   createDirectStream[String, String](
71         ssc,
72         LocationStrategies.PreferConsistent,
73         ConsumerStrategies.Assign[String, String](fromOffsets.keySet,kafkaParams,fromOffsets)
74         )
75         sourceDStream.foreachRDD(rdd => {
76         val offsetRanges = rdd.asInstanceOf[HasOffsetRanges].offsetRanges
77         //业务处理
78         val valeus = rdd.map(record => record.value)
79         val result = valeus.flatMap(_.split(",")).map((_, 1)).reduceByKey(_ + _)
80         result.foreachPartition(iter => {
81           val conn = createConnection()
82           val statitic_statement = conn.createStatement()
83           //关闭自动提交
84           conn.setAutoCommit(false);
85           //(1.业务
86           iter.foreach(record => {
87 //             statement.setString(1, record._1)
88 //             statement.setInt(2, record._1)
89                //添加到一个批次
90                var sql = "insert into kafka_result(word,count) values('" + record._1
   + "'," + record._2 + ")"
91                  println(s"(${record._1},${record._2})")
92                  statitic_statement.addBatch(sql)
93         })
94           statitic_statement.executeBatch()
```

```
95          //2. 批量提交该分区所有数据
96          val offset_statement = conn.createStatement()
97          offsetRanges.foreach(offsetRange => {
98            println(s"commit info=>Topic: ${offsetRange.topic},Group: ${group},Partition:
    ${offsetRange.partition},fromOffset: ${offsetRange.fromOffset},untilOffset:${offsetRange.
    untilOffset}")
99            val offsetsql = s"update kafka_offset set offset =${offsetRange.untilOffset}
    where topic ='${offsetRange.topic}' and groupid ='${group}' and partitions
    ='${offsetRange.partition}' and offset ='${offsetRange.fromOffset}'"
100           offset_statement.addBatch(offsetsql)
101         })
102         offset_statement.executeBatch()
103         conn.commit()
104         // 关闭资源
105         offset_statement.close()
106         statitic_statement.close()
107         conn.close()
108       })
109     })
110 //   sourceDStream.foreachRDD( rdd => {
111 //     if (!rdd.isEmpty()) {
112 //       //3. 保存结果，提交偏移量
113 //       DB.localTx(implicit session => {
114 //         //1. 结果存储
115 //         //2.Offset 提交
116 //       })
117 //     }
118 //   })
119     ssc.start()
120     ssc.awaitTermination()
121   }
122 }
```

首先需要构建 Kafka 的 streaming，第 70 行代码中通过 KafkaUtils 调用 createDirectStream 创建一个 DirectStream，并传递两个参数。第 68 行代码用于创建第一个参数 StreamingContext。第 72 行代码用于设置第二个参数，LocationStrategies 选择的是 PreferConsistent，决定了分区和 Spark 执行器的关系，这也是默认使用的持久化本地策略。第 73 行代码使用 ConsumerStrategies 的 Assign 订阅主题。Assign 可以传递三个参数，第一个参数用于传递主题和分区的对象，第二个参数传递的是 Kafka 的参数，第三个参数是 Map 维护的主题分区和偏移量的关系。Assign 可以从指定的主题和分区开始消费。如果发生再均衡异常时，Assign 不会受到影响。

第 57 行代码中的 kafka_offset 表有四个列，分别是 topic、groupid、partitions 和 offset。在 where 后面指定条件，说明消费的主题和消费组。Assign 最后一个参数需要 map，所以要将从数据库中获取的主题分区转换成 map。第 61~63 行代码是一个判断语句，如果是第一次消费主题和分区中没有相关记录，即 offset 为空，会从主题和分区中的起始偏移量开始消费。第 42 行代码将 enable.auto.commit 设置为 false，表示提交偏移量的方式为手动提交。

第 78 行和第 79 行代码用于业务的处理。如果想手动维护偏移量，保证数据零丢失，就需要将结果 result 和偏移量维护到同一个事务中。第 80 行使用 result 调用 foreachPartition 对每一个分区建立连接。第 82 行代码创建 statitic_statement 负责执行 SQL 语句。第 84 行代码表示自动关闭事务。第 94 行代

码使用 executeBatch() 执行 SQL 语句，存储数据，将处理的偏移量提交到 MySQL 数据库中。起始偏移量决定了要查询的数据来自哪里，最后一个偏移量的值决定了下一次要读取的值。

第 76 行代码中创建了一个 HasOffsetRanges 对象，并调用了 offsetRanges 方法。该方法返回了一个数组，每一个数组中是一个 OffsetRange 对象。OffsetRange 对象中包含了 topic（主题）、partition（分区）、fromOffset（起始偏移量）和 untilOffset（结束偏移量）。通过 OffsetRange 可以获取想要的信息。第 99 行代码可以将起始偏移量更新为结束偏移量。第 113 行代码中的 localTx 是 Scala 提供的 API，用于处理本机事务中的数据。

视 频

OffsetToMysql 演示

（2）创建 kafka_result 和 kafka_offset 两张表，如图 8-7 所示。表 kafka_result 用于存储业务处理结果，将单词和统计的个数存储到数据中。该表中有 word 和 count 两个字段。另一张表 kafka_offset 用于维护主题分区中的偏移量。

```
mysql>  CREATE TABLE kafka_offset (
    ->      topic VARCHAR(225),
    ->      groupid VARCHAR(225),
    ->      partitions INT(20),
    ->      offset BIGINT(20)
    ->     );
Query OK, 0 rows affected, 2 warnings (0.14 sec)

mysql> INSERT INTO kafka_offset (topic, groupid, partitions,offset) VALUES ("offsetMysql
Query OK, 1 row affected (0.00 sec)

mysql> select * from kafka_offset;
+-------------+---------+------------+--------+
| topic       | groupid | partitions | offset |
+-------------+---------+------------+--------+
| offsetMysql | s1      |          0 |      4 |
+-------------+---------+------------+--------+
1 row in set (0.00 sec)

mysql>
mysql> CREATE TABLE kafka_result (
    ->
    ->      word VARCHAR(25),
    ->      count INT(20)
    ->     );
Query OK, 0 rows affected, 1 warning (0.06 sec)
```

图 8-7　创建两张表

向表 kafka_result 中插入一行数据，主题为 offsetMysql，分区为 0，偏移量为 4。从表中的偏移量可以知道下一次开始消费的偏移量位置。

（3）创建 offsetMysql 主题，并向该主题中发送数据，如图 8-8 所示。

图 8-8　创建主题并发送数据

（4）运行 OffsetToMysql.scala 文件，启动程序，从 MySQL 中读取要消费的偏移量，然后由偏移量决定开始消费的位置并消费数据，如图 8-9 所示。首先从数据库中获取开始消费的偏移量，已知已经消费的偏移量为 4，下一次会从偏移量为 5 的地方开始消费。

```
"C:\Program Files\Java\jdk1.8.0_261\bin\java.exe" ...
url=jdbc:mysql://10.12.30.188:3306/test?&useSSL=false&serverTimezone=UTC&characterEncoding=utf-8,user=root,pswd=Root123456!
log4j:WARN No appenders could be found for logger (scalikejdbc.ConnectionPool$).
log4j:WARN Please initialize the log4j system properly.
log4j:WARN See http://logging.apache.org/log4j/1.2/faq.html#noconfig for more info.
tp=offsetMysql-0,offset=4 from mysql
Using Spark's default log4j profile: org/apache/spark/log4j-defaults.properties
url=jdbc:mysql://10.12.30.188:3306/test?&useSSL=false&serverTimezone=UTC&characterEncoding=utf-8,user=root,pswd=Root123456!
(8,1)
(7,1)
(5,1)
(6,1)
(9,1)
commit info=>Topic: offsetMysql,Group: s1,Partition: 0,fromOffset: 4,untilOffset: 9
url=jdbc:mysql://10.12.30.188:3306/test?&useSSL=false&serverTimezone=UTC&characterEncoding=utf-8,user=root,pswd=Root123456!
(11,1)
(10,1)
commit info=>Topic: offsetMysql,Group: s1,Partition: 0,fromOffset: 9,untilOffset: 11
url=jdbc:mysql://10.12.30.188:3306/test?&useSSL=false&serverTimezone=UTC&characterEncoding=utf-8,user=root,pswd=Root123456!
(12,1)
(13,1)
commit info=>Topic: offsetMysql,Group: s1,Partition: 0,fromOffset: 11,untilOffset: 13
```

图 8-9　消费数据

（5）在数据库中查询数据，如图 8-10 所示。首先查看偏移量的维护表 kafka_offset，从表中可知 offset 已经由 4 变成了 13，下一次偏移量会从 14 开始消费。在表 kafka_result 中业务消费的最后偏移量和表 kafka_offset 中的 offset 是一致的。

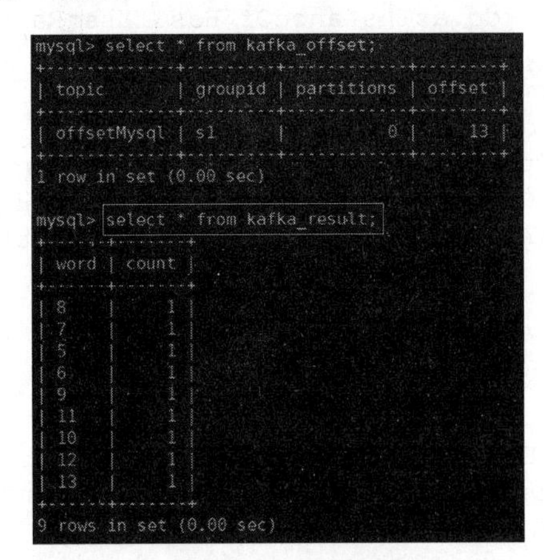

```
mysql> select * from kafka_offset;
+-------------+---------+------------+--------+
| topic       | groupid | partitions | offset |
+-------------+---------+------------+--------+
| offsetMysql | s1      |          0 |     13 |
+-------------+---------+------------+--------+
1 row in set (0.00 sec)

mysql> select * from kafka_result;
+------+-------+
| word | count |
+------+-------+
| 8    |     1 |
| 7    |     1 |
| 5    |     1 |
| 6    |     1 |
| 9    |     1 |
| 11   |     1 |
| 10   |     1 |
| 12   |     1 |
| 13   |     1 |
+------+-------+
9 rows in set (0.00 sec)
```

图 8-10　查询数据

（6）创建文件，将 offset 维护到 Kafka 中，相关代码如下：

```
1 package com.spark
2 import org.apache.kafka.clients.consumer.ConsumerRecord
3 import org.apache.kafka.common.serialization.StringDeserializer
4 import org.apache.log4j.{Level, Logger}
5 import org.apache.spark.{SparkConf, TaskContext}
6 import org.apache.spark.streaming.dstream.{DStream, InputDStream}
7 import org.apache.spark.streaming.kafka010.{CanCommitOffsets, Consumer
8 Strategies, HasOffsetRanges, KafkaUtils, LocationStrategies, OffsetRange}
9 import org.apache.spark.streaming.{Seconds, StreamingContext}
10 case class customException(smth: String) extends Exception
11 object OffsetToKafka {
12   def main(args: Array[String]): Unit = {
13     Logger.getLogger("org").setLevel(Level.ERROR)
```

```
14      val topics = Set("offsettokafka")
15      val group = "g1"
16      //Kafka配置
17      val kafkaParams = Map(
18        "bootstrap.servers" -> "10.12.30.188:9092",
19        "key.deserializer" -> classOf[StringDeserializer],
20        "value.deserializer" -> classOf[StringDeserializer],
21        "auto.offset.reset" -> "latest",
22        "group.id" -> group,
23        "enable.auto.commit" -> "false"
24      )
25      val conf = new SparkConf().setAppName("kafkaoffset").setMaster("local[2]")
26      val ssc = new StreamingContext(conf, Seconds(10))
27      val sourceDStream: InputDStream[ConsumerRecord[String, String]] = KafkaUtils.
  createDirectStream[String, String](
28        ssc,
29        //数据本地性策略
30        LocationStrategies.PreferConsistent,
31        //指定要订阅的topic
32        ConsumerStrategies.Subscribe[String, String](topics, kafkaParams)
33      )
34      sourceDStream.foreachRDD(rdd => {
35        // 获取当前批次的offset数据
36        val offsetRanges = rdd.asInstanceOf[HasOffsetRanges].offsetRanges
37        // 业务处理
38        rdd.foreach { iterm =>
39            offsetRanges.foreach(offsetRange => {
40                  println(s"process success =>Topic: ${offsetRange.topic},Partition:${offset
  Range.partition}" +s",fromOffset: ${offsetRange.fromOffset},untilOffset:${offsetRange.
  untilOffset}"+s",value=${iterm.value()},offset=${iterm.offset()}"
41            )
42          })
43        }
44        // 在kafka 自身维护提交
45        println("prepare commit ")
46        //throw new customException("commit Exception ")
47        sourceDStream.asInstanceOf[CanCommitOffsets].commitAsync(offsetRanges)
48        println(" commit success")
49      })
50      ssc.start()
51      ssc.awaitTermination()
52    }
53  }
```

Spark 实际上是 Kafka 的一个特殊消费者，所以它的编程思路和消费者手动维护偏移量到 Kafka 内部主题的编程思路是相同的。第一步，先进行 Kafka 配置。第 23 行代码用于将自动提交改为手动提交，即将 enable.auto.commit 设置为 false。第二步，构建一个消费者。第 27 行到第 33 行代码使用 Spark 封装的 API 创建一个 Spark 的消费者。第三步，将数据进行逻辑处理。第 34 行到第 43 行代码将从消费者中获取的数据转换成 Spark 的 DStream，进行一些业务逻辑的处理。第四步，调用提交方式（同步提交或异步提交）。第 47 行代码中的 commitAsync 表示使用的是异步提交方式。

提交方式的不同决定了语义的不同。如果先处理业务再提交，会出现业务处理成功但是提交失败的情况，当再次消费时会造成数据的重复。如果先提交再处理业务，可能会造成数据的丢失。commitAsync 需要的参数是 OffsetRange，维护的是主题、分区和偏移量之间的关系。由于异步的原因，当后台完成相关操作后会调用回调函数 OffsetCommitCallback 根据业务进行相应的处理。

（7）运行 OffsetToKafka.scala 文件，连续向主题 offsettokafka 中发送两组数据 5、6、7 和 8、9、10，如图 8-11 所示。

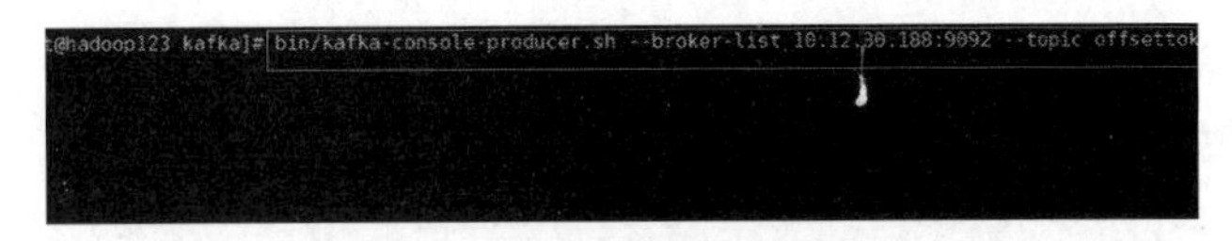

图 8-11　向主题中发送数据

由于之前主题中已经存在数据了，所以当前获取的第一组数据的值分别是 5、6 和 7，对应的偏移量是 7、8 和 9。第二组数据值分别是 8、9 和 10，偏移量直接从 10 开始，对应的偏移量分别是 10、11 和 12，如图 8-12 所示。

```
"C:\Program Files\Java\jdk1.8.0_261\bin\java.exe" ...
Using Spark's default log4j profile: org/apache/spark/log4j-defaults.properties
prepare commit
 commit success
prepare commit
 commit success
prepare commit
 commit success
process success =>Topic: offsettokafka,Partition: 0,fromOffset: 7,untilOffset: 10,value=5,offset=7
process success =>Topic: offsettokafka,Partition: 0,fromOffset: 7,untilOffset: 10,value=6,offset=8
process success =>Topic: offsettokafka,Partition: 0,fromOffset: 7,untilOffset: 10,value=7,offset=9
prepare commit
 commit success
prepare commit
 commit success
process success =>Topic: offsettokafka,Partition: 0,fromOffset: 10,untilOffset: 13,value=8,offset=10
process success =>Topic: offsettokafka,Partition: 0,fromOffset: 10,untilOffset: 13,value=9,offset=11
process success =>Topic: offsettokafka,Partition: 0,fromOffset: 10,untilOffset: 13,value=10,offset=12
```

图 8-12　消费数据

（8）当提交偏移量失败时，会出现异常并造成数据的重复。再次向主题中发送数据，出现异常情况，如图 8-13 所示。

```
"C:\Program Files\Java\jdk1.8.0_261\bin\java.exe" ...
Using Spark's default log4j profile: org/apache/spark/log4j-defaults.properties
process success =>Topic: offsettokafka,Partition: 0,fromOffset: 13,untilOffset: 18,value=11,offset=13
process success =>Topic: offsettokafka,Partition: 0,fromOffset: 13,untilOffset: 18,value=3,offset=14
process success =>Topic: offsettokafka,Partition: 0,fromOffset: 13,untilOffset: 18,value=4,offset=15
process success =>Topic: offsettokafka,Partition: 0,fromOffset: 13,untilOffset: 18,value=5,offset=16
process success =>Topic: offsettokafka,Partition: 0,fromOffset: 13,untilOffset: 18,value=5,offset=17
prepare commit
20/10/07 23:02:02 ERROR JobScheduler: Error running job streaming job 1602082920000 ms.0
com.spark.customException
    at com.spark.OffsetToKafka$.$anonfun$main$1(OffsetToKafka.scala:56)
    at com.spark.OffsetToKafka$.$anonfun$main$1$adapted(OffsetToKafka.scala:42)
    at org.apache.spark.streaming.dstream.DStream.$anonfun$foreachRDD$2(DStream.scala:628)
```

图 8-13　异常情况

对于业务来说，理论上这些数据已经处理成功。下次消费时不应该消费到这些数据，即不应该重复读取偏移量为 13、14、15、16 和 17 的数据。

（9）当处理完故障并恢复业务逻辑后，下一次再次消费时会出现数据的重复消费，如图 8-14 所示。理论上应该只会消费新的数据（偏移量为 18、19 和 20），但是我们可以看到已经消费的数据中存在偏移量为 13、14、15、16 和 17 的数据。

```
"C:\Program Files\Java\jdk1.8.0_261\bin\java.exe" ...
Using Spark's default log4j profile: org/apache/spark/log4j-defaults.properties
process success =>Topic: offsettokafka,Partition: 0,fromOffset: 13,untilOffset: 21,value=11,offset=13
process success =>Topic: offsettokafka,Partition: 0,fromOffset: 13,untilOffset: 21,value=3,offset=14
process success =>Topic: offsettokafka,Partition: 0,fromOffset: 13,untilOffset: 21,value=4,offset=15
process success =>Topic: offsettokafka,Partition: 0,fromOffset: 13,untilOffset: 21,value=5,offset=16
process success =>Topic: offsettokafka,Partition: 0,fromOffset: 13,untilOffset: 21,value=5,offset=17
process success =>Topic: offsettokafka,Partition: 0,fromOffset: 13,untilOffset: 21,value=a,offset=18
process success =>Topic: offsettokafka,Partition: 0,fromOffset: 13,untilOffset: 21,value=b,offset=19
process success =>Topic: offsettokafka,Partition: 0,fromOffset: 13,untilOffset: 21,value=c,offset=20
prepare commit
 commit success
```

图 8-14　重复消费数据

如果在提交偏移量成功后抛出异常，这时再进行业务处理会造成数据的丢失。要想实现零丢失和零重复，只有两种方式。第一，将提交偏移量和处理业务放在同一个事务中；第二，使用 commitAsync 方式。虽然第二种方式会有数据重复的情况，但是如果输出是幂等性的情况，对于重复发送的数据只进行一次处理，也可以实现精准语义。

8.2 Kafka 集成 StructStreaming

视 频

编程模型

SparkStreaming 和 StructStreaming 都是 Spark 针对流处理开发的组件。本节主要介绍两点，第一，将 SparkStreaming 和 StructStreaming 进行对比学习，通过对比来讲解 StructStreaming 相关的内容；第二，将 Kafka 和 StructStreaming 进行集成。

8.2.1 StructStreaming 和 SparkStreaming 的对比

早期 Spark 针对流计算已经开发了 SparkStreaming，但是 SparkStreaming 并不能满足全部业务场景。SparkStreaming 和 StructStreaming 针对流处理的相同点和不同点见表 8-1。

表 8-1　SparkStreaming 和 StructStreaming 的特点

流处理模式	SparkStreaming	StructedStreaming
执行模式	Micro Batch	Micro Batch / Continuous Processing
API	Dstream/StreamingContext	Dataset/DataFrame、SparkSession
Job 生成方式	Timer 定时器定时生成 job	Trigger 触发
支持数据源	Socket、filstream、kafka、zeroMq、flume、kinesis	Socket、filstream、kafka、ratesource
executed-based	Executed based on dstream api	Executed based on sparksql
Time based	Processing Time	ProcessingTime & eventTlme

在执行模式方面，SparkStreaming 基于 Micro Batch（小批量）模式流处理，无法满足延迟低的业务场景。一般情况下，如果业务要求在 100 ms 以上，可以使用 SparkStreaming 进行开发。如果业务要求是低延迟，可以选择 StructStreaming 进行开发。对于 API 来说，它的使用由引擎决定。SparkStreaming 基于 DStream，对应的 API 就是 DStream，通过 StreamingContext 进行构建。StructStreaming 基于 sparksql，对应的 API 是 Dataset，通过 SparkSession 进行构建。

对于 Job 生成方式来说，SparkStreaming 是基于 Timer 定时器定时生成 Job 的，StructStreaming 是基于本身的触发器 Trigger 生成 Job 的。SparkStreaming 支持 Processing Time（处理时间），而 StructStreaming 既支持 Processing Time 又支持 Event Time（事件时间）。

8.2.2 StructStreaming 基于 sparksql 引擎

在 SparkStreaming 处理模型中，首先通过 StreamingContext 将输入源转换成 DStream，而 DStream 实际上相当于一个个 RDD。然后通过 SparkCore 算子进行运算，最后输出。在简单介绍 SparkStreaming 处理模型后，接下来介绍 StructStreaming 的处理流程，如图 8-15 所示。

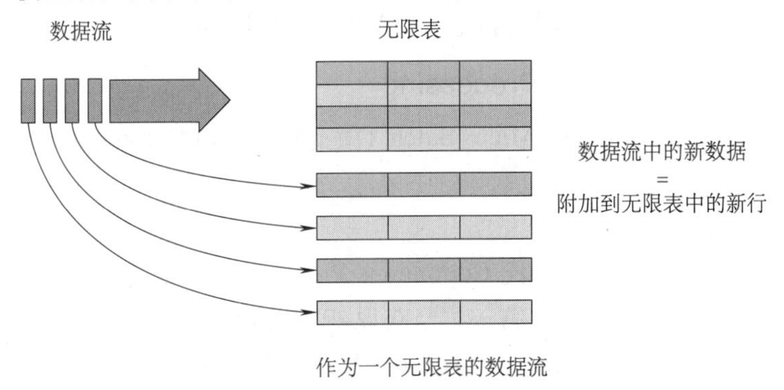

图 8-15　StructStreaming 的处理流程

StructStreaming 基于 sparksql 引擎，不同的引擎决定了输入时需要转换成什么样的抽象。sparksql 的抽象需要转换成 DataFrame（早期版本）或 Dataset（2.0 版本之后），Dataset 是对 DataFrame 的优化。输入转换成 Dataset 之后，通过 sparksql 的一些算子进行运算，最后输出。与 SparkStreaming 相比，StructStreaming 将流处理转换成了对应的 SQL 编程。SQL 编程简单，可以使用 SQL 进行实时和离线分析。

通过算子的运算之后，会把运算结果维护到结果表中。每处理一次数据就会在结果表中插入一条记录，有助于 SQL 的结构化分析。

8.2.3 StructStreaming 编程模型

StructStreaming 每触发一个 Trigger 触发器，就会对输入进行运算，如图 8-16 所示。假设触发器设置为每 1 s 触发一次，那么 StructStreaming 会每 1 s 对数据进行一次运算，然后把每一次的运算结果放入结果表中，最后输出。StructStreaming 的输出模式决定了每一次的输出是否为最新结果。不同的输出模式决定了每一次获取的结果。

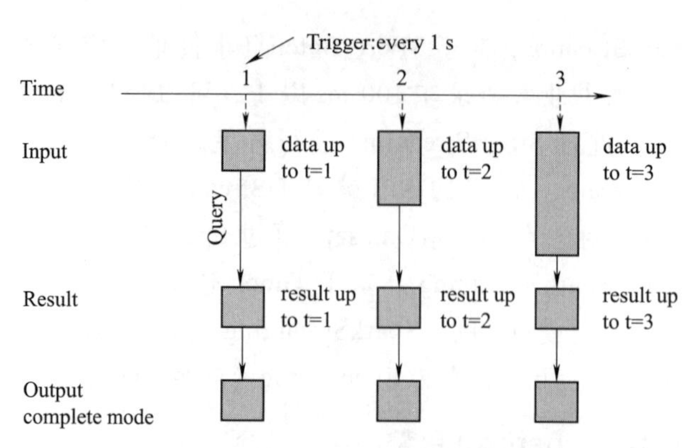

图 8-16　StructStreaming 编程模型

下面介绍 StructStreaming 的 Input 和 Output 支持的 Source 和 Sink。Input Sources 支持 File source、Kafka source、Socket source（for testing）和 Rate source（for testing）。Output Sinks 支持 File sink、Kafka sink、Foreach sink、Console sink（for debugging）和 Memory sink（for debugging）。

8.2.4　Micro Batch 和 Continuous Processing

接下来对比学习 StructStreaming 的 Micro Batch（微批）模式和 Continuous Processing（连续处理）模式。

1. Micro Batch 模式

视 频

Micro & Continue

在延迟方面，Micro Batch 比 Continuous Processing 的延迟高，如图 8-17 所示。Micro Batch 延迟高主要原因有两个。第一，当获取新数据时，先要写入 Wal（log）中。这是由于 log 相当于检查点，当程序出错时，可以通过检查点继续执行。StructStreaming 微批模式的检查点和连续处理模式的检查点格式相同，即从微批模式切换到连续处理模式不需要修改任何代码。而且写入 log 还可以实现端到端的语义，写入 log 的时机一定要等到当前批数据处理完成。微批模式实际上就是把连续的流看成一个个小批次进行处理，这一点和 SparkStreaming 相同。

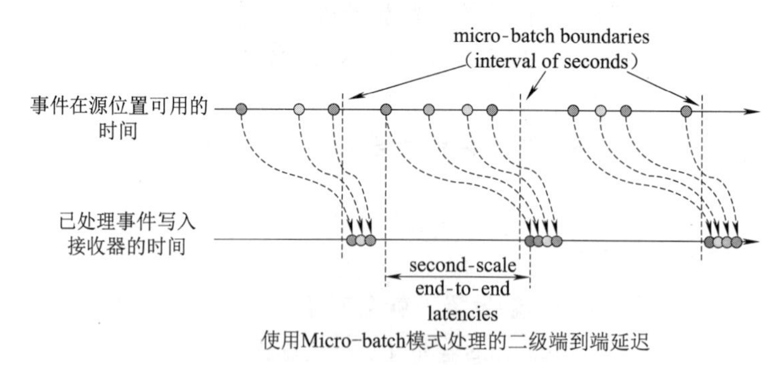

图 8-17　Micro batch 延迟

Micro Batch 高延迟的第二个原因是新传输过来的数据会被放在下一批次中进行处理。图 8-17 中有两个时间轴，上面的时间轴表示新输入的数据，下面的表示正在处理的数据。假设当前的 5 s 正在处理三条数据，此时传输过来四条数据，那么这四条数据要写入 log 一定要等前面的三条数据处理完成之后才会开始写入后面四条数据的 log。

Micro Batch 延迟测试如图 8-18 所示。StructStreaming 的 Micro batch 延迟几乎都维护在 100 ms 左右，更高的延迟量和当时的数据量有关。

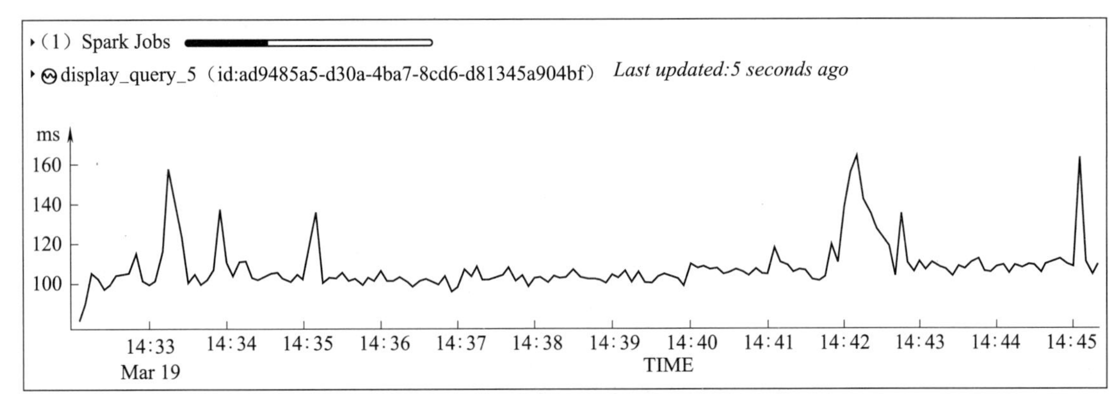

图 8-18　Micro batch 延迟测试

2. Continuous Processing 模式

Continuous Processing 模式会开启一个连续的任务不断地读取数据，因此不会造成高延迟。每读取一条数据都会立即处理，所以这种方式的延迟很低。Continuous Processing 延迟情况如图 8-19 所示。

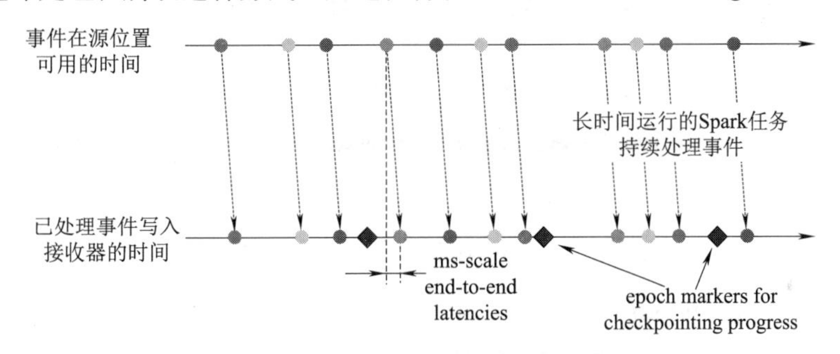

图 8-19　Continuous Processing 延迟

Continuous Processing 延迟测试如图 8-20 所示。Continuous Processing 最高的延迟在 0.9 ms 左右，整体延迟在 1 ms 以下，与 Micro batch 延迟的对比很明显。

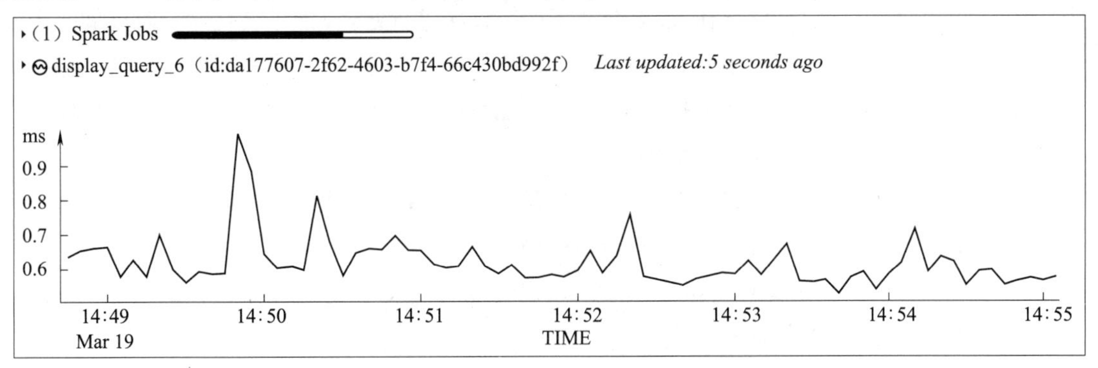

图 8-20　Continuous Processing 延迟测试

目前 Continuous Processing 模式在 Spark 中还处于试验阶段，但这是一个未来的发展趋势。对于 StructStreaming 来说，Micro Batch 模式的延迟已经很小了，已经可以满足大部分的业务场景。现在大部分企业使用的是 Micro Batch 模式。

8.2.5 StructStreaming 基础

本节主要从 Event Time（事件时间）、Process Time（处理时间）、Trigger（触发器）的分类等方面介绍 StructStreaming 的基础。

1. Event Time 和 Process Time

SparkStreaming 只支持 Process Time，而不支持 Event Time。StructStreaming 同时支持这两种时间处理方式。当单击一个网页就有可能触发一个事件。假设当前时间是 12:01，后续为了分析数据会被传入 Kafka 中，然后 Spark 会去读取 Kafka 中的数据。假设数据传输到 Spark 的时间是 12:02，那么 12:01 就是 Event Time（事件时间），12:02 就是 Process Time（处理时间）。

Event Time 和 Process Time 的特点如图 8-21 所示。假设图 8-21 中不同颜色的圆圈代表不同的事件。从图中看，第一个事件的 Event Time 和 Process Time 相等，第三个事件的 Event Time 相对于 Process Time 有延迟。

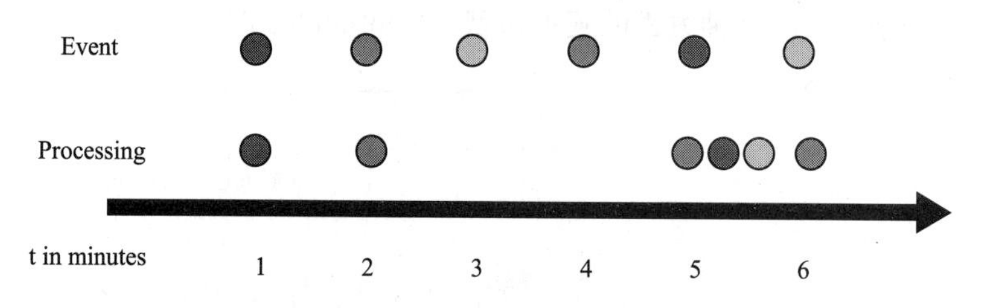

图 8-21　Event Time 和 Process Time 的特点

2. StructStreaming 的 Trigger

StructStreaming 调度任务通过 Trigger（触发器），Trigger 有如下几种分类。

（1）Unspecified（default）：在程序中如果不配置触发器，StructStreaming 会等前一次批任务处理完成后立刻进行下一次任务计算。

视频

Trigger

（2）Fixed interval micro-batches：配置固定的时间间隔。假设第一批次的处理完成的时间小于间隔的时间，这时再有新的数据会在下一个批次进行处理，而不会在这个时间间隔中处理。如果第一批次的处理时间很长，已经超过了固定的时间间隔，当第一批次处理完之后，会立即处理新数据，而不会把新数据放入下一个批次进行处理。如果在固定的时间间隔内一直没有数据产生，则会一直等待，直到有数据产生。

（3）One-time micro-batch：只进行一次微批处理。这种情况需要根据具体的业务要求决定。如果业务有一些定时任务，要求只处理一次，可以选择这种方式。

（4）Continuous with fixed checkpoint interval：以连续的方式配置固定的时间间隔。前三种都是以微批的方式，第四种是以连续处理的方式。

关于 StructStreaming 触发器更详细的介绍，可以参考官方文档，地址是 http://spark.apache.org/docs/2.4.3/structured-streaming-programming-guide.html#triggers。

视 频

Trigger 演示

下面使用 StructStreaming 实现 WordCount。

（1）Unspecified（default）。

（2）Fixed interval micro-batches。

具体操作步骤如下：

（1）创建 StructuredContinuousProcessing.scala 文件，构建 SparkSession，相关代码如下：

```
1  val spark = SparkSession
2    .builder
3    .appName("StructuredNetworkWordCount')
4    .master("local[*]")
5    .getOrCreate()
```

第 1 行代码用于构建 SparkSession，包含 SparkContext，实际上是对 SparkContext 的封装。第 3 行代码用于指定应用名称。

（2）获取数据，相关代码如下：

```
1  val lines=spark.readStream
2    .format("socket")
3    .option("host", "localhost")
4    .option("port", 9999)
5    .load()
```

第 2 行代码设置了从 socket 数据源中读取数据，第 4 行代码指定了端口号是 9999，第 5 行代码通过 load() 加载数据，将数据转换成 DataFrame。

（3）输出数据，相关代码如下：

```
1  val query =wordCounts .writeStream
2    .format("console")
3    .outputMode("complete")
4    .trigger(Trigger.ProcessingTime("1 second"))
5    .start();
6  query.awaitTermination()
```

第 3 行代码用于指定输出模式，可以将数据输出到结果表中。第 4 行代码用于设置触发器，Trigger 中的 ProcessingTime（处理时间）可以针对微批设置时间间隔。

（4）使用 Unspecified（default）方式实现 WordCount，输出到控制台，相关代码如下：

```
1  import org.apache.spark.sql.functions._
2     import org.apache.spark.sql.SparkSession
3     import org.apache.spark.sql.streaming.Trigger
4     import spark.implicits._
5     val lines = spark.readStream.format("socket").option("host", "localhost").
  option("port", 9999).load()
6     val words = lines.as[String].flatMap(_.split(" "))
7     val wordCounts = words.groupBy("value").count()
8     val query = wordCounts.writeStream.outputMode("complete").format("console").
  start()
```

发送数据 a、b、c，如图 8-22 所示。

在没有配置 Trigger 时，只要数据 a 处理完，会立即处理数据 b，如图 8-23 所示。

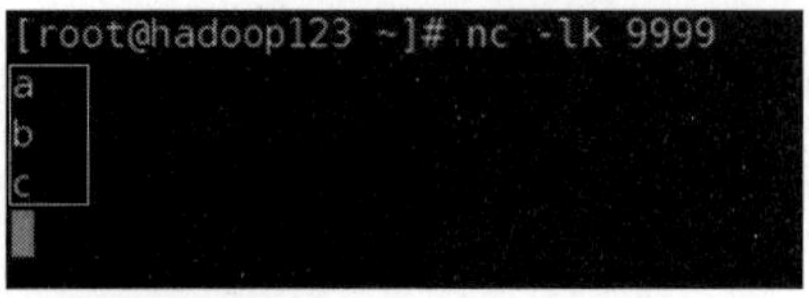

```
[root@hadoop123 ~]# nc -lk 9999
a
b
c
```

图 8-22　发送数据

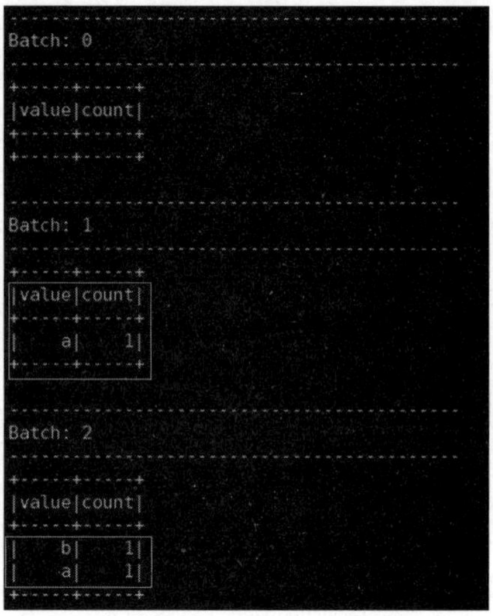

```
Batch: 0
+-----+-----+
|value|count|
+-----+-----+
+-----+-----+

Batch: 1
+-----+-----+
|value|count|
+-----+-----+
|    a|    1|
+-----+-----+

Batch: 2
+-----+-----+
|value|count|
+-----+-----+
|    b|    1|
|    a|    1|
+-----+-----+
```

图 8-23　处理数据

（5）设置 Trigger 每 10 s 触发一次实现 WordCount，相关代码如下：

```
1 import org.apache.spark.sql.functions._
2 import org.apache.spark.sql.SparkSession
3 import org.apache.spark.sql.streaming.Trigger
4 import spark.implicits._
5 val lines = spark.readStream.format("socket").option("host", "localhost").
6 option("port", 9999).load()
7 val words = lines.as[String].flatMap(_.split(" "))
8 val wordCounts = words.groupBy("value").count()
9 val query = wordCounts.writeStream.outputMode("complete").
10 trigger(Trigger.ProcessingTime("10 second")).format("console").start()
```

设置每 10 s 触发一次，在输入数据 a 后，输入其他数据，如图 8-24 所示。

在处理完数据 a 之后，会间隔 10 s 处理其他数据，如图 8-25 所示。

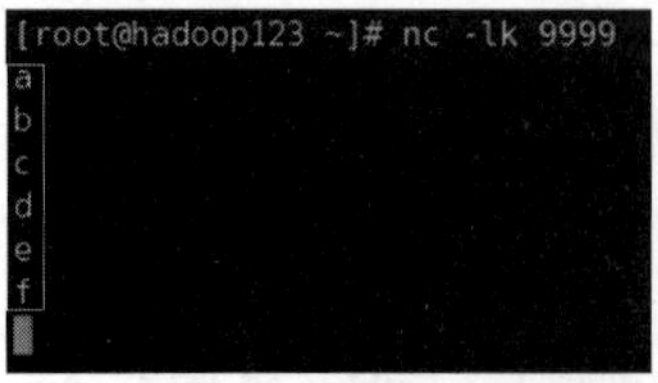

```
[root@hadoop123 ~]# nc -lk 9999
a
b
c
d
e
f
```

图 8-24　发送多组数据

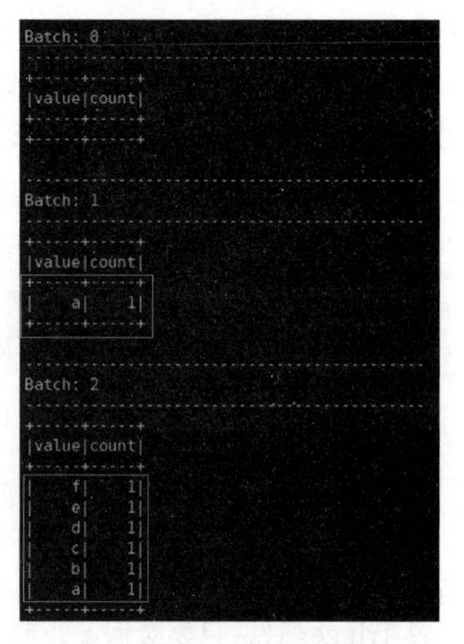

图 8-25　每 10 s 进行数据的处理

如果在 10 s 时间间隔内不输入任何数据，则 Trigger 不会处理任何数据。

完整代码：

```
1  package com.spark
2  import org.apache.log4j.{Level, Logger}
3  import org.apache.spark.sql.SparkSession
4  import org.apache.spark.sql.streaming.Trigger
5  object StructuredContinuousProcessing {
6      def main(args: Array[String]): Unit = {
7          Logger.getLogger("org").setLevel(Level.WARN)
8          val spark = SparkSession
9             .builder
10            .appName("StructuredNetworkWordCount")
11            .master("local[*]")
12            .getOrCreate()
13         import spark.implicits._
14         val lines=spark.readStream
15            .format("socket")
16            .option("host", "localhost")
17            .option("port", 9999)
18            .load()
19         val words = lines.as[String].flatMap(_.split(","))
20         // 2.生成运行字数
21         val wordCounts = words.groupBy("value").count()
22         val query =wordCounts .writeStream
23            .format("console")
24            .outputMode("complete")
25            .trigger(Trigger.ProcessingTime("1 second"))
26            .start();
27          query.awaitTermination()
28     }
29 }
```

8.2.6 StructStreaming 的 Output Modes

StructStreaming 在内部会维护一个结果表（result table），每触发一次条件，就会在结果表中计算出一个结果，然后结果会放入 Sink 中。StructStreaming 通过 Output Modes（输出模式）来满足不同的业务需求。StructStreaming 有下面三种不同的输出模式。

（1）Append mode (default)：官方文档的解释为 This is the default mode, where only the new rows added to the Result Table since the last trigger will be outputted to the sink. This is supported for only those queries where rows added to the Result Table is never going to change. Hence, this mode guarantees that each row will be output only once (assuming fault-tolerant sink). For example, queries with only select, where, map, flatMap, filter, join, etc. will support Append mode。（这是默认模式，其中仅将自上次触发器以来添加到结果表的新行输出到接收器。只有那些添加到结果表中的行永远不会更改的查询才支持这种模式。因此，该模式保证每一行只输出一次（假设为容错接收器）。例如，只有 select、where、map、flatMap、filter、join 等查询支持追加模式）。这是一个默认的模式，会把新添加的行加入到 sink 中。新添加的行会和上一次触发的条件进行对比，来判断是否为新行数据。简单来说，Append 模式只会把最新的数据放入 sink 中。

（2）Complete mode：官方文档的解释为 The whole Result Table will be outputted to the sink after every trigger. This is supported for aggregation queries。（每次触发后，整个结果表将被输出到接收器中。聚合查询支持此操作）这种模式会将整个结果表中的数据放入 sink 中。比如第一次触发会将 r1 放入 sink 中，第二次触发会将 r1 和 r2 放入 sink 中，第三次触发会将 r1、r2 和 r3 放入 sink 中，即每一次触发都会将整个表中的数据放入 sink 中。

（3）Update mode：官方文档的解释为 (Available since Spark 2.1.1) Only the rows in the Result Table that were updated since the last trigger will be outputted to the sink. More information to be added in future releases。((自 Spark 2.1.1 以来可用）仅将结果表中自上一个触发器以来更新的行输出到接收器。需要在未来的版本中添加更多信息）这种模式会将每一次更新的数据放入 sink 中。假设第一次触发的结果是（a,1），第二次触发的结果是（a，1）和（b，1），如果第三次触发的结果是（b，1），那么最后只会统计 b 的数量，将（b，2）放入 sink 中，而不会放入 a 的结果。

不同的查询操作支持不同的模式，详细介绍可以浏览官方网站。

下面举例说明如何使用 StructStreaming 实现 WordCount。

（1）Complete。

（2）Append。

（3）Update。

具体操作步骤如下：

（1）创建 StructuredNetworkWordCount.scala 文件，设置输入源，相关代码如下：

```
1  val lines = spark.readStream
2    .format("socket")
3    .option("host", "localhost")
4    .option("port", 9999)
5    .load()
```

第 2 行代码通过 format("socket") 设置从 socket 数据源中读取数据。第 4 行代码指定端口号为 9999。第 5 行代码通过 load() 从输入源中加载数据。

（2）输出数据的相关代码如下：

```
1  val query = wordCounts.writeStream
2    .outputMode("complete")
3    .format("console")
4    .start()
5  query.awaitTermination()
```

第 2 行代码中的 outputMode 用于设置输出模式，可以设置 Append、Complete 和 Update 这三种模式。如果设置其他模式，则会抛出异常。第 3 行代码用于设置输出源，这里的 console 表示控制台。

（3）启动 Complete 模式，首次启动时会进行一次运算，然后启动监听端口，输入数据，如图 8-26 所示。

输入一行数据就会触发一次运算，统计每一行数据中单词的个数，如图 8-27 所示。第一次对 hello、spark 和 struct 进行了统计，第二次对这两行中的单词进行了统计。这种情况就是将整张表作为一次输出。

```
[root@hadoop123 ~]# nc -lk 9999
hello spark spark struct
hello spark hadoop flink
```

图 8-26　输入数据

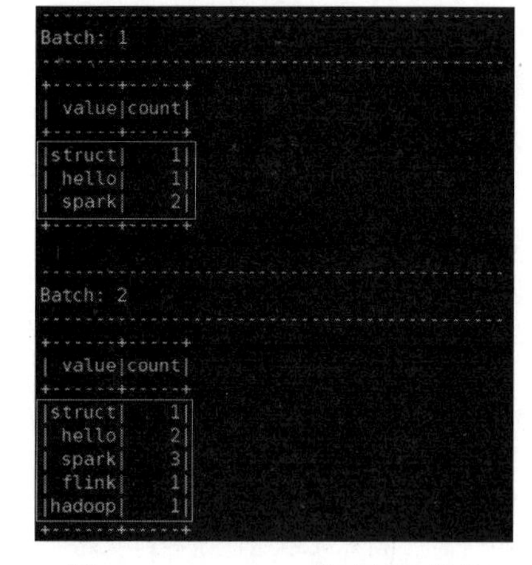

图 8-27　Complete 模式输出结果

（4）启动 Append 模式，输入数据，如图 8-28 所示。

Append 模式输出结果如图 8-29 所示。第一次输入 hello spark 对应的输出结果就是 hello 和 spark。第二次输入 hello 时，只会输出 hello，而不会输出前面的数据。

```
[root@hadoop123 ~]# nc -lk 9999
hello spark
hello
```

图 8-28　输入两行数据

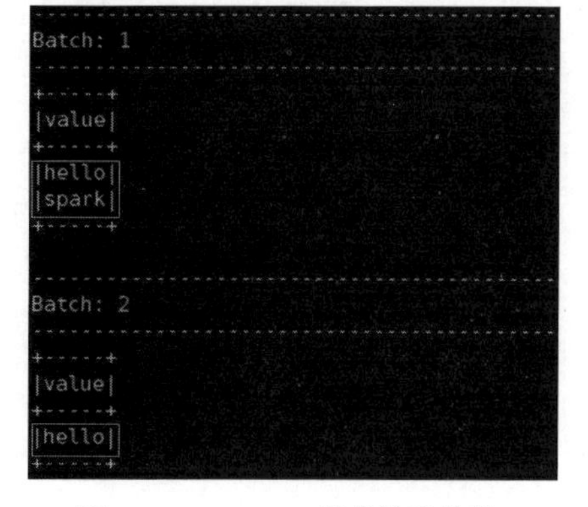

图 8-29　Append 模式输出结果

（5）启动 Update 模式，第一次输入的数据为 spark hadoop kafka，第二次输入 kafka。那么第一次会输出 spark、hadoop 和 kafka 这三个单词的统计结果，第二次只会统计 kafka 的单词个数。Update 模式输出结果如图 8-30 所示。这种方式只会把更新的数据进行输出。

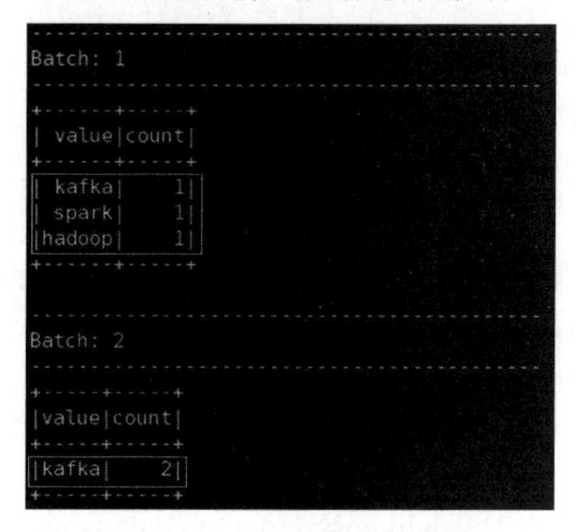

图 8-30　Update 模式输出结果

完整代码：

```
1  package com.spark
2  import org.apache.log4j.{Level, Logger}
3  import org.apache.spark.sql.SparkSession
4  object StructuredNetworkWordCount {
5      def main(args: Array[String]): Unit = {
6          Logger.getLogger("org").setLevel(Level.WARN)
7          val spark = SparkSession
8            .builder
9            .appName("StructuredNetworkWordCount")
10          .master("local[*]")
11          .getOrCreate()
12         import spark.implicits._
13         //1.创建表示来自连接到本地主机：9999 的输入行流的数据流
14        val lines = spark.readStream
15          .format("socket")
16          .option("host", "localhost")
17          .option("port", 9999)
18          .load()
19         // 将一行数据分割成单词。
20        val words = lines.as[String].flatMap(_.split(","))
21         //2.生成单词计数
22        val wordCounts = words.groupBy("value").count()
23         //3.运行将单词计数打印到控制台的查询
24        val query = wordCounts.writeStream
25          .outputMode("complete")
26          .format("console")
27          .start()
28        query.awaitTermination()
29     }
30 }
```

8.2.7 StructStreaming 与 Kafka

从 Kafka 的角度来说，SparkStreaming 和 StructStreaming 都是 Kafka 的消费者，所以这两者的编程思路是相同的，只不过这两者使用了不同的 API。本节主要介绍 StructStreaming 的注意事项和不同点。

1. StructStreaming 集成 Kafka 注意事项

StructStreaming 编程比 SparkStreaming 编程简单，非常适合分析场景。而且 StructStreaming 进行了封装操作，用户只需要关注业务逻辑处理而不需要关注框架本身。StructStreaming 集成 Kafka 有下面几个注意事项。

视 频

struckKafka

（1）group.id：官方解释为 Kafka source will create a unique group id for each query automatically。（Kafka 源代码将自动为每个查询创建唯一的组 id）StructStreaming 会为每一个查询自动创建 group id。

（2）auto.offset.reset：官方解释为 Set the source option startingOffsets to specify where to start instead. Structured Streaming manages which offsets are consumed internally, rather than rely on the kafka Consumer to do it. This will ensure that no data is missed when new topics/partitions are dynamically subscribed. Note that startingOffsets only applies when a new streaming query is started, and that resuming will always pick up from where the query left off。（设置源选项 startingOffsets 以指定开始位置。结构化流媒体管理内部使用的偏移量，而不是依赖 kafka 消费者来做。这将确保在动态订阅新的主题 / 分区时不会遗漏任何数据。请注意，StartingOffset 仅在启动新的流式查询时适用，并且恢复将始终从查询停止的位置开始）StructStreaming 会在内部管理偏移量，而不是依靠 Kafka 的消费者。即不需要手动维护偏移量。这种机制可以保证数据不丢失。

（3）key.deserializer：官方解释为 Keys are always deserialized as byte arrays with ByteArrayDeserializer. Use DataFrame operations to explicitly deserialize the keys。（键总是使用 ByteArraydSerializer 反序列化为字节数组，使用 DataFrame 操作显式反序列化键）使用字节数组对 key 进行反序列化，使用 DataFrame 操作显式地反序列化 key。

（4）value.deserializer：官方解释为 Values are always deserialized as byte arrays with ByteArrayDeserializer. Use DataFrame operations to explicitly deserialize the values。（值总是使用 ByteArraydSerializer 反序列化为字节数组，使用 DataFrame 操作显式反序列化值）使用字节数组对 value 进行反序列化，并使用 DataFrame 操作显式地反序列化 value。

（5）key.serializer：官方解释为 Keys are always serialized with ByteArraySerializer or StringSerializer. Use DataFrame operations to explicitly serialize the keys into either strings or byte arrays。（键始终使用 ByteArraySerializer 或 StringSerializer 序列化，使用 DataFrame 操作将键显式序列化为字符串或字节数组）使用字节数组对 key 进行序列化。

（6）value.serializer：官方解释为 values are always serialized with ByteArraySerializer or StringSerializer. Use DataFrame oeprations to explicitly serialize the values into either strings or byte arrays。（值总是使用 ByteArraySerializer 或 StringSerializer 进行序列化，使用 DataFrame 操作显式地将值序列化为字符串或字节数组）使用字节数组对 value 序列化。

（7）enable.auto.commit：官方解释为 Kafka source doesn' t commit any offset。（Kafka 源代码不提交任何偏移量）由于 StructStreaming 会自动维护偏移量，所以这里不需要配置自动提交方式。

（8）interceptor.classes：官方解释为 Kafka source always read keys and values as byte arrays. It' s not safe to use ConsumerInterceptor as it may break the query。（Kafka 源代码总是将键和值读取为字节数组，使用拦截器是不安全的，因为它可能会中断查询）Kafka 总是读取 key 和 value 作为字节数组。如果使用拦截器可能会破坏查询，并不安全。

根据这些注意事项，可以总结两点。第一，StructStreaming 基于 SparkSQL，编程内部需要维护带有 schema 的表；第二，StructStreaming 会自动维护偏移量。

2. StructStreaming 读 Kafka 数据维护内存表

基于 SparkSQL 的编程内部可以维护一个内存表，StructStreaming 从 Kafka 中获取的内存表见表 8-2。

表 8-2 内存表

Column	Type
key	binary

续表

Column	Type
value	binary
topic	string
partition	int
offset	long
timestamp	long
timestampType	int

在表 8-2 中需要特别关注的是数据类型，key 和 value 的数据类型都是 binary（二进制）。即从 Kafka 中获取的数据是二进制形式，之后还需要对数据进行转换。

下面通过一个简单的案例介绍获取的数据类型。创建 KafkaStructStreaming.scala 文件，用于说明数据之间的转换。

```
1  package com.spark
2  import org.apache.log4j.{Level, Logger}
3  import org.apache.spark.sql.SparkSession
4  object KafkaStructStreaming {
5      def main(args: Array[String]): Unit = {
6          Logger.getLogger("org").setLevel(Level.WARN)
7          val spark = SparkSession
8            .builder
9            .appName("StructuredNetworkWordCount")
10           .master("local[*]")
11           .getOrCreate()
12         import spark.implicits._
13         // 1. 将数据转换成 DataFrame
14         val df = spark
15           .readStream
16           .format("kafka")
17           .option("kafka.bootstrap.servers", "10.12.30.188:9092")
18           .option("subscribe", "struct")
19           .load()
20         //2. 将二进制数据转换成字符串形式
21     val keyvalue=df.selectExpr("CAST(key AS STRING)", "CAST(value AS STRING)","topic").
   as[(String,String,String)]
22         val query = keyvalue.writeStream
23           .format("console")
24           .start()
25         query.awaitTermination()
26     }
27 }
```

第 15 行代码使用 readStream 读取数据，第 16 行代码指定的输入源是 kafka。在指定输入源时，只要是 StructStreaming 支持的源就可以。第 17 行代码用于连接 Kafka，第 18 行代码指定订阅的主题。第 19 行代码使用 load() 将数据转换成 DataFrame。第 21 行行代码使用 selectExpr 只查询 schema 的 key、value 和 topic，并使用 as 将二进制数据转换成字符串的形式。

向 struct 主题中发送数据，如图 8-31 所示。

图 8-31　向主题中发送数据

由于只查询了 key、value 和 topic 三列，而不是查询所有列，所以输出结果中只对应三个列，如图 8-32 所示。

图 8-32　输出三列

再次发送数据 4、5 和 6，这时输出的结果就不再是二进制，而是字符串，也就是实际输入的数据，如图 8-33 所示。

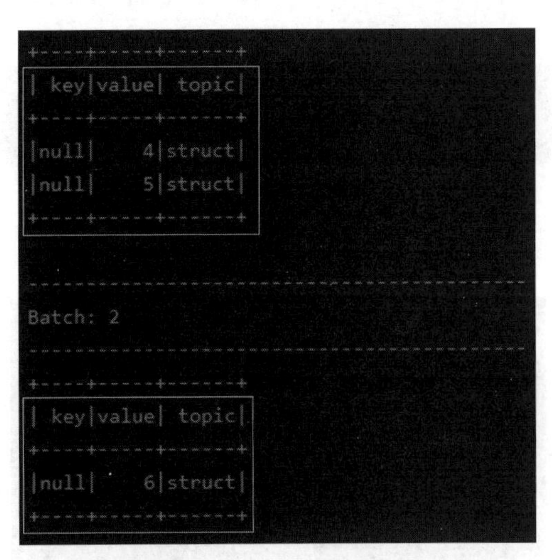

图 8-33　输出数据的类型

3. StructStreaming 集成 Kafka 的 maven 依赖

想了解更多 StructStreaming 集成 Kafka 的内容，可以参考官方文档，地址为 http://spark.apache.org/docs/2.4.3/structured-streaming-kafka-integration.html。在编程时一定要引入 SparkSQL，相关代码如下：

```
1  <dependency>
2      <groupId>org.apache.spark</groupId>
3      <artifactId>spark-sql-kafka-0-10_2.12</artifactId>
```

```
4       <version>2.4.3</version>
5   </dependency>
```

第3行代码中spark-sql-kafka-0-10_2.12是需要引入的包，2.12是Scala的版本。第4行代码中的2.4.3是Spark的版本。版本需要和实际的生产环境匹配，否则会报错。

下面使用 StructStreaming 集成 Kafka：WordCount。

具体操作步骤如下：

视 频

WordCount

（1）创建 KafkaStructStreamingwWordcount.scala 文件，处理业务逻辑，相关代码如下：

```
1  val words = df.selectExpr("CAST(value AS STRING)").as[String].flatMap(_.
   split(","))
2  val wordCounts = words.groupBy("value").count()
```

第1行代码中使用value获取想要统计的单词并转换成Dataset，然后基于Dataset进行编程。第2行代码用于统计获取单词的个数，wordCounts 相当于业务处理结果。

（2）将业务处理结果写入控制台，相关代码如下：

```
1  val query = wordCounts.writeStream
2    .outputMode("complete")
3    .format("console")
4    .start()
```

第1行代码使用 writeStream 写入业务处理结果，第3行代码中的 format("console") 表示将结果写入 console（控制台），也可以写入 StructStreaming 支持的一些输出。

（3）运行 KafkaStructStreamingwWordcount.scala 文件，启动程序。发送数据进行实时统计，如图 8-34 所示。

图 8-34　发送数据用于实时统计

根据输入的数据，第一批次的实时统计结果如图 8-35 所示。

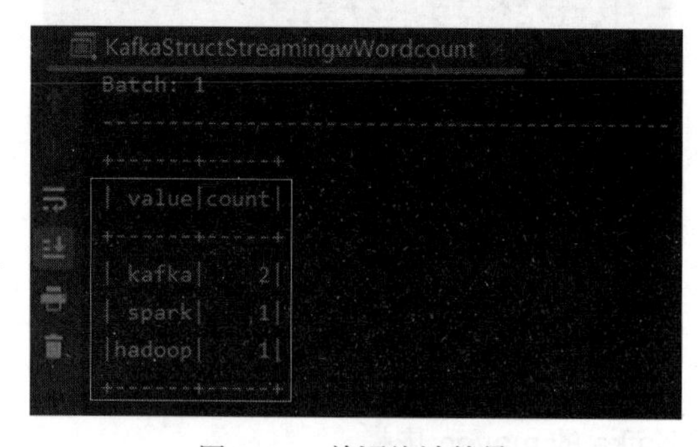

图 8-35　单词统计结果

完整代码：

```
1  package com.spark
2  import org.apache.log4j.{Level, Logger}
3  import org.apache.spark.sql.SparkSession
4  object KafkaStructStreamingwWordcount {
5      def main(args: Array[String]): Unit = {
```

```
6           Logger.getLogger("org").setLevel(Level.WARN)
7             val spark = SparkSession
8               .builder
9               .appName("StructuredNetworkWordCount")
10               .master("local[*]")
11              .getOrCreate()
12            import spark.implicits._
13              // 1. 创建表示来自连接到本地主机: 9999 的输入行流的数据流
14            val df = spark
15              .readStream
16              .format("kafka")
17              .option("kafka.bootstrap.servers", "10.12.30.188:9092")
18              .option("subscribe", "struct")
19              .load()
20              // 1. 将一行数据分割为单词
21            val words = df.selectExpr("CAST(value AS STRING)").as[String].flatMap(_.split(","))
22              // 2. 生成单词计数
23            val wordCounts = words.groupBy("value").count()
24              // 3. 运行将单词计数打印到控制台的查询
25            val query = wordCounts.writeStream
26              .outputMode("complete")
27              .format("console")
28              .start()
29            query.awaitTermination()
30        }
31    }
```

小　　结

本章主要介绍了 Kafka 与 SparkStreaming 和 StructrStreaming 的集成。通过学习 SparkStreaming 与 kafka 的集成，掌握了 SparkStreaming 如何实现 Kafka 消费的不同语义。通过学习 StructrStreaming 与 Kafka 的集成，掌握 StructStreaming 的编程模型及 StructStreaming 的优势。

习　　题

一、编程题

实时流计算:

Kafka 中的数据格式，用如下生产者生产:

```
private val users = Array(
  "df354f90-5acd-4c55-a3e2-adc045f628c3", "e20f8e06-7717-4236-87f0-484a82f00b52",
  "293901ca-9a58-4ef9-8c01-fa3c766ca236", "2b175ac2-f1a6-4fcc-a437-d2f01828b493",
  "27e51fd9-2be9-405c-b81a-b34e2f6379dd", "f3f2c74d-5fe0-4cce-8ce1-a2bdd5ad82b8",
  "ef062789-6214-493d-8aad-4b15f91ec5d3", "569e4b06-9301-4a9d-842c-1e6aa9b4f39b",
  "7637be73-6bd8-4170-890f-6352b21b8ce0", "06321173-8abb-40a8-af66-3dec3ff1ce5d")

private val sites = Array(
    "Android","IOS","PC"
```

```
)
private val random = new Random()
def getUserID():String  = {
    val userPointer = random.nextInt(10)
    users(userPointer)
}
def getSite():String = {
    val sitePointer = random.nextInt(3)
    sites(sitePointer)
}

def click() : Double = {
    random.nextInt(10)
}
val producer = new KafkaProducer[String,String](props)
while (true) {
    val event = new JSONObject()
    event
      .accumulate("uid", getUserID())          // 用户 id
      .accumulate("event_time", System.currentTimeMillis.toString) // 点击时间
      .accumulate("os_type", getSite())        // 终端类型
      .accumulate("click_count", click())      // 点击次数
    // 生成事件消息
    producer.send(new ProducerRecord[String,String](topics,event.toString()))
}
```

要求:

- 每 5 s 统计过去 10 s 每个用户的点击量。
- 将统计结果数据存入 hbase。

```
*-------------------------------------------------------------------------------
     *rowkey      | column family
*-------------------------------------------------------------------------------
     *uID         |  count
*-------------------------------------------------------------------------------
```

练一练参考答案

第 2 章

2.3 节　针对不同应用场景开发生产者。

（1）允许消息重复和少量丢失，要求保证吞吐量。

（2）不允许消息丢失和重复，可以略微降低延迟和吞吐量。

答案：

完整代码：

```
package com.kafka.test.t0203;
import org.apache.kafka.clients.producer.*;
import org.apache.kafka.common.errors.RetriableException;
import java.util.Properties;
import java.util.concurrent.Future;
import java.util.concurrent.TimeUnit;
import java.util.logging.Logger;
public class SendMessage0203 {
    Logger log=Logger.getLogger("SendMessage");
    private  KafkaProducer<String, String> KafkaProducer;
    public static void main(String[] args){
        SendMessage0203 sendMessage=new SendMessage0203();
        //1.配置参数
        Properties properties=sendMessage.initConf();
        //2.创建 kafka 实例
        sendMessage.KafkaProducer=new KafkaProducer<String, String>(properties);
        //3.创建和发送消息
        for(int i=0; i <10; i++){
            //（1）发送忘记。要保证吞吐，允许消息丢失和重复
            sendMessage.forgetandSend(i);
            //（2）同步
            //sendMessage.syncandSend(i);
            //（3）异步
            sendMessage.asyncandSend(i);
    }
        //4.关闭生产者
        sendMessage.KafkaProducer.close();
    }
    public Properties initConf(){
        Properties props=new Properties();
        props.put(ProducerConfig.BOOTSTRAP_SERVERS_CONFIG, "10.12.30.188:9092");
        props.put(ProducerConfig.KEY_SERIALIZER_CLASS_CONFIG, "org.apache.kafka.common.
serialization.StringSerializer");
        props.put(ProducerConfig.VALUE_SERIALIZER_CLASS_CONFIG, "org.apache.kafka.
```

```
common.serialization.StringSerializer");
        //(1) 要保证吞吐量，允许消息丢失和重复
        props.put(ProducerConfig.ACKS_CONFIG, "0");
        //(2) 配置幂等性
        props.put(ProducerConfig.ENABLE_IDEMPOTENCE_CONFIG, true);
        return props;
    }
    public void forgetandSend(int i){
        String topic="p4";
        String value="Forget_"+i;
        KafkaProducer.send(new ProducerRecord<String,String>(topic,value));
        System.out.println("消息发送成功："+value);
        try{
            TimeUnit.SECONDS.sleep(3);
        }catch(InterruptedException e){
            e.printStackTrace();
        }
    }
    public void asyncandSend(int i){
        String topic="p4";
        String value="aSync_A_"+i;
        Future<RecordMetadata> send=KafkaProducer.send(new ProducerRecord
<String, String>(topic, value), new Callback(){
            @Override
            public void onCompletion(RecordMetadata recordMetadata, Exception e){
                if(e!=null){
                    log.info("发生非中断异常处理......："+value);
                    e.printStackTrace();
                    if(e instanceof RetriableException){
                        //配置幂等性。kafka会自动重试
                        log.info("可重试异常处理："+value);
                    }else{
                        //可将消息持久化处理，也可告诉客户端消息失败
                        log.info("不可重试异常处理："+value);
                    }
                }else{
                    log.info("消息发送成功："+value+"，元数据信息topic："+recordMetadata.
topic()+"，pation："+recordMetadata.partition());
                }
            }
        });
        try {
            TimeUnit.SECONDS.sleep(3);
        }catch (InterruptedException e){
            e.printStackTrace();
        }
    }
}
```

第 3 章

3.1 节 根据要求完成生产者的开发。

（1）过滤申请消息中不正确的身份证号。

（2）向 Kafka 发送一个信用卡申请的消息，主要包括属性：消息 id、申请人身份证和申请时间。

（3）根据不同的申请地区，将消息推送到不同的分区。

答案：

完整代码：

（1）

定义身份证过滤规则：

```
package com.kafka.test.t0301;
import java.text.SimpleDateFormat;
import java.util.Calendar;
import java.util.Date;
import java.util.HashMap;
import java.util.Map;
public class ValidateIdCardUtil {
    final static Map<Integer, String> zoneNum=new HashMap<Integer, String>();
    static {
        zoneNum.put(11, "北京");
        zoneNum.put(12, "天津");
        zoneNum.put(13, "河北");
        zoneNum.put(14, "山西");
        zoneNum.put(15, "内蒙古");
        zoneNum.put(21, "辽宁");
        zoneNum.put(22, "吉林");
        zoneNum.put(23, "黑龙江");
        zoneNum.put(31, "上海");
        zoneNum.put(32, "江苏");
        zoneNum.put(33, "浙江");
        zoneNum.put(34, "安徽");
        zoneNum.put(35, "福建");
        zoneNum.put(36, "江西");
        zoneNum.put(37, "山东");
        zoneNum.put(41, "河南");
        zoneNum.put(42, "湖北");
        zoneNum.put(43, "湖南");
        zoneNum.put(44, "广东");
        zoneNum.put(45, "广西");
        zoneNum.put(46, "海南");
        zoneNum.put(50, "重庆");
        zoneNum.put(51, "四川");
        zoneNum.put(52, "贵州");
        zoneNum.put(53, "云南");
        zoneNum.put(54, "西藏");
        zoneNum.put(61, "陕西");
        zoneNum.put(62, "甘肃");
        zoneNum.put(63, "青海");
        zoneNum.put(64, "新疆");
        zoneNum.put(71, "台湾");
        zoneNum.put(81, "香港");
        zoneNum.put(82, "澳门");
        zoneNum.put(91, "外国");
    }
    final static int[] PARITYBIT={'1','0','X','9','8','7','6','5','4','3','2'};
    final static int[] POWER_LIST={ 7, 9, 10, 5, 8, 4, 2, 1, 6, 3, 7, 9, 10,5, 8, 4, 2};
    /**
```

```
     * 身份证验证
     *@param  certNo 号码内容
     *@return 是否有效 null和""都是 false
     */
    public static boolean isIDCard(String certNo){
        if(certNo==null||(certNo.length()!=15 && certNo.length()!=18))
            return false;
        final char[] cs=certNo.toUpperCase().toCharArray();
        //校验位数
        int power=0;
        for(int i=0; i<cs.length; i++){
            if(i==cs.length-1 && cs[i]=='X')
                break;                    //最后一位可以是X或x
            if(cs[i]<'0'||cs[i]>'9')
                return false;
            if(i<cs.length -1){
                power+=(cs[i]-'0')*POWER_LIST[i];
            }
        }
        //校验区位码
        if(!zoneNum.containsKey(Integer.valueOf(certNo.substring(0,2)))){
             return false;
        }
        //校验年份
        String year=null;
        year=certNo.length()==15?getIdcardCalendar(certNo):certNo.substring(6, 10);
        final int iyear=Integer.parseInt(year);
        if(iyear < 1900 || iyear > Calendar.getInstance().get(Calendar.YEAR))
             return false;                //1900年的PASS，超过今年的PASS
        //校验月份
        String month=certNo.length()==15?certNo.substring(8, 10): certNo.substring(10,12);
        final int imonth=Integer.parseInt(month);
        if(imonth <1 || imonth >12){
             return false;
        }
        //校验天数
        String day=certNo.length()==15? certNo.substring(10, 12): certNo.substring(12, 14);
        final int iday=Integer.parseInt(day);
        if(iday < 1 || iday > 31)
             return false;
        //校验“校验码”
        if(certNo.length()==15)
             return true;
        return cs[cs.length-1]==PARITYBIT[power % 11];
    }
    private static String getIdcardCalendar(String certNo){
        //获取出生年月日
        String birthday=certNo.substring(6, 12);
        SimpleDateFormat ft= new SimpleDateFormat("yyMMdd");
        Date birthdate=null;
        try{
            birthdate=ft.parse(birthday);
        }catch(java.text.ParseException e){
            e.printStackTrace();
        }
```

```
        Calendar cday=Calendar.getInstance();
        cday.setTime(birthdate);
        String year=String.valueOf(cday.get(Calendar.YEAR));
        return year;
    }
}
```

利用 ValidateIdCardUtil 定义的规则，实现不正确身份的过滤和拦截：

```
package com.kafka.test.t0301;
import org.apache.kafka.clients.producer.ProducerInterceptor;
import org.apache.kafka.clients.producer.ProducerRecord;
import org.apache.kafka.clients.producer.RecordMetadata;
import java.util.Map;
public class IdentifierInterceptor implements ProducerInterceptor<String,ApplicationInfo>{
    private static final String PREFIX="010_";
    private int errorCounter=0;
    private int sucessCounter=0;
    @Override
    public ProducerRecord onSend(ProducerRecord<String,ApplicationInfo> producerRecord){
        System.out.println("过滤身份信息......");
        ApplicationInfo value=producerRecord.value();
        String idcard=value.getIdcard();
        ProducerRecord result=null;
        if(ValidateIdCardUtil.isIDCard(idcard)){
            result =new ProducerRecord(producerRecord.topic(), producerRecord.partition(),
producerRecord.key(), value);
        }
        return result;
    }
    @Override
    public void onAcknowledgement(RecordMetadata recordMetadata, Exception e){
        System.out.println("3.接受消息信息......");
        if(e!=null){
            e.printStackTrace();
            errorCounter++;
        }else{
            sucessCounter++;
        }
    }
    @Override
    public void close(){
        System.out.println("4.清理资源......");
        System.out.println("errorCounter="+errorCounter+", sucessCounter="+sucessCounter);
    }
    @Override
    public void configure(Map<String, ?> map){
        System.out.println("1.修改配置信息......");
    }
}
```

(2)

```
package com.kafka.test.t0301;
import org.apache.kafka.common.serialization.Serializer;
```

```
import org.codehaus.jackson.map.ObjectMapper;
import java.util.Map;
public class ApplicationInfoSerilizer implements Serializer<ApplicationInfo> {
    private String encoding="UTF-8";
    private ObjectMapper objectMapper=new ObjectMapper();

    @Override
    public void configure(Map<String, ?> config, boolean iskey){
        String encodingvalue=iskey? "key.serializer.encoding": "key.serializer.encoding";
        Object ev=config.get(encodingvalue);
        if(ev==null){
           ev=config.get("serializer.encoding");
        }
        if(ev != null && ev instanceof String){
           encoding=(String) ev;
        }
    }
    @Override
    public byte[] serialize(String s, ApplicationInfo info){
        byte[] ret=null;
        try {
             ret=objectMapper.writeValueAsString(info).getBytes(encoding);
        } catch (Exception e){
        }
        return ret;
    }
    @Override
    public void close(){
    }
}
class ApplicationInfo {
    private int id;
    private String idcard;
    private long applayTime;
    public int getId(){
        return id;
    }
    public void setId(int id){
        this.id=id;
    }
    public String getIdcard(){
        return idcard;
    }
    public void setIdcard(String idcard){
        this.idcard=idcard;
    }
    public long getApplayTime(){
        return applayTime;
    }
    public void setApplayTime(long applayTime){
        this.applayTime=applayTime;
    }
}
```

(3)

```
package com.kafka.test.t0301;
import org.apache.kafka.clients.producer.Partitioner;
import org.apache.kafka.common.Cluster;
import org.apache.kafka.common.PartitionInfo;
import java.util.List;
import java.util.Map;
public class ApplicationInfoPartioner implements Partitioner {
    @Override
    public int partition(String topic, Object key, byte[] keybytes, Object value, byte[] valuebytes1, Cluster cluster){
        int pnum=0;
        List<PartitionInfo> partitionInfos=cluster.availablePartitionsForTopic(topic);
       if(value instanceof ApplicationInfo){
           String area=((ApplicationInfo) value).getIdcard().substring(0, 2);
           Integer integer=Integer.valueOf(area);
           pnum=(integer)%partitionInfos.size();
       }
        return pnum;
    }
    @Override
    public void close(){
        System.out.println("close");
    }
    @Override
    public void configure(Map<String, ?> map){
        System.out.println("configure");
    }
}
```

第4章

4.3节　使用Kafka异步提交Person对象。

(1) Person对象包含姓名、性别和身份证三个属性。

(2) 使用protobuf序列化方式。

(3) 将提交失败的数据记录到本地磁盘。

答案：

完整代码：

(1)

定义一个protobuf文件：

```
syntax="proto2";
option java_package="com.kafka.test.t0403.generate";
option java_outer_classname="KafkaMsg";
message Person{
   required string name=1;
   required bool sex=2;
   required string idcard=3;
}
```

(2)

生成序列化文件对应的java类：

```
//由协议缓冲区编译器生成的。DO NOT EDIT!
//source: com/kafka/test/t0403/protobuf/KafkaMsg.proto
package com.kafka.test.t0403.generate;
public final class KafkaMsg {
    private KafkaMsg(){}
    public static void registerAllExtensions(
        com.google.protobuf.ExtensionRegistry registry){
    }
    public interface PersonOrBuilder extends com.google.protobuf.MessageOrBuilder {
        //required string name=1;
        /**
         *<code>required string name=1;</code>
         */
        boolean hasName();
        /**
         *<code>required string name=1;</code>
         */
        java.lang.String getName();
        /**
         *<code>required string name=1;</code>
         */
        com.google.protobuf.ByteString
            getNameBytes();
        //required bool sex=2;
        /**
         *<code>required bool sex=2;</code>
         */
        boolean hasSex();
        /**
         *<code>required bool sex=2;</code>
         */
        boolean getSex();
        //required string idcard=3;
        /**
         *<code>required string idcard=3;</code>
         */
        boolean hasIdcard();
        /**
         *<code>required string idcard=3;</code>
         */
        java.lang.String getIdcard();
        /**
         *<code>required string idcard=3;</code>
         */
        com.google.protobuf.ByteString
            getIdcardBytes();
      }
      /**
       *Protobuf type {@code Person}
       */
    public static final class Person extends com.google.protobuf.GeneratedMessage
implements PersonOrBuilder {
      //Use Person.newBuilder() to construct.
    private Person(com.google.protobuf.GeneratedMessage.Builder<?> builder){
        super(builder);
```

```
            this.unknownFields=builder.getUnknownFields();
        }
        private Person(boolean noInit){
            this.unknownFields=com.google.protobuf.UnknownFieldSet.
getDefaultInstance();
        }
        private static final Person defaultInstance;
        public static Person getDefaultInstance(){
          return defaultInstance;
        }
        public Person getDefaultInstanceForType(){
          return defaultInstance;
        }
        private final com.google.protobuf.UnknownFieldSet unknownFields;
        @java.lang.Override
        public final com.google.protobuf.UnknownFieldSet getUnknownFields(){
          return this.unknownFields;
        }
        private Person(
            com.google.protobuf.CodedInputStream input,
            com.google.protobuf.ExtensionRegistryLite extensionRegistry)
            throws com.google.protobuf.InvalidProtocolBufferException {
          initFields();
          int mutable_bitField0_=0;
          com.google.protobuf.UnknownFieldSet.Builder unknownFields =
              com.google.protobuf.UnknownFieldSet.newBuilder();
          try{
            boolean done=false;
            while(!done){
              int tag=input.readTag();
              switch (tag){
                case 0:
                  done=true;
                  break;
                default: {
                     if(!parseUnknownField(input, unknownFields,extensionRegistry,
        tag)){
                    done=true;
                  }
                  break;
                }
                case 10:{
                  bitField0_ |= 0x00000001;
                  name_=input.readBytes();
                  break;
                }
                case 16:{
                  bitField0_ |= 0x00000002;
                  sex_=input.readBool();
                  break;
                }
                case 26:{
                  bitField0_ |= 0x00000004;
                  idcard_=input.readBytes();
                  break;
```

```
            }
          }
        }
      }catch(com.google.protobuf.InvalidProtocolBufferException e){
       throw e.setUnfinishedMessage(this);
      }catch(java.io.IOException e){
        throw new com.google.protobuf.InvalidProtocolBufferException(
            e.getMessage()).setUnfinishedMessage(this);
      }finally{
       this.unknownFields=unknownFields.build();
       makeExtensionsImmutable();
      }
    }
    public static final com.google.protobuf.Descriptors.Descriptor
        getDescriptor(){
        return com.kafka.test.t0403.generate.KafkaMsg.internal_static_Person_descriptor;
    }
    protected com.google.protobuf.GeneratedMessage.FieldAccessorTable
        internalGetFieldAccessorTable(){
        return com.kafka.test.t0403.generate.KafkaMsg.internal_static_Person_fieldAccessorTable
           .ensureFieldAccessorsInitialized(
              com.kafka.test.t0403.generate.KafkaMsg.Person.class,
              com.kafka.test.t0403.generate.KafkaMsg.Person.Builder.class);
    }

    public static com.google.protobuf.Parser<Person> PARSER =
        new com.google.protobuf.AbstractParser<Person>(){
      public Person parsePartialFrom(
          com.google.protobuf.CodedInputStream input,
          com.google.protobuf.ExtensionRegistryLite extensionRegistry)
          throws com.google.protobuf.InvalidProtocolBufferException {
        return new Person(input, extensionRegistry);
      }
    };
    @java.lang.Override
    public com.google.protobuf.Parser<Person> getParserForType(){
      return PARSER;
    }
    private int bitField0_;
    //required string name=1;
    public static final int NAME_FIELD_NUMBER=1;
    private java.lang.Object name_;
    /**
     *<code>required string name=1;</code>
     */
    public boolean hasName(){
      return ((bitField0_ & 0x00000001)==0x00000001);
    }
    /**
     *<code>required string name=1;</code>
     */
    public java.lang.String getName(){
      java.lang.Object ref=name_;
      if(ref instanceof java.lang.String){
        return (java.lang.String) ref;
```

```
      }else {
        com.google.protobuf.ByteString bs=(com.google.protobuf.ByteString) ref;
        java.lang.String s=bs.toStringUtf8();
        if(bs.isValidUtf8()){
          name_=s;
        }
        return s;
      }
    }
    /**
     *<code>required string name=1;</code>
     */
    public com.google.protobuf.ByteString getNameBytes(){
      java.lang.Object ref=name_;
      if(ref instanceof java.lang.String){
        com.google.protobuf.ByteString b=
            com.google.protobuf.ByteString.copyFromUtf8((java.lang.String) ref);
        name_=b;
        return b;
      }else{
       return (com.google.protobuf.ByteString) ref;
      }
    }
    //required bool sex=2;
    public static final int SEX_FIELD_NUMBER=2;
    private boolean sex_;
    /**
     *<code>required bool sex=2;</code>
     */
    public boolean hasSex(){
      return((bitField0_ & 0x00000002)==0x00000002);
    }
    /**
     *<code>required bool sex=2;</code>
     */
    public boolean getSex(){
      return sex_;
    }
    //required string idcard=3;
    public static final int IDCARD_FIELD_NUMBER=3;
    private java.lang.Object idcard_;
    /**
     *<code>required string idcard=3;</code>
     */
    public boolean hasIdcard(){
      return ((bitField0_ & 0x00000004)==0x00000004);
    }
    /**
     *<code>required string idcard=3;</code>
     */
  public java.lang.String getIdcard(){
    java.lang.Object ref=idcard_;
    if(ref instanceof java.lang.String){
        return (java.lang.String) ref;
     }else{
```

```
        com.google.protobuf.ByteString bs=(com.google.protobuf.ByteString) ref;
        java.lang.String s=bs.toStringUtf8();
        if(bs.isValidUtf8()){
          idcard_=s;
        }
        return s;
      }
    }
    /**
     *<code>required string idcard=3;</code>
     */
    public com.google.protobuf.ByteStringgetIdcardBytes(){
      java.lang.Object ref=idcard_;
      if(ref instanceof java.lang.String){
        com.google.protobuf.ByteString b=
            com.google.protobuf.ByteString.copyFromUtf8(
                (java.lang.String) ref);
        idcard_=b;
        return b;
      }else{
        return (com.google.protobuf.ByteString) ref;
      }
    }
    private void initFields(){
      name_="";
      sex_=false;
      idcard_="";
    }
    private byte memoizedIsInitialized=-1;
    public final boolean isInitialized(){
      byte isInitialized=memoizedIsInitialized;
      if(isInitialized != -1)
         return isInitialized==1;
      if(!hasName()){
         memoizedIsInitialized=0;
         return false;
      }
      if(!hasSex()){
         memoizedIsInitialized=0;
         return false;
      }
      if(!hasIdcard()){
         memoizedIsInitialized=0;
         return false;
      }
      memoizedIsInitialized=1;
      return true;
    }
    public void writeTo(com.google.protobuf.CodedOutputStream output)
                         throws java.io.IOException {
      getSerializedSize();
      if(((bitField0_ & 0x00000001)==0x00000001)){
        output.writeBytes(1, getNameBytes());
      }
      if(((bitField0_ & 0x00000002)==0x00000002)){
```

```
        output.writeBool(2, sex_);
      }
      if(((bitField0_ & 0x00000004)==0x00000004)){
        output.writeBytes(3, getIdcardBytes());
      }
      getUnknownFields().writeTo(output);
    }
    private int memoizedSerializedSize=-1;
    public int getSerializedSize(){
      int size=memoizedSerializedSize;
      if(size != -1) return size;
      size=0;
      if(((bitField0_ & 0x00000001)==0x00000001)){
        size+=com.google.protobuf.CodedOutputStream
          .computeBytesSize(1, getNameBytes());
      }
      if(((bitField0_ & 0x00000002)==0x00000002)){
        size += com.google.protobuf.CodedOutputStream.computeBoolSize(2, sex_);
      }
      if(((bitField0_ & 0x00000004)==0x00000004)){
        size+=com.google.protobuf.CodedOutputStream
          .computeBytesSize(3, getIdcardBytes());
      }
      size += getUnknownFields().getSerializedSize();
      memoizedSerializedSize=size;
      return size;
    }
    private static final long serialVersionUID=0L;
    @java.lang.Override
    protected java.lang.Object writeReplace()
        throws java.io.ObjectStreamException {
      return super.writeReplace();
    }
    public static com.kafka.test.t0403.generate.KafkaMsg.Person parseFrom(
        com.google.protobuf.ByteString data)
        throws com.google.protobuf.InvalidProtocolBufferException {
      return PARSER.parseFrom(data);
    }
    public static com.kafka.test.t0403.generate.KafkaMsg.Person parseFrom(
        com.google.protobuf.ByteString data,
        com.google.protobuf.ExtensionRegistryLite extensionRegistry)
        throws com.google.protobuf.InvalidProtocolBufferException {
      return PARSER.parseFrom(data, extensionRegistry);
    }
    public static com.kafka.test.t0403.generate.KafkaMsg.Person parseFrom(byte[] data)
        throws com.google.protobuf.InvalidProtocolBufferException {
      return PARSER.parseFrom(data);
    }
    public static com.kafka.test.t0403.generate.KafkaMsg.Person parseFrom(
        byte[] data,
        com.google.protobuf.ExtensionRegistryLite extensionRegistry)
        throws com.google.protobuf.InvalidProtocolBufferException {
      return PARSER.parseFrom(data, extensionRegistry);
    }
    public static com.kafka.test.t0403.generate.KafkaMsg.Person parseFrom(java.
```

```
        io.InputStream input)throws java.io.IOException {
      return PARSER.parseFrom(input);
    }
        public static com.kafka.test.t0403.generate.KafkaMsg.Person parseFrom(
        java.io.InputStream input,
        com.google.protobuf.ExtensionRegistryLite extensionRegistry)
        throws java.io.IOException {
      return PARSER.parseFrom(input, extensionRegistry);
    }
     public static com.kafka.test.t0403.generate.KafkaMsg.Person parseDelimitedFrom
        (java.io.InputStream input)throws java.io.IOException {
      return PARSER.parseDelimitedFrom(input);
    }
        public static com.kafka.test.t0403.generate.KafkaMsg.Person parseDelimitedFrom(
        java.io.InputStream input,
        com.google.protobuf.ExtensionRegistryLite extensionRegistry)
        throws java.io.IOException {
      return PARSER.parseDelimitedFrom(input, extensionRegistry);
    }
    public static com.kafka.test.t0403.generate.KafkaMsg.Person parseFrom(
        com.google.protobuf.CodedInputStream input)
        throws java.io.IOException {
      return PARSER.parseFrom(input);
    }
    public static com.kafka.test.t0403.generate.KafkaMsg.Person parseFrom(
        com.google.protobuf.CodedInputStream input,
        com.google.protobuf.ExtensionRegistryLite extensionRegistry)
        throws java.io.IOException {
      return PARSER.parseFrom(input, extensionRegistry);
    }
    public static Builder newBuilder(){
       return Builder.create();
       }
    public Builder newBuilderForType(){
       return newBuilder();
       }
    public static Builder newBuilder(com.kafka.test.t0403.generate.KafkaMsg.Person prototype){
      return newBuilder().mergeFrom(prototype);
    }
    public Builder toBuilder(){ return newBuilder(this); }

    @java.lang.Override
    protected Builder newBuilderForType(
         com.google.protobuf.GeneratedMessage.BuilderParent parent){
     Builder builder=new Builder(parent);
      return builder;
    }
    /**
     *Protobuf type {@code Person}
     */
    public static final class Builder extends
        com.google.protobuf.GeneratedMessage.Builder<Builder>
       implements com.kafka.test.t0403.generate.KafkaMsg.PersonOrBuilder {
      public static final com.google.protobuf.Descriptors.DescriptorgetDescriptor(){
       return com.kafka.test.t0403.generate.KafkaMsg.internal_static_Person_descriptor;
```

```
        }
        protected com.google.protobuf.GeneratedMessage.FieldAccessorTable
            internalGetFieldAccessorTable(){
          return  com.kafka.test.t0403.generate.KafkaMsg.internal_static_Person_
fieldAccessorTable
              .ensureFieldAccessorsInitialized(
                    com.kafka.test.t0403.generate.KafkaMsg.Person.class, com.kafka.
                      test.t0403.generate.KafkaMsg.Person.Builder.class);
        }
        //Construct using com.kafka.test.t0403.generate.KafkaMsg.Person.newBuilder()
        private Builder(){
          maybeForceBuilderInitialization();
        }
        private Builder(
            com.google.protobuf.GeneratedMessage.BuilderParent parent){
          super(parent);
          maybeForceBuilderInitialization();
        }
        private void maybeForceBuilderInitialization(){
          if (com.google.protobuf.GeneratedMessage.alwaysUseFieldBuilders){
          }
        }
        private static Builder create(){
          return new Builder();
        }
        public Builder clear(){
          super.clear();
          name_="";
          bitField0_=(bitField0_ & ~0x00000001);
          sex_=false;
          bitField0_=(bitField0_ & ~0x00000002);
          idcard_="";
          bitField0_=(bitField0_ & ~0x00000004);
          return this;
        }
        public Builder clone(){
          return create().mergeFrom(buildPartial());
        }
        public com.google.protobuf.Descriptors.Descriptor getDescriptorForType(){
          return com.kafka.test.t0403.generate.KafkaMsg.internal_static_Person_descriptor;
        }
        public com.kafka.test.t0403.generate.KafkaMsg.Person getDefaultInstanceForType(){
          return com.kafka.test.t0403.generate.KafkaMsg.Person.getDefaultInstance();
        }

        public com.kafka.test.t0403.generate.KafkaMsg.Person build(){
          com.kafka.test.t0403.generate.KafkaMsg.Person result=buildPartial();
          if (!result.isInitialized()){
            throw newUninitializedMessageException(result);
          }
          return result;
        }
        public com.kafka.test.t0403.generate.KafkaMsg.Person buildPartial(){
          com.kafka.test.t0403.generate.KafkaMsg.Person result=new com.kafka.test.
            t0403.generate.KafkaMsg.Person(this);
```

```
int from_bitField0_=bitField0_;
int to_bitField0_=0;
if(((from_bitField0_ & 0x00000001)==0x00000001)){
  to_bitField0_ |= 0x00000001;
}
result.name_=name_;
if(((from_bitField0_ & 0x00000002)==0x00000002)){
  to_bitField0_ |= 0x00000002;
}
result.sex_=sex_;
if(((from_bitField0_ & 0x00000004)==0x00000004)){
  to_bitField0_ |= 0x00000004;
}
result.idcard_=idcard_;
result.bitField0_=to_bitField0_;
onBuilt();
return result;
}
public Builder mergeFrom(com.google.protobuf.Message other){
  if(other instanceof com.kafka.test.t0403.generate.KafkaMsg.Person){
    return mergeFrom((com.kafka.test.t0403.generate.KafkaMsg.Person)other);
  }else{
    super.mergeFrom(other);
    return this;
  }
}
public Builder mergeFrom(com.kafka.test.t0403.generate.KafkaMsg.Person other){
    if(other==com.kafka.test.t0403.generate.KafkaMsg.Person.getDefaultInstance())
        return this;
    if(other.hasName()){
      bitField0_ |= 0x00000001;
      name_=other.name_;
      onChanged();
  }
  if(other.hasSex()){
    setSex(other.getSex());
  }
  if(other.hasIdcard()){
    bitField0_ |= 0x00000004;
    idcard_=other.idcard_;
    onChanged();
  }
  this.mergeUnknownFields(other.getUnknownFields());
  return this;
}
public final boolean isInitialized(){
  if(!hasName()){

    return false;
  }
  if(!hasSex()){

    return false;
  }
  if(!hasIdcard()){
```

```
                return false;
            }
            return true;
        }
        public Builder mergeFrom(
            com.google.protobuf.CodedInputStream input,
            com.google.protobuf.ExtensionRegistryLite extensionRegistry)
            throws java.io.IOException {
          com.kafka.test.t0403.generate.KafkaMsg.Person parsedMessage=null;
          try {
            parsedMessage=PARSER.parsePartialFrom(input, extensionRegistry);
          }catch(com.google.protobuf.InvalidProtocolBufferException e){
             parsedMessage=(com.kafka.test.t0403.generate.KafkaMsg.Person)e.
getUnfinishedMessage();
            throw e;
          }finally {
             if(parsedMessage != null){
               mergeFrom(parsedMessage);
             }
          }
          return this;
        }
        private int bitField0_;
        //required string name=1;
        private java.lang.Object name_="";
        /**
         *<code>required string name=1;</code>
         */
        public boolean hasName(){
          return((bitField0_ & 0x00000001)==0x00000001);
        }
        /**
         *<code>required string name=1;</code>
         */
        public java.lang.String getName(){
          java.lang.Object ref=name_;
          if(!(ref instanceof java.lang.String)){
            java.lang.String s=((com.google.protobuf.ByteString) ref)
                .toStringUtf8();
            name_=s;
            return s;
          }else{
           return (java.lang.String) ref;
          }
        }
        /**
         *<code>required string name=1;</code>
         */
        public com.google.protobuf.ByteString getNameBytes(){
          java.lang.Object ref=name_;
          if(ref instanceof String){
            com.google.protobuf.ByteString b=
                com.google.protobuf.ByteString.copyFromUtf8((java.lang.String) ref);
            name_=b;
```

```
        return b;
      }else{
        return (com.google.protobuf.ByteString) ref;
      }
    }
    /**
     *<code>required string name=1;</code>
     */
    public Builder setName(java.lang.String value){
      if(value==null){
         throw new NullPointerException();
      }
      bitField0_ |= 0x00000001;
      name_=value;
      onChanged();
      return this;
    }
    /**
     *<code>required string name=1;</code>
     */
    public Builder clearName(){
        bitField0_=(bitField0_ & ~0x00000001);
        name_=getDefaultInstance().getName();
        onChanged();
        return this;
    }
    /**
     *<code>required string name=1;</code>
     */
    public Builder setNameBytes(com.google.protobuf.ByteString value){
      if(value==null){
          throw new NullPointerException();
      }
      bitField0_ |= 0x00000001;
      name_=value;
      onChanged();
      return this;
    }
    //required bool sex=2;
    private boolean sex_;
    /**
     *<code>required bool sex=2;</code>
     */
    public boolean hasSex(){
      return((bitField0_ & 0x00000002)==0x00000002);
    }
    /**
     *<code>required bool sex=2;</code>
     */
    public boolean getSex(){
      return sex_;
    }
    /**
     *<code>required bool sex=2;</code>
     */
```

```
public Builder setSex(boolean value){
  bitField0_ |= 0x00000002;
  sex_=value;
  onChanged();
  return this;
}
/**
 *<code>required bool sex=2;</code>
 */
public Builder clearSex(){
  bitField0_=(bitField0_ & ~0x00000002);
  sex_=false;
  onChanged();
  return this;
}

//required string idcard=3;
private java.lang.Object idcard_="";
/**
 *<code>required string idcard=3;</code>
 */
public boolean hasIdcard(){
  return ((bitField0_ & 0x00000004)==0x00000004);
}
/**
 *<code>required string idcard=3;</code>
 */
public java.lang.String getIdcard(){
  java.lang.Object ref=idcard_;
  if(!(ref instanceof java.lang.String)){
     java.lang.String s=((com.google.protobuf.ByteString) ref).toStringUtf8();
     idcard_=s;
     return s;
  }else{
    return (java.lang.String) ref;
  }
}
/**
 *<code>required string idcard=3;</code>
 */
public com.google.protobuf.ByteStringgetIdcardBytes(){
  java.lang.Object ref=idcard_;
  if(ref instanceof String){
     com.google.protobuf.ByteString b=
         com.google.protobuf.ByteString.copyFromUtf8((java.lang.String) ref);
     idcard_=b;
     return b;
  }else {
   return (com.google.protobuf.ByteString) ref;
  }
}
/**
 *<code>required string idcard=3;</code>
 */
public Builder setIdcard(java.lang.String value){
```

```
            if(value==null){
                throw new NullPointerException();
            }
            bitField0_ |= 0x00000004;
            idcard_=value;
            onChanged();
            return this;
          }
          /**
           *<code>required string idcard=3;</code>
           */
            public Builder clearIdcard(){
                bitField0_=(bitField0_ & ~0x00000004);
                idcard_=getDefaultInstance().getIdcard();
                onChanged();
                return this;
          }
          /**
           *<code>required string idcard=3;</code>
           */
          public Builder setIdcardBytes(com.google.protobuf.ByteString value){
            if(value==null){
               throw new NullPointerException();
            }
            bitField0_ |= 0x00000004;
            idcard_=value;
            onChanged();
            return this;
          }
          //@@protoc_insertion_point(builder_scope:Person)
        }
        static{
           defaultInstance=new Person(true);
           defaultInstance.initFields();
        }
        //@@protoc_insertion_point(class_scope:Person)
      }
      private static com.google.protobuf.Descriptors.Descriptor
        internal_static_Person_descriptor;
      private static com.google.protobuf.GeneratedMessage.FieldAccessorTable
          internal_static_Person_fieldAccessorTable;
      public static com.google.protobuf.Descriptors.FileDescriptor getDescriptor(){
        return descriptor;
      }
      private static com.google.protobuf.Descriptors.FileDescriptor descriptor;
      static{
        java.lang.String[] descriptorData={
          "\n,com/kafka/test/t0403/protobuf/KafkaMsg"+
          ".proto\"3\n\006Person\022\014\n\004name\030\001 \002(\t\022\013\n\003sex\030\002"+
          "\002(\010\022\016\n\006idcard\030\003 \002(\tB)\n\035com.kafka.test.t0" +
          "403.generateB\010KafkaMsg"
        };
       com.google.protobuf.Descriptors.FileDescriptor.InternalDescriptorAssigner assigner=
           new com.google.protobuf.Descriptors.FileDescriptor.InternalDescriptorAssigner(){
            public com.google.protobuf.ExtensionRegistry assignDescriptors(
```

```
            com.google.protobuf.Descriptors.FileDescriptor root){
          descriptor=root;
          internal_static_Person_descriptor =
            getDescriptor().getMessageTypes().get(0);
          internal_static_Person_fieldAccessorTable=new
            com.google.protobuf.GeneratedMessage.FieldAccessorTable(
              internal_static_Person_descriptor,
              new java.lang.String[] {"Name", "Sex", "Idcard", });
          return null;
        }
      };
    com.google.protobuf.Descriptors.FileDescriptor
      .internalBuildGeneratedFileFrom(descriptorData,
        new com.google.protobuf.Descriptors.FileDescriptor[] {}, assigner);
  }
  //@@protoc_insertion_point(outer_class_scope)
}
```

序列化：

```
package com.kafka.test.t0403;
import com.kafka.generate.Account;
import com.kafka.test.t0403.generate.KafkaMsg;
import org.apache.kafka.common.serialization.Serializer;
import java.util.Map;

public class PersonSerial implements Serializer<KafkaMsg.Person> {
    @Override
    public void configure(Map map, boolean b){
    }
    @Override
    public byte[] serialize(String s, KafkaMsg.Person person){
        return person.toByteArray();
    }
    @Override
    public void close(){
    }
}
```

反序列化：

```
package com.kafka.test.t0403;
import com.google.protobuf.InvalidProtocolBufferException;
import com.kafka.generate.Account;
import com.kafka.test.t0403.generate.KafkaMsg;
import org.apache.kafka.common.serialization.Deserializer;
import java.util.Map;
public class PersonDeserial implements Deserializer<KafkaMsg.Person> {

    @Override
    public void configure(Map map, boolean b){
    }
    @Override
    public KafkaMsg.Person deserialize(String s, byte[] bytes){
        KafkaMsg.Person person=null;
```

```
        try{
            person=KafkaMsg.Person.parseFrom(bytes);
        }catch(InvalidProtocolBufferException e){
            e.printStackTrace();
        }
        return person;
    }
    @Override
    public void close(){
    }
}
```

(3)

利用异步提交的回调，将提交失败的记录，根据偏移量、主题和分区持久化文件：

```
package com.kafka.test.t0403;

import com.kafka.ConfUtils;
import com.kafka.generate.Account;
import com.kafka.test.t0403.generate.KafkaMsg;
import org.apache.kafka.clients.consumer.*;
import org.apache.kafka.common.TopicPartition;
import java.io.File;
import java.io.FileWriter;
import java.io.IOException;
import java.io.PrintWriter;
import java.time.Duration;
import java.util.Arrays;
import java.util.HashMap;
import java.util.Map;
import java.util.Properties;
import java.util.logging.Logger;
public class PersonConsumer {
    static Logger log=Logger.getLogger("PersonConsumer");
    static Map<String, String> offset_value=new HashMap<>();
    static String  file="e://data";
    public static void main(String[] args){
        //1.参数
        Properties properties=ConfUtils.initConsumerConf();
        //2.消费
        KafkaConsumer<String, String> consumer=new KafkaConsumer<>(properties);
        consumer.subscribe(Arrays.asList("person"));
        //consumer.assign(Arrays.asList(new TopicPartition("p10",0)));
        //3.消费消息
        try{
            while(true){
                //(1)抓取消息
                ConsumerRecords<String, String>
                    records=consumer.poll(Duration.ofMillis(100));
                //(2)处理消息
                for(ConsumerRecord<String, String> r : records){
```

```
                log.info("topic="+ r.topic()+", partion="+r.partition()+",
                    offset="+r.offset()+", value="+r.value());
                String key=r.topic() + r.partition() + r.offset();
                offset_value.put(key, r.value());
            }
            consumer.commitAsync(new OffsetCommitCallback(){
                @Override
                public void onComplete(Map<TopicPartition,
                   OffsetAndMetadata> map, Exception e){

                   //异常处理逻辑，数据持久化本地文件
                   for(Map.Entry<TopicPartition, OffsetAndMetadata>
                       topicPartitionOffsetAndMetadataEntry: map.entrySet()){
                       TopicPartition key=
                           topicPartitionOffsetAndMetadataEntry.getKey();
                       OffsetAndMetadata value=
                           topicPartitionOffsetAndMetadataEntry.getValue();
                       int partition=key.partition();
                       String topic=key.topic();
                       long offset=value.offset();
                       String tpo=topic + partition + offset;
                       if(e!= null){
                           String data=offset_value.get(tpo);
                           if(data != null){
                              writeData(tpo + "," + data);
                           }
                       }
                       offset_value.remove(tpo);
                   }
                }
            });
        }
    }finally{
       consumer.commitSync();
       consumer.close();
    }
}
public static void writeData(String msg){
    FileWriter fw=null;
    try{
       //如果文件存在，则追加内容；如果文件不存在，则创建文件
        File f=new File(file);
        fw=new FileWriter(f, true);
    }catch(IOException e){
        e.printStackTrace();
    }
    PrintWriter pw=new PrintWriter(fw);
    pw.println(msg);
    pw.flush();
    try{
```

```
                fw.flush();
                pw.close();
                fw.close();
            }catch(IOException e){
                e.printStackTrace();
            }
        }
    }
```

习题参考答案

第 1 章

一、填空题

1. 消息系统、流处理、数据存储

2. 队列、发布订阅

3. 副本

4.16

二、简答题

1. 消息系统的作用有哪些？

答：解耦、异步、错峰与流控、最终一致性。

2. 画图描述生产者、消费者、broke、主题和分区的关系。

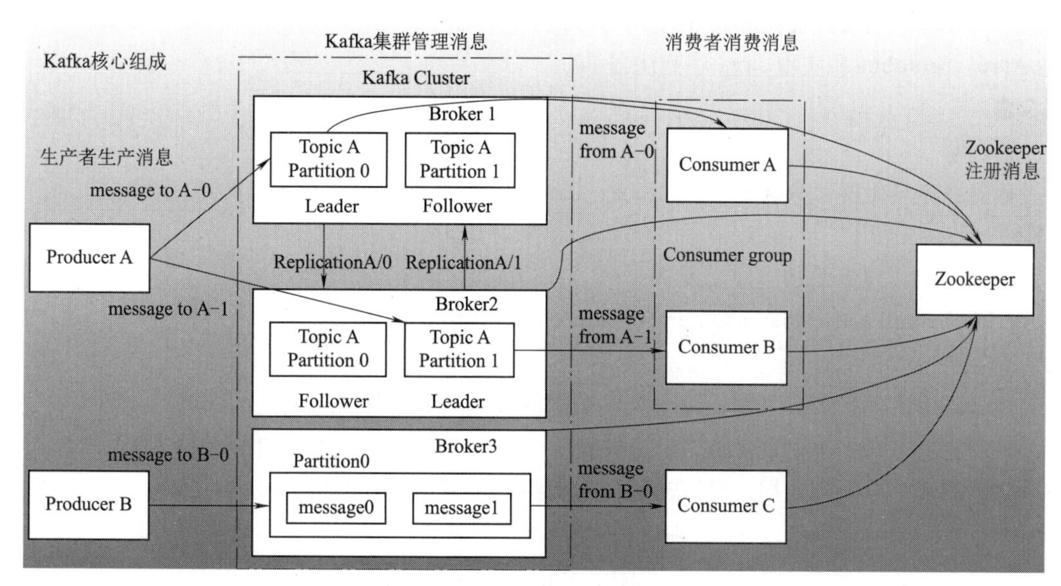

3. Kafka 集群上线前，在规划集群时，应该考虑哪些因素？

答：操作系统的选型、磁盘、CPU 和带宽。

第 2 章

一、填空题

1. 发送并忘记、同步发送、异步发送

2. 可重试异常、不可重试异常

二、简答题

1. 简述 Kafka 的 ack 机制。

答：request.required.acks 有三个值，即 0、1、-1(all)。

0：生产者不会等待 broker 的 ack，这个延迟最低但是存储的保证最弱，当 server 异常关机的时候就会丢数据。

1：服务端会等待 ack 值，leader 副本确认接收到消息后发送 ack，但是如果 leader 异常关机后它不确保是否复制完成新 leader 也会导致数据丢失。

-1(all)：服务端会等所有 follower 的副本收到数据后才会收到 leader 发出的 ack，这样数据不会丢失。

2. 简述 Kafka 发送消息的流程。

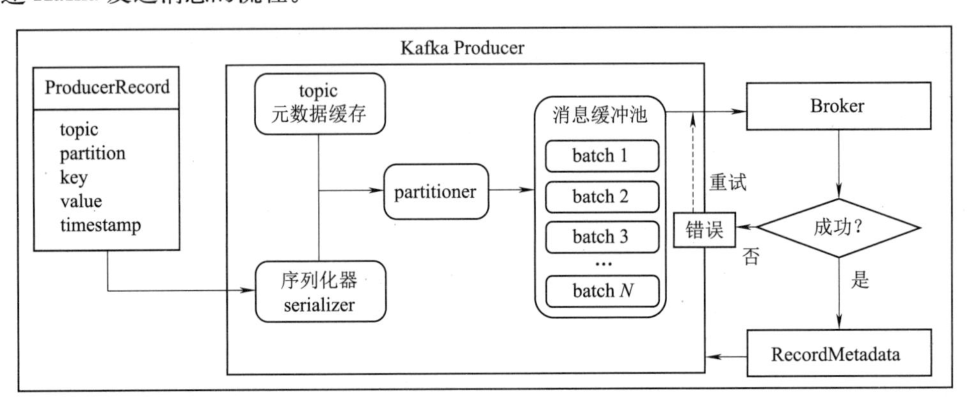

3. 简述 Kafka 序列化器支持的常用序列化方式。

答：Avro、protobuf 和实现 Java 序列化器。

第 3 章

一、填空题

1. 拦截器、序列化器、分区器
2. Key
3. 发送并忘记、同步发送、异步发送
4. org.apache.kafka.clients.consumer.ConsumerInterceptor

二、简答题

1. 简述 Kafka 的消费者、主题、分区与消费组的关系（可画图描述）。

答：一个主题的一个分区的数据，只能被同一个消费组的一个消费者消费；

一个主题的一个分区的数据，可以被不同消费组的不同消费者消费。

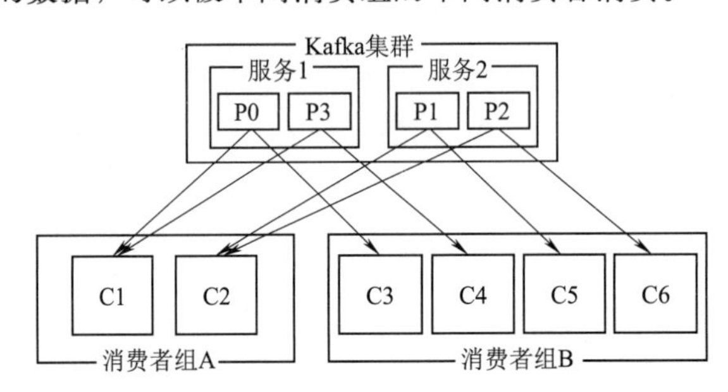

2. 简述 Kafka 支持的常见序列化格式。

答：

Avro

JSON

ProtoBuf

三、操作题

（略）

第 4 章

一、填空题

1. 偏移量

2. 同步提交、异步提交、特定偏移量移交

二、简答题

1. 举例说明 Kafka 消费造成数据丢失和重复的场景？

答：先 commit 偏移量，再执行业务逻辑：提交成功，处理失败。造成丢失。

先执行业务逻辑，再 commit：提交失败，执行成功。造成重复执行。

先执行业务逻辑，再 commit：提交成功，异步执行 fail。造成丢失。

消息重复：

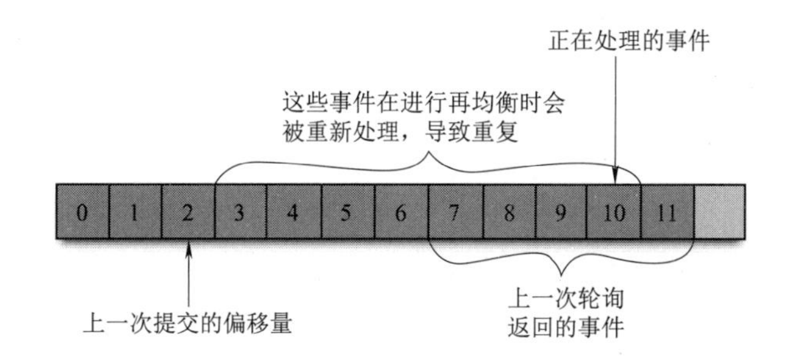

消息丢失：

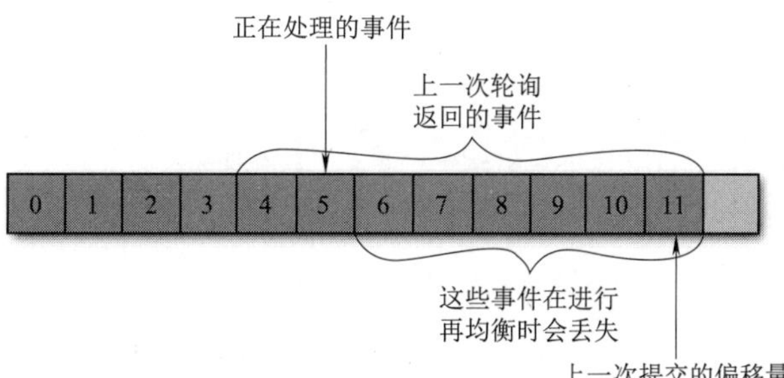

2. 举例说明 Kafka 的偏移量，可以通过哪些组件维护？

答：外部存储系统，如 zookeeper、MySQL 等关系型数据库，redis 等内存数据库。

内部：维护 kafka 的内部主题。

三、操作题

（略）

第 5 章

一、填空题

1. Seek

2. 分区

3. 消费者 C0：t0p0。

消费者 Cl：tlp0。

消费者 C2：tlp1、t2p0、t2p1 和 t2p2。

二、简答题

1. 简述消费者在关闭、崩溃或者在遇到再均衡的时候，例如有新的消费组或订阅新主题，消费者的消费策略(从哪个偏移量开始消费)。

答：(1) 如果消费者找不到消费位移，会根据消费者客户端参数（autoffset.reset 参数）决定开始消费的偏移量。

(2) 如果消费者可以找到消费位移，可以使用 seek 方法指定偏移量消费。

2. 简述 Kafka 发生再均衡的条件。

答：(1) 组成员发生变更，比如新 consumer 加入组，或已有 consumer 主动离开组，再或是已有 consumer 崩溃时则触发 rebalance。

(2) 组订阅 topic 数发生变更，比如使用基于正则表达式的订阅，当匹配正则表达式的新 topic 被创建时则会触发 rebalance。

(3) 组订阅 topic 的分区数发生变更，比如使用命令行脚本增加了订阅 topic 的分区数。

三、操作题

```
    public Map<String, List<TopicPartition>> assign(Map<String, Integer>partitionsPerTopic,
Map<String, Subscription> subscriptions){
        Map<String, List<TopicPartition>> currentAssignment=new HashMap<>();
        partitionMovements=new PartitionMovements();

        prepopulateCurrentAssignments(subscriptions, currentAssignment);
        boolean isFreshAssignment=currentAssignment.isEmpty();

        // 所有主题分区可分配给它们的所有使用者的映射
        final Map<TopicPartition, List<String>> partition2AllPotentialConsumers=new HashMap<>();
        // 将所有消费者映射到可以分配给它们的所有潜在主题分区的映射
        final Map<String,List<TopicPartition>> consumer2AllPotentialPartitions=new HashMap<>();

        // 在以下两个for循环中初始化partition2AllPotentialConsumers和consumer2AllPotentialPartitions
        for(Entry<String, Integer> entry: partitionsPerTopic.entrySet()){
            for(int i=0; i < entry.getValue(); ++i)
              partition2AllPotentialConsumers.put(new TopicPartition(entry.getKey(), i),
new ArrayList<String>());
        }

        for(Entry<String, Subscription> entry: subscriptions.entrySet()){
            String consumer=entry.getKey();
            consumer2AllPotentialPartitions.put(consumer, new ArrayList<TopicPartition>());
            for(String topic: entry.getValue().topics()){
                for(int i=0; i < partitionsPerTopic.get(topic); ++i){
```

```
                TopicPartition topicPartition=new TopicPartition(topic, i);
                consumer2AllPotentialPartitions.get(consumer).add(topicPartition);
                partition2AllPotentialConsumers.get(topicPartition).add(consumer);
            }
        }

        //如果此使用者不存在，请将其添加到 currentAssignment（主题分区分配为空）
         if(!currentAssignment.containsKey(consumer))
             currentAssignment.put(consumer, new ArrayList<TopicPartition>());
    }

    分区到当前使用者的映射
    Map<TopicPartition, String> currentPartitionConsumer=new HashMap<>();
    for(Map.Entry<String, List<TopicPartition>> entry: currentAssignment.entrySet())
        for(TopicPartition topicPartition: entry.getValue())
            currentPartitionConsumer.put(topicPartition, entry.getKey());

    List<TopicPartition> sortedPartitions=sortPartitions(
            currentAssignment, isFreshAssignment, partition2AllPotentialConsumers,
consumer2AllPotentialPartitions);

    //需要分配的所有分区（最初设置为所有分区，但将在以下循环中进行调整）
    List<TopicPartition> unassignedPartitions=new ArrayList<>(sortedPartitions);
    for(Iterator<Map.Entry<String, List<TopicPartition>>> it=currentAssignment.
entrySet().iterator(); it.hasNext();){
        Map.Entry<String, List<TopicPartition>> entry=it.next();
        if(!subscriptions.containsKey(entry.getKey())){
            //如果以前存在（并且有一些分区分配）的使用者现在被删除，请将其从 currentAssignment 中删除
            for(TopicPartition topicPartition: entry.getValue())
                currentPartitionConsumer.remove(topicPartition);
            it.remove();
        }else{
          //否则（消费者仍然存在）
          for(Iterator<TopicPartition> partitionIter=entry.getValue().iterator();
partitionIter.hasNext();){
              TopicPartition partition=partitionIter.next();
              if(!partition2AllPotentialConsumers.containsKey(partition)){
                 //如果此使用者的此主题分区不再存在，请将其从使用者的 currentAssignment 中删除
                 partitionIter.remove();
                 currentPartitionConsumer.remove(partition);
              }else if(!subscriptions.get(entry.getKey()).topics().contains
(partition.topic())){
                   //如果由于使用者不再订阅其主题而无法将此分区分配给其当前使用者，请将其从使
用者的 currentAssignment 中删除
                   partitionIter.remove();
              }else
                      //否则，仅当当前使用者仍订阅其主题时，才从需要分配的主题分区中删除该主
题分区（因为它已分配，我们希望尽可能保留该分配）
remove(partition);
   unassignedPartitions.
              }
          }
```

```
        }
       //此时，保留了所有有效的主题分区给使用者分配，并删除了所有无效的主题分区和无效使用者。现在，需要将未分配的分区分配给使用者，以便主题分区分配尽可能平衡，根据已分配给使用者的主题分区数量，按升序排序一组使用者
        TreeSet<String> sortedCurrentSubscriptions=new TreeSet<>(new SubscriptionComparator(currentAssignment));
        sortedCurrentSubscriptions.addAll(currentAssignment.keySet());
        balance(currentAssignment, sortedPartitions, unassignedPartitions, sortedCurrentSubscriptions,consumer2AllPotentialPartitions, partition2AllPotentialConsumers, currentPartitionConsumer);
        return currentAssignment;
    }
```

第 6 章

一、填空题

1. 日志分段、索引文件
2. 时间、大小
3. 日志删除、日志压缩
4. 副本

二、简答题

1. 简述日志消息的查找流程（偏移量索引文件）。

答：(1) 定位索引文件，并确定 baseoffset 0。

(2) 通过二分查找在偏移量索引文件中找到不大于 30 的偏移量 26。

(3) 通过偏移量对应的物理地址 838，在分段日志文件中顺序查找到偏移量为 30 的消息。

2. 简述 Kafka 的幂等性实现原理，并具体说明，如消息确认返回时出现网络异常（可结合图描述）。

答：在 Producer 初始化时，Kafka 为每个 Producer 会话分配唯一的 ProducerID 标识；对于每个 ProducerID，Producer 发送数据的每个 Topic 和 Partition 都对应一个从 0 开始单调递增的 SequenceNumber 值。

Broker 会为每个 TopicPartition 组合维护 PID 和序列号。对每条接收到的消息都会检查它的序列号是否比 Broker 所维护的值严格 +1，只有这样才是合法的，其他情况都会丢弃。

消息确认时，网络异常。

当 Producer 发送消息 (x2,y2) 给 Broker 时，Broker 接收到消息并将其追加到消息流中。此时，Broker 返回 Ack 信号给 Producer 时，发生异常导致 Producer 接收 Ack 信号失败。对于 Producer 来说，会触发重试机制，将消息 (x2,y2) 再次发送，但是，由于引入了幂等性，在每条消息中附带了 PID（ProducerID）和 SequenceNumber。相同的 PID 和 SequenceNumber 发送给 Broker，而之前 Broker 缓存过之前发送的相同的消息，那么消息流中的消息就只有一条 (x2,y2)，不会出现重复发送的情况。

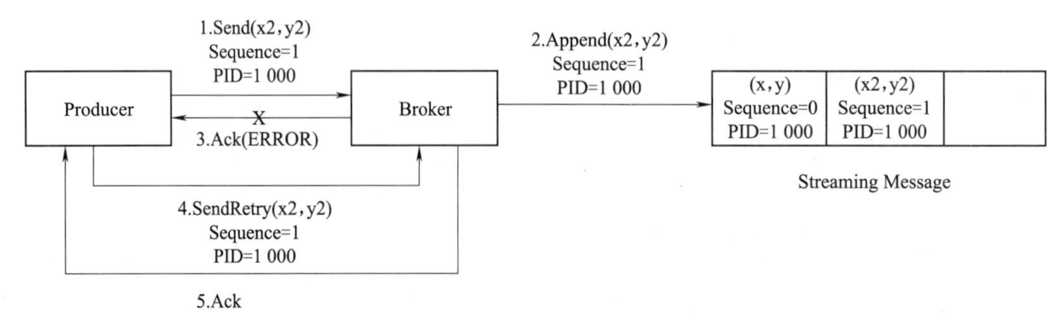

3. Kafka 既然幂等性实现，为什么要引入事务？

答：实现跨生产者会话的消息幂等发送。

跨生产者会话的事务恢复。

第 7 章

一、填空题

1. RDD

2. DataSet

3. Dstream

4. Transformation、Action

5. 独立集群、yarn、mesos

6. 时间窗口

二、简答题

1. 简述 Application、Job、Stage、Task、Driver 作用和它们之间的关系 (可画图)。

答：application（应用）：其实就是用 spark-submit 提交的程序。

Job：一个 action 算子就算一个 Job，如 count、first 等。

Stage：是一个 Job 的组成单位，就是说，一个 Job 会被切分成 1 个或 1 个以上的 Stage，然后各个 Stage 会按照执行顺序依次执行。

Task：一个 Stage 内，最终的 RDD 有多少个 partition，就会产生多少个 Task。一般情况下，一个 Task 运行的时候，使用一个 cores。Task 的数量就是任务的最大并行度。

Driver：主要完成任务的调度以及和 executor 和 cluster manager 进行协调。

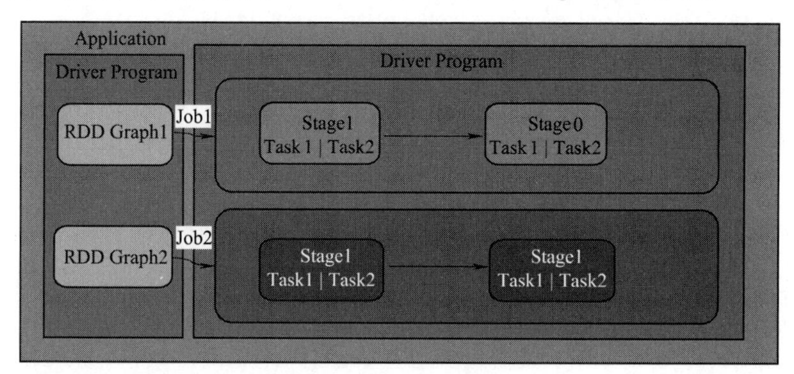

2. 简述 Spark 的 action 算子和 Transformation 区别。

答：Spark 是懒加载，使用 Transformation 算子对 rdd 进行转换，action 算子触发 job，真正提交 job。

3. 简述 Spark 并行运行的 Task 的决定因素。

答：Sprak 能并行运行的 task

分区数≤ CPU 的 core，由分区决定。

分区数 >CPU 的 core，由 CPU 的 core 决定。

4. 简述 Spark 的 cache 和 pesist 的区别。

答：(1) cache 和 persist 都是用于将一个 RDD 进行缓存的，这样在之后使用的过程中就不需要重新计算了，可以大大节省程序运行时间。

（2）cache 只有一个默认的缓存级别 MEMORY_ONLY ，cache 调用了 persist，而 persist 可以根据情况设置其他缓存级别。

（3）executor 执行时，默认 60% 做 cache，40% 做 task 操作，persist 是最根本的函数，最底层的函数。

5. 简述 RDD 宽依赖和窄依赖。

答：RDD 和它依赖的 parent RDD(s) 的关系有两种，即窄依赖（narrow dependency）和宽依赖（wide dependency）。

（1）窄依赖指的是每一个 parent RDD 的 Partition 最多被子 RDD 的一个 Partition 使用。

（2）宽依赖指的是多个子 RDD 的 Partition 会依赖同一个 parent RDD 的 Partition。

三、操作题

```
object topN {
  def main(args: Array[String]): Unit={
    val spark: SparkSession=SparkSession.builder()
      .appName(s"${this.getClass.getSimpleName}")
      .master("local[2]")
      .config("spark.serializer", "org.apache.spark.serializer.KryoSerializer")
      .getOrCreate()
    val sc: SparkContext=spark.sparkContext
    sc.setLogLevel("WARN")
    //读取文件
    val inputPath="E:\\kafka\\kafkappt\\1.txt"
    val resultArray: Array[(String, List[String])]=sc.textFile(inputPath)
      .map(_.split(" "))
      .map(line => (line(0), line(1)))
      .groupByKey()
      .map(line => {
        (line._1, line._2.toList.sortWith(_.toInt > _.toInt).take(3)) //按照降序进行排列
      }).collect()

    //------------------------------------------------------------------------
    //(1) 实现 topN
    val resultRDD: RDD[(String, List[String])]=sc.textFile(inputPath)
      .map(_.split(" "))
      .map(line => (line(0), line(1)))
      .groupByKey()
      .map(line => {
        //topN ,take(2)
        (line._1, line._2.toList.sortWith(_ > _).take(2)) //按照降序进行排列
      })
    //直接进行 toDF 操作，转换成 dataframe
    import spark.implicits._
    val frame: DataFrame=resultRDD.toDF("key", "value")

    frame.show()
    //实现 (2)
    val tempRow: RDD[Row]=resultRDD.flatMap(line => {
      val key: String=line._1.toString
      val value: List[String]=line._2
      flatMapTransformRow(key, value)
    })
```

```
    //定义spark schema
    val schema=StructType(List(
      StructField("key", StringType, false),
      StructField("value", StringType, false)
    ))

    val tempDF: DataFrame=spark.createDataFrame(tempRow, schema)
    tempDF.show()

    spark.stop()
    sc.stop()

  }
  def flatMapTransformRow(key: String, value: List[String])={
    //定义最后的返回格式
    var resultRow: Seq[Row]=Seq[Row]()
    for (ele <- value){
      resultRow=resultRow :+ Row(key, ele)
    }
    resultRow
  }
}
```

第8章

Maven配置：

```
  <project xmlns="http://maven.apache.org/POM/4.0.0" xmlns:xsi="http://www.w3.org/2001/
XMLSchema-instance" xsi:schemaLocation="http://maven.apache.org/POM/4.0.0
  http://maven.apache.org/maven-v4_0_0.xsd">
      <modelVersion>4.0.0</modelVersion>
      <groupId>com.spark</groupId>
      <artifactId>stream</artifactId>
      <version>1.0-SNAPSHOT</version>
      <inceptionYear>2008</inceptionYear>
      <properties>
          <spark.version>2.4.3</spark.version>
          <scala.version>2.12</scala.version>
      </properties>

      <dependencies>
          <dependency>
              <groupId>org.apache.spark</groupId>
              <artifactId>spark-core_${scala.version}</artifactId>
              <version>${spark.version}</version>
          </dependency>
          <dependency>
          <groupId>org.apache.spark</groupId>
          <artifactId>spark-streaming_${scala.version}</artifactId>
          <version>${spark.version}</version>
      </dependency>
          <dependency>
              <groupId>org.apache.spark</groupId>
              <artifactId>spark-sql-kafka-0-10_2.12</artifactId>
              <version>2.4.3</version>
```

```
        </dependency>
        <dependency>
            <groupId>org.apache.spark</groupId>
            <artifactId>spark-sql_${scala.version}</artifactId>
            <version>${spark.version}</version>
        </dependency>

        <dependency>
            <groupId>org.apache.spark</groupId>
            <artifactId>spark-hive_${scala.version}</artifactId>
            <version>${spark.version}</version>
        </dependency>
        <!-- https://mvnrepository.com/artifact/org.apache.spark/spark-streaming-
kafka-0-10 -->
        <dependency>
            <groupId>org.apache.spark</groupId>
            <artifactId>spark-streaming-kafka-0-10_${scala.version}</artifactId>
            <version>${spark.version}</version>
        </dependency>

        <dependency>
            <groupId>net.sf.json-lib</groupId>
            <artifactId>json-lib</artifactId>
            <version>2.4</version>
            <classifier>jdk15</classifier>
        </dependency>

        <dependency>
            <groupId>org.apache.spark</groupId>
            <artifactId>spark-catalyst_${scala.version}</artifactId>
            <version>${spark.version}</version>
        </dependency>
        <dependency>
            <groupId>com.google.guava</groupId>
            <artifactId>guava</artifactId>
            <version>14.0.1</version>
        </dependency>
        <!-- https://mvnrepository.com/artifact/org.scalikejdbc/scalikejdbc -->
        <dependency>
            <groupId>org.scalikejdbc</groupId>
            <artifactId>scalikejdbc_${scala.version}</artifactId>
            <version>3.3.5</version><!-- mysql " mysql-connector-java -->
        </dependency>
        <!-- https://mvnrepository.com/artifact/mysql/mysql-connector-java -->
        <dependency>
            <groupId>mysql</groupId>
            <artifactId>mysql-connector-java</artifactId>
            <version>8.0.17</version>
        </dependency>

        <dependency>
            <groupId>com.typesafe</groupId>
            <artifactId>config</artifactId>
            <version>1.3.0</version>
        </dependency>
```

```
        <!-- https://mvnrepository.com/artifact/org.apache.hbase/hbase-client -->
        <dependency>
            <groupId>org.apache.hbase</groupId>
            <artifactId>hbase-client</artifactId>
            <version>1.6.0</version>
        </dependency>

        <!-- akka的actor依赖 -->
        <dependency>
            <groupId>com.typesafe.akka</groupId>
            <artifactId>akka-actor_2.11</artifactId>
            <version>2.4.17</version>
        </dependency>

        <dependency>
            <groupId>org.apache.kafka</groupId>
            <artifactId>kafka-clients</artifactId>
            <version>2.1.1</version>
        </dependency>
        <!-- https://mvnrepository.com/artifact/com.google.protobuf/protobuf-java -->
        <dependency>
            <groupId>com.google.protobuf</groupId>
            <artifactId>protobuf-java</artifactId>
            <version>2.6.1</version>
        </dependency>
    </dependencies>

    <build>
        <plugins>
            <plugin>
                <groupId>org.scala-tools</groupId>
                <artifactId>maven-scala-plugin</artifactId>
                <version>2.15.2</version>
                <executions>
                    <execution>
                        <goals>
                            <goal>compile</goal>
                            <goal>testCompile</goal>
                        </goals>
                    </execution>
                </executions>
            </plugin>

            <plugin>
                <artifactId>maven-compiler-plugin</artifactId>
                <version>3.6.2</version>
                <configuration>
                    <source>1.8</source>
                    <target>1.8</target>
                </configuration>
            </plugin>

            <plugin>
                <groupId>org.apache.maven.plugins</groupId>
                <artifactId>maven-surefire-plugin</artifactId>
```

```
                <version>2.20</version>
            </plugin>
          <plugin>
            <groupId>net.alchim31.maven</groupId>
            <artifactId>scala-maven-plugin</artifactId>
            <version>3.2.2</version>
            <executions>
              <execution>
                <id>scala-compile-first</id>
                <phase>process-resources</phase>
                <goals>
                  <goal>add-source</goal>
                  <goal>compile</goal>
                </goals>
              </execution>
              <execution>
                <id>scala-test-compile</id>
                <phase>process-test-resources</phase>
                <goals>
                  <goal>testCompile</goal>
                </goals>
              </execution>
            </executions>
          </plugin>
            <plugin>
                <artifactId>maven-assembly-plugin</artifactId>
                <configuration>
                    <descriptorRefs>
                        <descriptorRef>jar-with-dependencies</descriptorRef>
                    </descriptorRefs>
                </configuration>
            </plugin>
        </plugins>
    </build>
</project>
```

代码：

```
package com.spark
import org.apache.kafka.common.serialization.StringDeserializer
import org.apache.spark.SparkConf
import org.apache.spark.streaming.kafka010.ConsumerStrategies.Subscribe
import org.apache.spark.streaming.kafka010.KafkaUtils
import org.apache.spark.streaming.kafka010.LocationStrategies.PreferConsistent
import org.apache.spark.streaming.{Duration, Seconds, StreamingContext}
import net.sf.json.JSONObject
import org.apache.hadoop.hbase.TableName
import org.apache.hadoop.hbase.client.{ConnectionFactory, HTable, Put}

/**
  * 每5s统计过去10s每种终端 收到的点击量
  *
  * 注意:
  * 1.使用窗口计算需要设置检查点 checkpoint
  * 2.窗口滑动长度和窗口长度一定要是SparkStreaming微批处理时间的整数倍，不然会报错
```

```
  */
object UserClickCountByWindowAnalytics {
  val table="user"
  def main(args: Array[String]): Unit={
    //创建 SparkConf 和 StreamingContext
    val master=if (args.length > 0) args(0) else "local[2]"
    //创建检查点路径
     val checkpointDir=if (args.length > 1) args(1) else "data/checkpoint/mysql/
UserClickCountByWindowAnalytics"
    val conf=new SparkConf().setMaster(master).setAppName("UserClickCount")
    val ssc=new StreamingContext(conf, Seconds(5)) // 按5s来划分一个微批处理
    //设置检查点
    ssc.checkpoint(checkpointDir)

    //kafka 配置：消费Kafka中topic为 user_events 的消息
    val topics=Array("user_events_hbase")
    val brokers="127.0.0.1:9092"
    //读取kafka数据
    val kafkaParams=Map[String,Object](
      "bootstrap.servers" -> brokers,
      "key.deserializer" -> classOf[StringDeserializer],
      "value.deserializer" -> classOf[StringDeserializer],
      "group.id” -> "UserClickCountByWindowAnalytics_group”,
      "auto.offset.reset" -> "latest",
      "enable.auto.commit" -> (false: java.lang.Boolean)
   )

    // 获取日志数据
    val kafkaStream=KafkaUtils.createDirectStream[String,String](ssc, PreferConsistent,
Subscribe[String, String](topics, kafkaParams))
    val events=kafkaStream.flatMap(
      line=>{
        val data=JSONObject.fromObject(line.value())
        Some(data)
      })

    // 每5s统计过去10s用户的点击量
    val userClicks=events.map(x=>{(x.getString("uid"),x.getInt("click_count"))})
      .reduceByKeyAndWindow((x,y)=>x+y,new Duration(10000),Duration(5000))//新增
数据，过期数据，过去10s的窗口长度，每隔5s计算一次
//        userClicks.foreachRDD(rdd =>{rdd.foreach(println(_))})//用于测试数据格式
    userClicks.foreachRDD(rdd => {
      rdd.foreachPartition(partitionOfRecords => {
        import org.apache.hadoop.conf.Configuration
        import org.apache.hadoop.hbase.HBaseConfiguration
        //建立hbase连接
        val conf=HBaseConfiguration.create // hbase配置文件
        val con= ConnectionFactory.createConnection(conf)
        val admin= con.getAdmin
        val tn: TableName=TableName.valueOf(UserClickCountByWindowAnalytics.table)
        //创建表名对象
        val table: HTable=new HTable(conf, tn)
        partitionOfRecords.foreach(pair => {

          val uid=pair._1
```

```
                val clickCount=pair._2
                import org.apache.hadoop.hbase.client.HTable
                import org.apache.hadoop.hbase.util.Bytes
                val put=new Put(Bytes.toBytes(uid))
                put.add(Bytes.toBytes(uid), Bytes.toBytes("count"), Bytes.toBytes(clickCount))
                table.put(put)
            })
        })
    })
    ssc.start()
    ssc.awaitTermination()
  }
}
```